森 重文 編集代表

ライブラリ数理科学のための数学とその展開 **F別巻1**

平面幾何の基礎

ユークリッド幾何と非ユークリッド幾何

森脇 淳 著

サイエンス社

編者のことば

近年，諸科学において数学は記述言語という役割ばかりか研究の中での数学的手法の活用に期待が集まっている．このように，数学は人類最古の学問の一つでありながら，外部との相互作用も加わって現在も激しく変化し続けている学問である．既知の理論を整備・拡張して一般化する仕事がある一方，新しい概念を見出し視点を変えることにより数学を予想もしなかった方向に導く仕事が現れる．数学はこういった営為の繰り返しによって今日まで発展してきた．数学には，体系の整備に向かう動きと体系の外を目指す動きの二つがあり，これらが同時に働くことで学問としての活力が保たれている．

この数学テキストのライブラリは，基礎編と展開編の二つからなっている．基礎編では学部段階の数学の体系的な扱いを意識して，主題を重要な項目から取り上げている．展開編では，大学院生から研究者を対象に現代の数学のさまざまなトピックについて自由に解説することを企図している．各著者の方々には，それぞれの見解に基づいて主題の数学について個性豊かな記述を与えていただくことをお願いしている．ライブラリ全体が現代数学を俯瞰することは意図しておらず，むしろ，数学テキストの範囲に留まらず，数学のダイナミックな動きを伝え，学習者・研究者に新鮮で個性的な刺激を与えることを期待している．本ライブラリの展開編の企画に際しては，数学を大きく 4 つの分野に分けて森脇淳（代数），中島啓（幾何），岡本久（解析），山田道夫（応用数理）が編集を担当し森重文が全体を監修した．数学を学ぶ読者や数学にヒントを探す読者に有用なライブラリとなれば望外の幸せである．

編者を代表して

森　重文

ま　え　が　き

本書は，筆者のUCLA，および，京都大学での講義ノートをもとに作成しており，その目的は，十分な論理展開能力がある読者に，予備知識は必要とせずに，平面幾何の基礎付けを提供することです．

(1) 平面幾何学の基礎をしっかりと学んでみたい人．

(2) 現代数学の基礎はまだしっかりと学んでいないが，そのフレーバーを感じてみたい人．

(3) 高度な数学計算能力のスキルは身につけたが，それに不満をもっている人．

(4) 将来，教員になろうと思っている人．

等の読者を本書では主な対象としています．(4) については奇異に感じる方もいるかもしれませんが，UCLA での講義の対象者として教員志望の学生が含まれていました．これについては，後でもう少し詳しく書きます．

(1) の読者には，この種の本は訳書を除いてほとんどなかったので，うってつけの本であると思います．講義ノートという形式で，1つ1つの結果を省略せず（紙面の都合で一部は演習になっている），わかりやすく提示しています．しっかりと学んでほしいです．

(2), (3) の読者には，平行線の公理を仮定したヒルベルト幾何の構造定理（定理 3.38）が，少し難しいですが，興味ある結果だと思います．抽象的に与えられている平行線の公理を仮定したヒルベルト幾何から如何にして体の構造が引き出せるかは3章の醍醐味の1つです．定義された積構造が可換であり結合法則をみたすことを示すために中学のとき習った円周角の定理とのその逆が肝になります．この体の構造により，いわゆるデカルト座標が導入でき，抽象的理論の具体化が可能になります．例えば，円と円の交差公理と直線と円の交差公理のある条件下での同値性は抽象的には難しいですが，これにより簡単に示せるようになります．

(4) の読者には，是非ともこの本を読んでもらいたいです．学生時代を逃すと，幾何の基礎をしっかりと学ぶ時間と機会はほとんどなくなると思います．その中でも，平行線の公理と同値な条件を楽しんで頂きたいです．特に，小学校の先生をめざす方には理解しておいてほしい定理です．小学校では三角形の内角の角度の和は 180 度と教えるのですが，この事実を観測する方法として，紙で切り取った三角形の角を寄せて直線になることを体験させるものがあります．ひねくれた生徒が「明日違う三角形でやったら違うかもしれない」と質問した場合にどう答えるかです．定理 2.116 によれば，内角の角度の和が 180 度である三角形 1 つでもあれば，すべての三角形の内角の角度の和は 180 度になることがわかります．したがって，その質問に対して，「1 つでもあればどんな三角形についてもそうなることが保証されています」と答えられるはずです．もちろんこの事実は，微分幾何の立場からは，ガウス–ボンネの定理の帰結です．しかし，そのような難しい事実は必要なく，本書では粘り強い推理力があれば理解できるように書いてあります．また，中学からは授業で初等幾何を扱います．初等幾何の基礎の知識をある程度もっていてほしいという希望もあります．

それぞれの章の内容を簡単に紹介したいと思います．1 章では，この本だけではなく，数学の本で用いられる用語・記号について説明にあてています．2 章はいわゆるヒルベルト幾何について詳述してあります．半年の授業の内容としてはこれで十分です．3 章はいわゆる平行線の公理をみたすヒルベルト幾何の構造定理の証明にあてています．少し難しい内容なので全ての人が学ばなければならないことはありません．4 章では，順序体上でのポアンカレモデルを扱っており，これが双曲平面になることを考えます．数学的には難しい内容だと思います．余裕のある読者は読んで下さい．以上のように，本書はユークリッド幾何の基礎の詳説と非ユークリッド幾何の入門から成り立っています．楽しんでください．付録では本文で必要となる代数学について解説しています．また，それぞれの章の最後に演習問題があります．講義等でこの本を使う場合，宿題になることも考え，答えは省略します．各自で頑張って挑戦してください．

最後に関連する文献について述べておきます．[1] はアメリカで広く使われている本です．非常によく書かれており演習も充実しています．[2] の日本語のタイトルは硬いですが，英語のタイトルは “Geometry: Euclid and Beyond” で興味のそそられるものです．平行線の公理を仮定したヒルベルト幾何の構造定理の証明はこの本を参考にしました．[3] も良い本ですが，数学を専門としない方には少しハードルが高いかもしれません．本書では扱えなかった双曲平面の構造定理については秀逸です．

2021 年 1 月

森脇　淳

目　次

第1章
用語・記号の説明

この章では，本書で用いる用語・記号の説明をする．

1.1 論理記号

まずは，論理記号から始めよう．括弧の中は読み方である．

(1) $A \Longrightarrow B$（A ならば B）.

(2) $A \mathbin{\&} B$（A かつ B）．$A \land B$ ともかく．

(3) A or B（A または B）．$A \lor B$ ともかく．

(4) $\neg A$（A でない）．$\sim A$ ともかく．

(5) $\forall x \in X \ldots$（すべての $x \in X$ について $\ldots$）.

(6) $\exists x \in X \ldots$（$\ldots$ となる $x \in X$ が存在する）.

注意 1.1 (5) と (6) の $\forall$, $\exists$ は**量記号**とよばれる．一意的な存在は $\exists!$ または $\exists 1$ で表す．

論理式の否定にはいくつかの規則がある．

規則 1. $\neg(\neg A) = A$.

規則 2. $\neg[A \implies B] = A \mathbin{\&} \neg B$.

規則 3. $\neg[A \mathbin{\&} B] = \neg A$ or $\neg B$.

規則 4. $\neg[A \text{ or } B] = \neg A \mathbin{\&} \neg B$.

規則 5. $\neg[\forall x \in X \ \ P(x)] = \exists x \in X \ \ \neg P(x)$.

規則 6. $\neg[\exists x \in X \ \ P(x)] = \forall x \in X \ \ \neg P(x)$.

一見簡単なようだが，ε-δ による収束の定義のように複雑になると混乱してしまう人が多い．十分に使いこなそう．

1.2 集合と写像

数学基礎論的には問題があるが，**集合**とは‘もの’の集まりとの理解で十分である．X は集合とする．X に属している‘もの’を X の元，または，X の要素という．x が X の元のとき，$x \in X$ とかく，x が X の元でないときは，$x \notin X$ とかく．X の元から構成されている集合を X の**部分集合**という．Y が X の部分集合であるとき，$Y \subseteq X$ とかく．$Y \subseteq X$ を論理記号でかくなら，

$$\forall x \ [x \in Y \implies x \in X]$$

である．$Y = X$ であるための必要十分条件は $Y \subseteq X$ かつ $X \subseteq Y$ が成り立つことである．元を持たない集合を**空集合**とよび，記号 $\emptyset$ で表す．空集合はすべての集合の部分集合と理解する．

A と B は X の部分集合とする．$A \cup B$, $A \cap B$, $A \setminus B$ は以下のように定義される．

$$\begin{cases} A \cup B := \{x \in X \mid x \in A \text{ または } x \in B\}, \\ A \cap B := \{x \in X \mid x \in A \text{ かつ } x \in B\}, \\ A \setminus B := \{x \in X \mid x \in A \text{ かつ } x \notin B\}. \end{cases}$$

ここで, 記号‘:=’は左辺を右辺のように定めるという意味である．$A \cup B$, $A \cap B$, $A \setminus B$ を，それぞれ，A と B の**和集合**，A と B の**共通部分**，A と B の**差集合**とよぶ．‘A または B’を $A \vee B$，‘A かつ B’を $A \wedge B$ で表すのは，和集合と共通部分を表す記号との対応から自然である．

X と Y は集合とする．X の元に対して，Y の元を 1 つ定める対応を**写像**とよぶ．$f\colon X \to Y$ という記号は，X の元 x に対して，Y の元 $f(x)$ を対応させる写像を意味する．写像 $f\colon X \to Y$ が**単射**であるとは，

「任意の $x, x' \in X$ に対して，$f(x) = f(x') \implies x = x'$」

が成り立つことを意味する．写像 $f\colon X \to Y$ が**全射**であるとは，

「任意の $y \in Y$ に対して，$f(x) = y$ となる $x \in X$ が存在する」

が成り立つことを意味する．単射かつ全射であるとき，**全単射**であるという．

集合 X の**元の個数**を $\#(X)$ で表す．集合論的には濃度というべきだがここではこだわらないことにする．X が**有限集合**（有限個の元からなる集合）であることを $\#(X) < \infty$ と表す．

1.3 数 学 記 号

数学の講義でよく用いられる標準的な記号を紹介しておく．

$$\begin{cases} \mathbb{N} = \{\text{正の整数全体}\}, & \mathbb{Z} = \{\text{整数全体}\}, \\ \mathbb{Q} = \{\text{有理数全体}\}, & \mathbb{R} = \{\text{実数全体}\}, \\ \mathbb{C} = \{\text{複素数全体}\}. \end{cases}$$

ここで，$\mathbb{N} \subseteq \mathbb{Z} \subseteq \mathbb{Q} \subseteq \mathbb{R} \subseteq \mathbb{C}$ である．$\mathbb{K}$ は $\mathbb{Z}, \mathbb{Q}, \mathbb{R}$ のいずれかとする．$a \in \mathbb{K}$ に対して，

$$\mathbb{K}_{\geqslant a} := \{x \in \mathbb{K} \mid x \geqslant a\}, \qquad \mathbb{K}_{>a} := \{x \in \mathbb{K} \mid x > a\}$$

と定める．$\mathbb{Z}_{>0} = \mathbb{Z}_{\geqslant 1} = \mathbb{N}$ である．

1.4 同 値 関 係

集合 X における 2 項関係 $\equiv$ が**同値関係**であるとは，以下をみたすときにいう．

(1)（**反射律**）　$x \equiv x \quad (\forall x \in X)$.

(2)（**対称律**）　$x \equiv y \implies y \equiv x \quad (\forall x, y \in X)$.

(3)（**推移律**）　$x \equiv y \;\&\; y \equiv z \implies x \equiv z \quad (\forall x, y, z \in X)$.

$x \in X$ について，x と同値となる X の元全体を $[x]$ で表す．つまり，

$$[x] := \{y \in X \mid x \equiv y\}$$

である．容易に

$$[x] = [y] \iff x \equiv y$$

であることが確かめられる．そこで

$$X/\!\equiv\ := \{[x] \mid x \in X\}$$

と定め，$X/\!\equiv$ を**同値関係 $\equiv$ による商集合**という．

1.5　この本全体での記号

この本では，ヒルベルト幾何 (2.10 節参照) を考えていることを表す記号として **Hil** を用いる．アルキメデスの公理を **Arc**，デデキントの公理を **Ded**，平行線の公理を **Par**，双曲公理を **Hyp** で表す．例えば，定理 x.xx (**Hil**＋**Par**) と書いてあると，定理 x.xx は平行線の公理を仮定したヒルベルト幾何で成り立つことを意味する．

読むのが難しい箇所には，ブルバキの記号である ☡ がつけてある．必読ではないので，読み飛ばしても構わない．

演　習　問　題

問 1　論理記号における規則 4 は，規則 1 と規則 3 から導かれることを示せ．

問 2　数列 $\{a_n\}_{n=1}^{\infty}$ が a に収束するとは，任意の $\varepsilon \in \mathbb{R}_{>0}$ に対してある $N \in \mathbb{Z}_{>0}$ が存在して，$n \geqslant N$ となる任意の $n \in \mathbb{Z}_{>0}$ に対して $|a_n - a| \leqslant \varepsilon$ となることである．これを論理式で表せ．それを用いて，数列 $\{a_n\}_{n=1}^{\infty}$ が a に収束しないことを，論理式ではなく普通の言葉で述べよ．

問 3　x_1, x_2, x_3, a は正の実数とする．$x_1+x_2+x_3 \leqslant a$ ならば，ある $i, j \in \{1,2,3\}$ が存在して，$i \neq j$ かつ $x_i < a/2$ かつ $x_j < a/2$ となることを示せ．

問 4　$a, b, c \in \mathbb{R}$ とする．ここで次の 2 つの命題を考える．

$$\forall b \in \mathbb{R}\ [\exists x \in \mathbb{R}\ [ax^2 + bx + c < 0]] \tag{1.1}$$

$$\exists x \in \mathbb{R}\ [\forall b \in \mathbb{R}\ [ax^2 + bx + c < 0]] \tag{1.2}$$

上のそれぞれの命題が成立するための a と c がみたすべき必要十分条件を求めよ．また，(a, c) の範囲を図示せよ．

問 5　正の整数 m を固定する．整数 a, b に対して，$a \equiv b \mod m$ を $a - b$ が m で割れることであると定める．このとき，以下を示せ．

(1) $a \equiv b \mod m$ は同値関係であることを示せ．

(2) この同値関係による商集合を $\mathbb{Z}/m\mathbb{Z}$ とかく．$\mathbb{Z}/m\mathbb{Z} = \{[0], [1], \ldots, [m-1]\}$ を示せ．

(3) 次が成立することを示せ．

$$\begin{cases} a \equiv b \mod m, \\ a' \equiv b' \mod m \end{cases} \Longrightarrow \begin{cases} a + a' \equiv b + b' \mod m, \\ aa' \equiv bb' \mod m \end{cases}$$

(4) $\mathbb{Z}/m\mathbb{Z}$ は環であることを示せ．環については付録を参照．

(5) $a \in \mathbb{Z}$ に対して，$[a]\cdot : \mathbb{Z}/m\mathbb{Z} \to \mathbb{Z}/m\mathbb{Z}$ $([x] \mapsto [ax])$ を $[a]$-倍することで得られる写像とする．a が m と互いに素であるとき，$[a]\cdot$ は単射であることを示し，さらに全単射であることを確かめよ．

(6) m が素数のとき，$\mathbb{Z}/m\mathbb{Z}$ は体であることを示せ．体については付録を参照．

(7) （**中国剰余定理**）m と n が互いに素のとき，$\mathbb{Z}/mn\mathbb{Z}$ は $\mathbb{Z}/m\mathbb{Z} \times \mathbb{Z}/n\mathbb{Z}$ と環として同型であることを示せ．

(8) 正の整数 m に対して，$1 \leqslant a \leqslant m$ で m と互いに素となる整数 a の個数を $\varphi(m)$ で表す．m と m' が互いに素な正の整数のとき，

$$\varphi(mm') = \varphi(m)\varphi(m')$$

を示せ．

第2章

ヒルベルトの公理系とヒルベルト幾何

この章では，ヒルベルト幾何の基本的事実を中心に解説する．幾何の基礎だけを学ぶのであれば，この章だけで十分である．

2.1 ユークリッドの原論

ユークリッドの原論は，「点とは部分をもたないものである」や「線とは幅のない長さである」等の禅問答のような定義から始まり，その後で，作図をするための要請として考えられる以下の公準が続く．

公準

(1) 任意の点から任意の点へ線をひくこと．

(2) および有限直線を連続して一直線に延長すること．

(3) および任意の点と距離（半径）とをもって円を描くこと．

(4) およびすべての直角は互いに等しいこと．

(5) および1直線が2直線に交わり同じ側の内角の和を2直角より小さくするならば，この2直線は限りなく延長されると2直角より小さい角のある側において交わること．

5番目の公準は第五公準とよばれ，見てわかるように，他の公準に比べて単純でない．そのため，古くより，第五公準の証明が試みられたが，成功しなかった．この失敗が，新しい幾何の発見につながり，リーマン幾何という一般化された幾何の構築が進んだ．アインシュタインによる一般相対性理論はその一部である．本書では整備されたヒルベルトによる公理系を学び，最後には非ユークリッド幾何への道（4 章を参照）をたどって行きたい．まずは結合の公理から始めよう．

2.2 結合の公理

この節では結合の公理を紹介する．論理的思考に慣れるため，論理記号で公理を考えよう．以後，Π という集合を固定する．平面とよばれる集合である．Π はギリシャ文字の π の大文字である．Π には直線という未定義の対象物（Π の特別な部分集合）が定まっているとする．Π の直線全体を $\mathcal{L}$ で表すことにする．以下の公理 I-1，公理 I-2，公理 I-3 は**結合の公理**（incident axiom）とよばれる一連の公理群である．

- **公理 I-1**：$\forall P \neq Q \in \Pi \ \exists! l \in \mathcal{L} \ \ P \in l \ \& \ Q \in l.$
  「Π の異なる 2 点 P と Q に対して，P と Q を通る直線が一意的に存在する」

- **公理 I-2**：$\forall l \in \mathcal{L} \ \ \exists P \neq Q \in l.$
  「任意の直線上には異なる 2 点が存在する」

- **公理 I-3**：$\exists P, Q, R \in \Pi \, [P \neq Q \ \& \ Q \neq R \ \& \ R \neq P] \ \& \ \neg \exists l \in \mathcal{L} \, [P \in l \ \& \ Q \in l \ \& \ R \in l].$
  「Π には同一直線上にない異なる 3 点が存在する」

定義 2.1（**Hil**） 異なる 2 点 A と B を通る直線を $\overleftrightarrow{AB}$ で表す．

いくつかの例をみていこう．

例 2.2 $\Pi := \mathbb{R}^2 =$ 座標平面とし，直線は $\{(x, y) \mid ax + by = c\}$（ここで $a, b, c \in \mathbb{R}$, $(a, b) \neq (0, 0)$）で表せる Π の部分集合と定める．これは結合の公理をみたす（演習問題 問 1）．

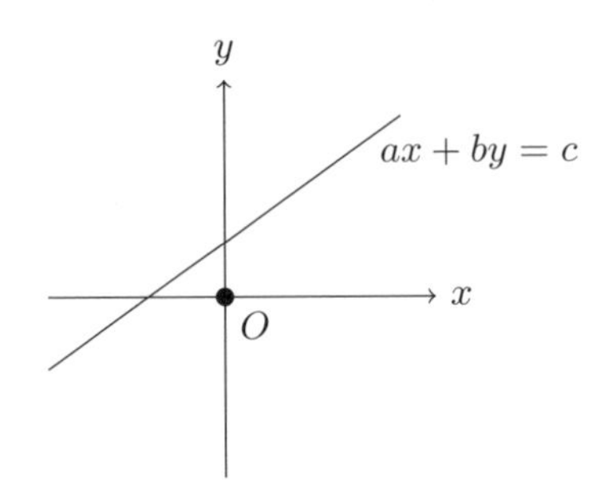

例 2.3　$\Pi := \mathbb{Q}^2 = \{(x,y) \mid x,y \in \mathbb{Q}\}$ とし，直線は $\{(x,y) \mid ax+by=c\}$（ここで $a,b,c \in \mathbb{Q}$, $(a,b) \neq (0,0)$）で表せる Π の部分集合．これも結合の公理をみたす（演習問題 問2）．

例 2.4　$\Pi =$ 球面, 直線 $=$ 大円．対極をなす2点を通る大円は無数に存在するので，結合の公理をみたさない．

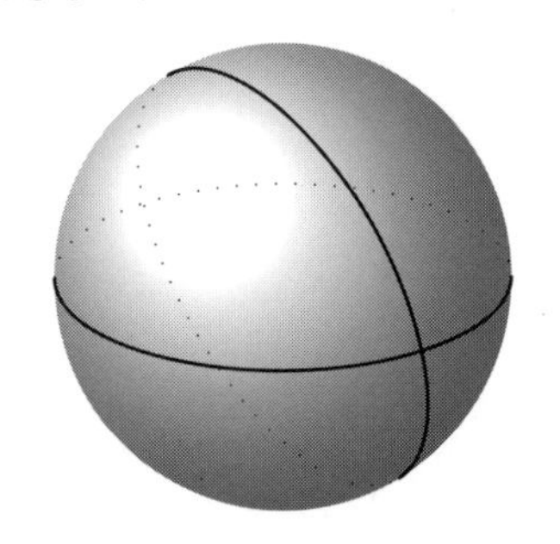

定義 2.5（Hil）　交わらない2直線を**平行な直線**とよぶ．

例 2.4 の場合，平行な直線は存在しない．

例 2.6　$\Pi =$ 円板（縁は含まない）, 直線 $=$ 円板内の直線．この例の場合, 2.7 節で詳説する**平行線の公理**（直線 l と l 上にない点 P が与えられたとき，P を通り l に平行な直線がただ1つ存在する）が成立しない．

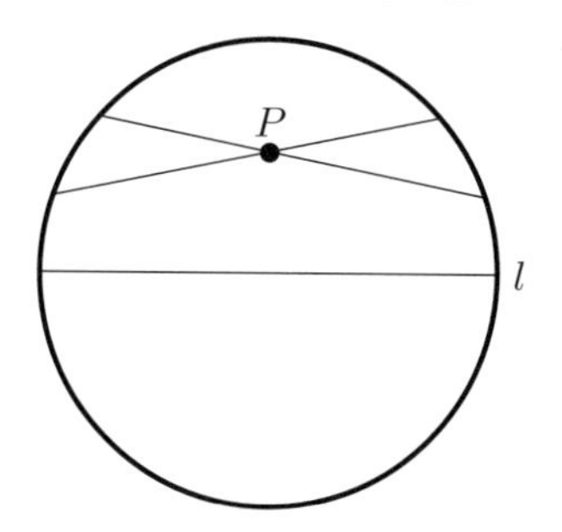

例 2.7 $\Pi = \{P, Q, R\}$ (3 点からなる集合), $\mathcal{L} = \{\{P, Q\}, \{Q, R\}, \{R, P\}\}$ は結合の公理をみたす.

定義 2.8（Hil） 直線 $l_1, \ldots, l_n \in \mathcal{L}$ が**点を共有する**とは，ある点 $P \in \Pi$ が存在して $P \in l_1 \cap \cdots \cap l_n$ が成立することをいう.

ここからは一般的に成立する命題を考えよう．一部の命題は論理式の否定を考えるよい演習問題でもある.

命題 2.9（Hil） l と m が異なる直線で平行でないなら 1 点のみを共有する.

証明 平行でないので, l と m の共有点 P が存在する．そこで, 別の共有点 Q が存在すると仮定すると，$P, Q \in l$ かつ $P, Q \in m$ ゆえ公理 I-1 より $l = m$. これは矛盾. □

命題 2.10（Hil） 一点で交わらない 3 つの異なる直線が存在する.

証明 公理 I-3 より，異なる 3 点 P, Q, R が存在して，P, Q, R は同一直線上にない．P と Q を通る直線を l, Q と R を通る直線を m, R と P を通る直線を n とする.

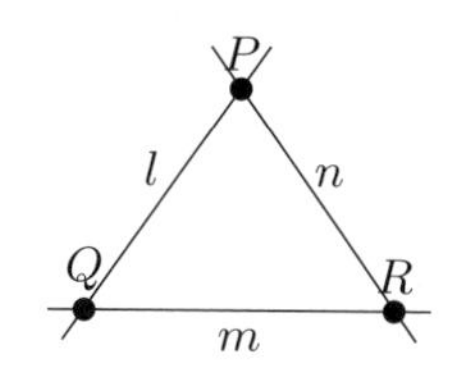

もし $l = m$ とすると $P, Q, R \in l$ となり矛盾．つまり，$l \neq m$．同様に，$m \neq n$ かつ $n \neq l$ である．よって，l, m, n が一点を共有しなければよいので，そうでないと仮定する．つまり，ある $T \in \Pi$ が存在して，$T \in l \cap m \cap n$ と仮定する．$T \in l \cap m$ で $P \in l \cap m$ ゆえ，命題 2.9 より，$T = P$ となる．同様にして $T = Q$ かつ $T = R$ もわかる．これは矛盾である． □

命題 2.11 (**Hil**) 任意の直線 l に対して l 上にない点 P が存在する．

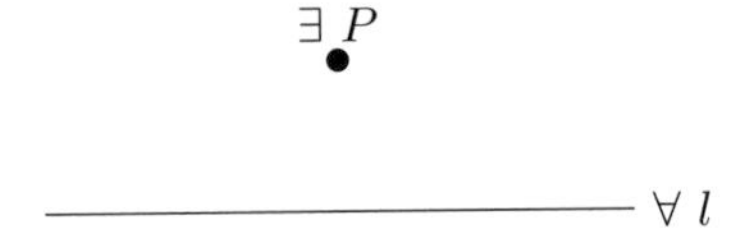

証明 命題は $\forall l \in \mathcal{L}\ \exists P \in \Pi\ [P \notin l]$ であるので，その否定は

$$“\neg\forall l \in \mathcal{L}\ \exists P \in \Pi\ [P \notin l]” = “\exists l \in \mathcal{L}\ \forall P \in \Pi\ [P \in l]” = “\exists l \in \mathcal{L}\ \Pi = l”$$

であり，これは公理 I-3 に反する． □

命題 2.12 (**Hil**) 任意の $P \in \Pi$ に対して，ある直線 l が存在して，P は l 上にない．

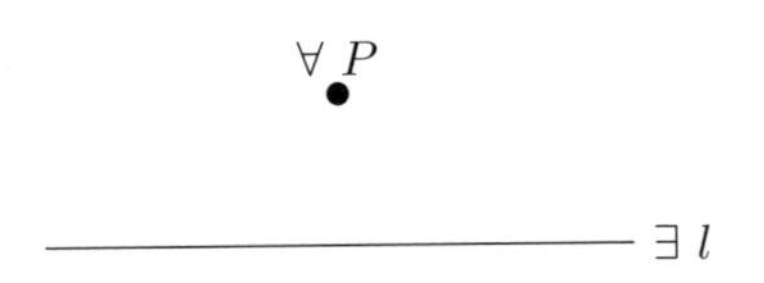

証明 命題は $\forall P \in \Pi\ \exists l \in \mathcal{L}\ [P \notin l]$ であるので，その否定は

$$“\neg\forall P \in \Pi\ \exists l \in \mathcal{L}\ [P \notin l]” = “\exists P \in \Pi\ \forall l \in \mathcal{L}\ [P \in l]”$$

であり，これは命題 2.10 に反する． □

命題 2.13 (**Hil**) 任意の点 P を通る異なる 2 直線 l, m が存在する．

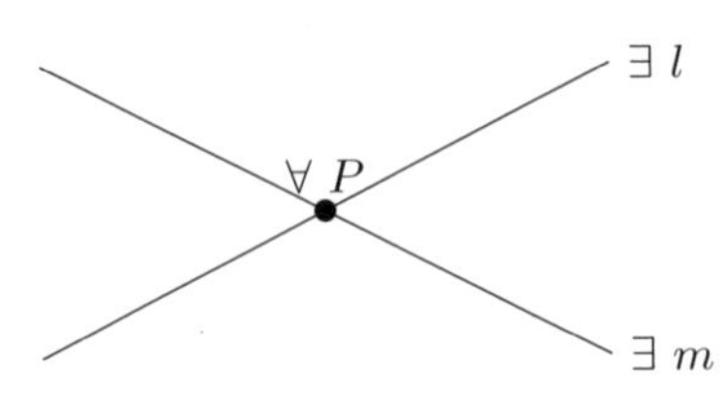

証明 公理 I-3 より $\#(\Pi) > 1$ なので，P 以外の点 Q が存在する．P, Q を通る直線を l とする．命題 2.11 より，l 上にない点 R が存在する．

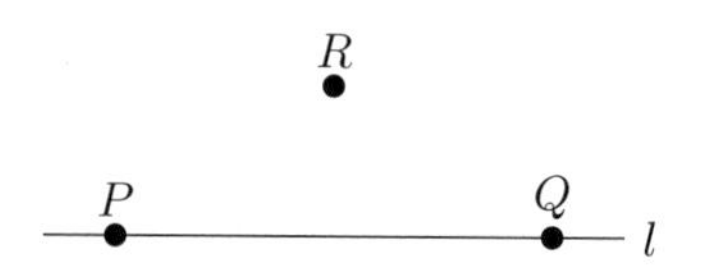

R と P を通る直線を m とすると，$l \neq m$ である．実際，$l = m$ とすると，R は l 上にあり矛盾．さらに，$P \in l \cap m$ である． □

2.3 間 の 公 理

間の公理とは，Π 上の異なる 3 点 A, B, C に関する関係 $A * B * C$ についての公理群である．「B は A と C の間にある」と読む．このような関係は初等幾何ではあまり扱わないので，初めての読者にはすこし難しいかもしれないが，慣れればなじんでくると思う．困難を感じる読者はある程度証明を省いてもよいと思う．

- **公理 B-1**：相異なる 3 点 A, B, C に対して，$A * B * C$ ならば，A, B, C は同一直線上にあり，$C * B * A$ である．
- **公理 B-2**：相異なる 2 点 A, B に対して，直線 $\overleftrightarrow{AB}$ 上に点 C, D, E が存在して，$C * A * B$，かつ，$A * D * B$，かつ，$A * B * E$ が成り立つ．

$\exists C$ 　 A 　 $\exists D$ 　 B 　 $\exists E$

- **公理 B-3**：同一直線上にある相異なる 3 点 A, B, C に対して，ただ 1 つの点が存在して，その点は他の点の間にある．つまり，$A * B * C$, $A * C * B$, $C * A * B$ のいずれか 1 つのみが成立する．

注意 2.14 公理 B-3 は，下図のようにはなっていないことをいっている．

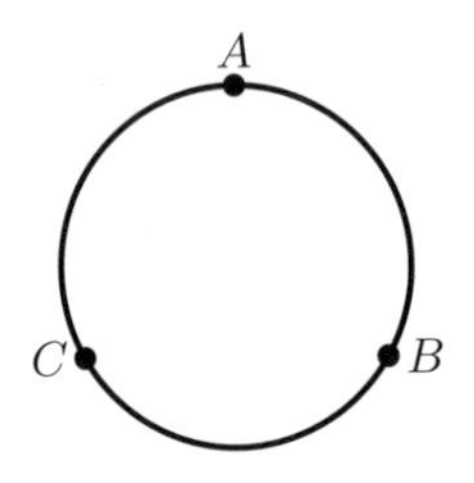

定義 2.15 **(Hil)**　A と B は異なる2点とする．**線分** AB と**半直線** $\overrightarrow{AB}$ は以下のように定義される．

$$\begin{cases} AB := \{C \in \overleftrightarrow{AB} \mid C = A \vee C = B \vee A * C * B\}, \\ \overrightarrow{AB} := AB \cup \{C \mid A * B * C\}. \end{cases}$$

定義から，$AB = BA$ である．

注意 2.16　線分を定義するとき，A と B は異なる2点であるが，場合によっては A と B が同一点の場合も含めておいた方が便利なことがある．この場合，線分 AA とは点 A からなる集合である．A と B が同一点の場合も含めている場合は，AB は**広義の線分**という言葉を用いる．単に線分 AB という場合は $A \neq B$ である．

簡単な命題から考えよう．

命題 2.17 **(Hil)**　A と B が異なる2点であるとき，以下が成立する．

(1) $\overrightarrow{AB} \cap \overrightarrow{BA} = AB$.

(2) $\overrightarrow{AB} \cup \overrightarrow{BA} = \overleftrightarrow{AB}$.

証明　(1) をみるためには，(a) $\overrightarrow{AB} \cap \overrightarrow{BA} \subseteq AB$ と (b) $AB \subseteq \overrightarrow{AB} \cap \overrightarrow{BA}$ をいえばよい．まず (a) を示そう．$C \in \overrightarrow{AB} \cap \overrightarrow{BA}$ とする．$C \notin AB$ と仮定すると，$C \in \overrightarrow{AB} = AB \cup \{C \mid A * B * C\}$ ゆえ，$A * B * C$ である．同様にして，$C \in \overrightarrow{BA}$ ゆえ，$C * A * B$ である．これは公理 B-3 に矛盾する．(b) は自明である．

(2) まず $\overrightarrow{AB}, \overrightarrow{BA} \subseteq \overleftrightarrow{AB}$ ゆえ，$\overrightarrow{AB} \cup \overrightarrow{BA} \subseteq \overleftrightarrow{AB}$ である．逆の包含関係を示す．$C \in \overleftrightarrow{AB}$ と仮定する．題意をいうためには，$C \neq A$ かつ $C \neq B$ を仮定してよい．公理 B-3 より，(i) $A * B * C$，(ii) $A * C * B$，(iii) $C * A * B$ のいずれかが成立する．(i) の場合は $C \in \overrightarrow{AB}$，(ii) の場合は $C \in AB$，(iii) の場合は $C \in \overrightarrow{BA}$ となり，いずれの場合も，$C \in \overrightarrow{AB} \cup \overrightarrow{BA}$ である． □

次の公理 B-4 を考えるためにいくつかの準備が必要である．

定義 2.18（Hil） $C * A * B$ のとき，$\overrightarrow{AB}$ と $\overrightarrow{AC}$ は**反対方向の半直線**という．公理 B-2 により，反対方向の半直線は存在する．

定義 2.19（Hil） A と B は Π の点とする．l は直線とし，$A \notin l$ かつ $B \notin l$ と仮定する．

(1) A と B は $\boldsymbol{l}$ **に関して同じ側にある．** $\overset{\text{def}}{\iff}$ $A = B$ または $AB \cap l = \emptyset$.

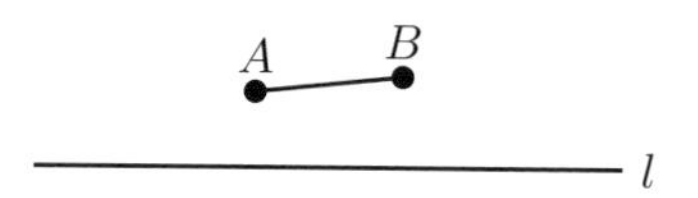

(2) A と B は $\boldsymbol{l}$ **に関して反対側にある．** $\overset{\text{def}}{\iff}$ $A \neq B$ かつ $AB \cap l \neq \emptyset$.

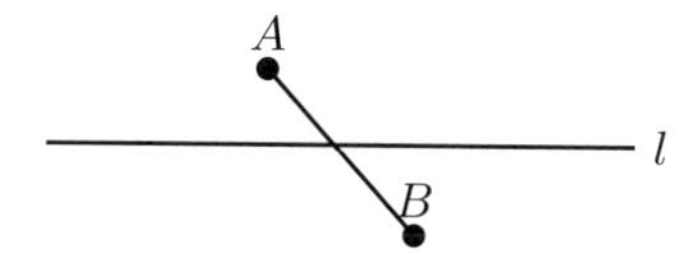

つまり，「A と B は l に関して同じ側にある」の否定は，「A と B は l に関して反対側にある」である．

- **公理 B-4**：任意の直線 l と l 上にない点 A, B, C について以下が成立する．

(1) A と B が l に関して同じ側にあり，B と C が l に関して同じ側にあるならば，A と C が l に関して同じ側にある．

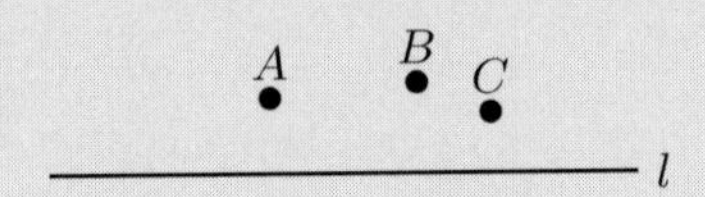

(2) A と B が l に関して反対側にあり，B と C が l に関して反対側にあるならば，A と C が l に関して同じ側にある．

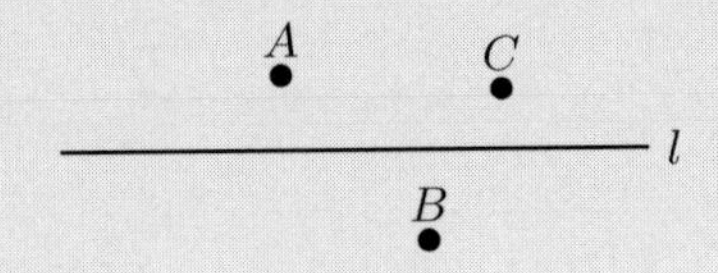

命題 2.20 (**Hil**) $A, B \in \Pi \setminus l$ に対して，$A \sim_l B$ で A と B は l に関して同じ側にあることを表すことにする．このとき，$\sim_l$ は同値関係であり，同値関係による商集合 $(\Pi \setminus l)/\sim_l$ の個数は 2 である．

証明 同値関係における反射律と対称律は自明であり，推移律は公理 B-4 の (1) である．次に，任意の $A \in \Pi \setminus l$ に対して，$A \not\sim_l A'$ となる A' が存在することを示そう．l 上の点 B をとり，直線 $\overleftrightarrow{AB}$ を考えると，公理 B-2 より，$A * B * A'$ となる $A' \in \overleftrightarrow{AB}$ が存在する．このとき，$A \not\sim_l A'$ である．したがって，$\#((\Pi \setminus l)/\sim_l) \geqslant 2$ である．そこで，$\#((\Pi \setminus l)/\sim_l) \geqslant 3$ と仮定すると，$P \not\sim_l Q$, $Q \not\sim_l R$, $R \not\sim_l P$ となる $P, Q, R \in \Pi \setminus l$ が存在する．これは公理 B-4 の (2) に反する．つまり，$\#((\Pi \setminus l)/\sim_l) = 2$ である． □

注意 2.21 同値関係に不慣れな読者には命題 2.20 は難しいかもしれない．$A \sim_l B$ の読み方を変えて「A と B は同じ部屋にいる」とでも読めば，商集合 $(\Pi \setminus l)/\sim_l$ は部屋の集まりである．要するに命題 2.20 は $\Pi \setminus l$ には 2 室しかないことを示しているのであり，l は部屋の壁である．$\Pi \setminus l$ の同値類（つまり部屋）を l から生じる**半平面**という．2 つあるのでそれらを H_1, H_2 とすると，

$$H_1 \cap H_2 = \emptyset \text{ かつ } H_1 \cup H_2 \cup l = \Pi$$

である．

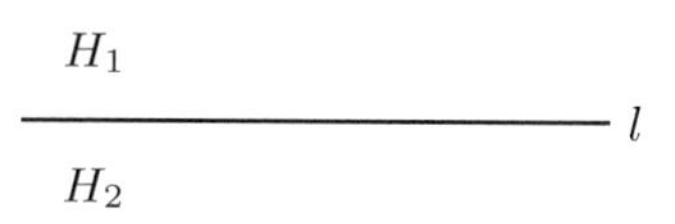

次のパッシュの定理は間の公理からの帰結である．

定理 2.22 **(Hil, パッシュの定理)** 同一直線上にない異なる 3 点 A, B, C を与える．l は直線とし，l は線分 AB と A と B の間の点を共有していると仮定する．つまり，ある点 D が存在して $D \in l \cap AB$ かつ $A * D * B$ が成り立つと仮定する．このとき，$l \cap AC \neq \emptyset$ または $l \cap BC \neq \emptyset$ が成り立つ．さらに，$C \notin l$ のとき，$l \cap AC \neq \emptyset$ かつ $l \cap BC \neq \emptyset$ が成り立つことはない．

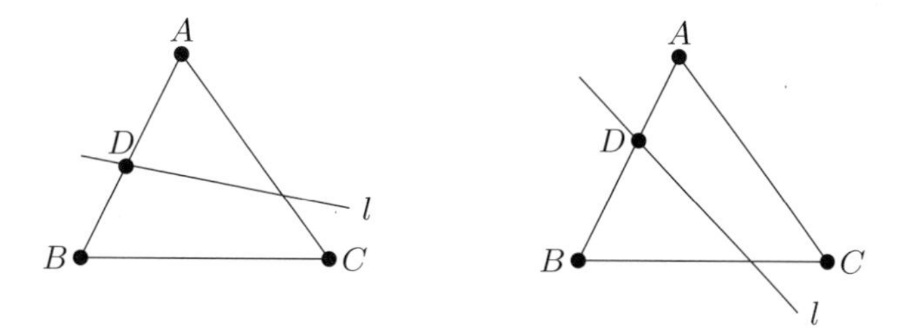

証明 最初の主張から示そう．$C \notin l$ と仮定してよい．A と B は l に関して反対側にある．C と A が l に関して反対側にあるなら，$l \cap AC \neq \emptyset$ ゆえ，C と A が l に関して同じ側にあると仮定する．このとき，もし B と C が l に関して同じ側にあるなら，公理 B-4 より，A と B は l に関して同じ側にあるので，矛盾する．したがって，B と C は l に関して反対側にある．つまり，$l \cap BC \neq \emptyset$ である．

次に $C \notin l$ かつ $l \cap AC \neq \emptyset$ かつ $l \cap BC \neq \emptyset$ が成立していると仮定する．このとき，A と C，および，B と C は l に関して反対側にある．よって，公理 B-4 より，A と B は l に関して同じ側にある．これは矛盾である． □

実はパッシュの定理は公理 B-4 と同値になる．本によっては公理 B-4 の代わりにパッシュの定理を公理として採用し，パッシュの公理とよぶこともある．

命題 2.23 **(Hil)** 公理 B-4 以外の結合の公理と間の公理を仮定したとき，公理 B-4 とパッシュの定理は同値である．

証明 演習問題 問4とする. □

次に角について考えよう.

定義 2.24 (Hil) A を頂点とする**角**とは,同一直線上にない点 A, B, C からできる半直線 $\overrightarrow{AB}$ と $\overrightarrow{AC}$ の組 $\{\overrightarrow{AB}, \overrightarrow{AC}\}$ を意味する.これを $\angle BAC$ または $\angle CAB$ とかく.点 D が $\angle BAC$ の**内点**であるとは,D と C が $\overleftrightarrow{AB}$ に関して同じ側にあり,かつ,D と B が $\overleftrightarrow{AC}$ に関して同じ側にあることと定める.

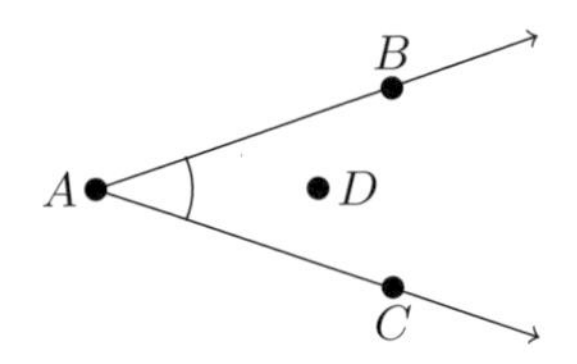

注意 2.25 点 A, B, C が同一直線上にある場合の,半直線の組 $\{\overrightarrow{AB}, \overrightarrow{AC}\}$ も角と扱う場合もある.これは,$\overrightarrow{AB}$ と $\overrightarrow{AC}$ が同じ半直線か,または,$\overrightarrow{AB}$ と $\overrightarrow{AC}$ が互いに反対方向の半直線になる場合である.

このような角を含める場合,半直線の組 $\{\overrightarrow{AB}, \overrightarrow{AC}\}$ を**広義の角**とよぶことにする.単に角という場合は,2つの半直線 $\overrightarrow{AB}$ と $\overrightarrow{AC}$ が同じ場合と反対向きの場合を含めない.

Π の部分集合の凸性について考えよう.

定義 2.26 (Hil) Σ は Π の部分集合とする.Σ が**凸集合**であるとは,任意の $A, B \in \Sigma$ に対して,$AB \subseteq \Sigma$ であるときにいう.Σ, Σ' が凸集合であるとき,明らかに,$\Sigma \cap \Sigma'$ も凸集合である.

命題 2.27 (Hil) (1) l は直線とし,H は l によって生じる1つの半平面とする.このとき,H と $H \cup l$ は凸集合である.

(2) l と l' は点 P を共有する2つの直線とする.P とは異なる l 上の点 A と l' 上の点 A' を考える.H は l から生じる半平面で $A' \in H$ となるものとし,H' は l' から生じる半平面で $A \in H'$ となるものとする.このとき,$\{Q \mid A * Q * A'\} \subseteq H \cap H'$ である.

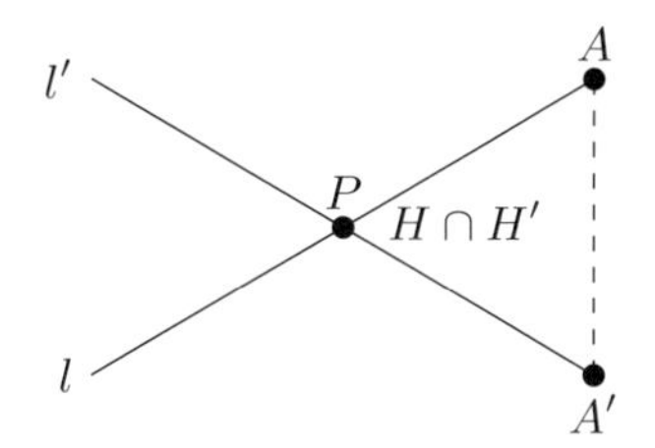

証明 (1) $A, B \in H$ とする．$AB \not\subseteq H$ と仮定すると，$P \in AB$ で $P \in l$ または P は l に関して A と反対側にあるような点 P が存在する．よって，$AB \cap l \supseteq AP \cap l \neq \emptyset$ となり，A と B は同じ側にあるので矛盾する．したがって，H は凸である．次に，$A, B \in H \cup l$ とする．$AB \subseteq H \cup l$ を示すためには，前の場合より，$A \in l$ または $B \in l$ と仮定してよい．$A, B \in l$ の場合は自明であるので，$A \in l$ かつ $B \in H$ と仮定しても一般性は失わない．このとき，$AB \not\subseteq H \cup l$ と仮定すると，$A * P * B$ で P は l に関して B とは反対側にある点 P が存在する．$PB \cap l \neq \emptyset$ であるので，$P * Q * B$ となる $Q \in l$ が存在する．

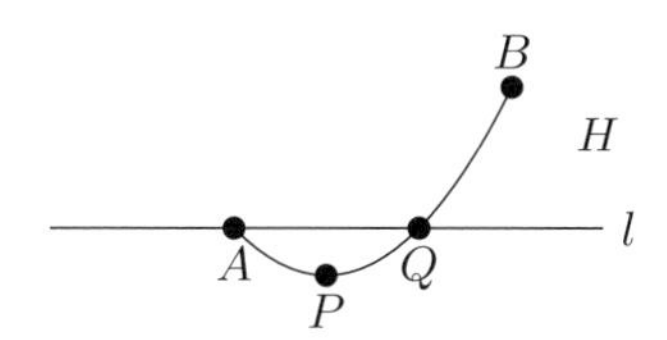

$A = Q$ とすると公理 B-3 に矛盾するので，$A \neq Q$ である．よって，公理 I-1 により $\overleftrightarrow{AQ} = l$，したがって $B \in l$ となり，矛盾する．つまり，$AB \subseteq H \cup l$ である．

(2) (1) より，$\{Q \mid A * Q * A'\} \subseteq (H \cup l) \cap (H' \cup l')$ である．そこで，$A * Q * A'$ で $Q \in l \cup l'$ となる Q が存在したとすると，$\overleftrightarrow{AA'} = l$ または $\overleftrightarrow{AA'} = l'$ となり矛盾する．したがって，$\{Q \mid A * Q * A'\} \subseteq H \cap H'$ となる．

□

ここからは，いろいろな場面で利用することになるクロスバー定理を考える．

定理 2.28（**Hil, クロスバー定理**） 角 $\angle BAC$ を与える．D は $\angle BAC$ の内点とする．このとき，$B * P * C$ となる P が存在し，$\overrightarrow{AD} \cap BC = \{P\}$ と

なる．

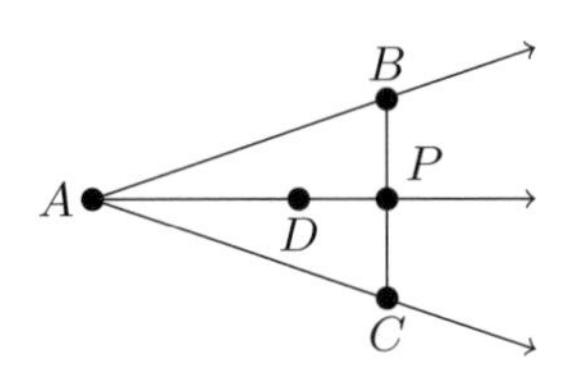

証明　$\overrightarrow{AE}$ が $\overrightarrow{AB}$ の反対向きになるように点 E をとる．$\angle BAC$ の内点全体，$\angle CAE$ の内点全体をそれぞれ Σ, Σ' とする．つまり，

$$\begin{aligned}\Sigma := \{P \mid P \text{ は } B \text{ と } \overleftrightarrow{AC} \text{ について同じ側であり，} \\ C \text{ と } \overleftrightarrow{AB} \text{ について同じ側である}\}\end{aligned}$$

$$\begin{aligned}\Sigma' &:= \{P \mid P \text{ は } E \text{ と } \overleftrightarrow{AC} \text{ について同じ側であり，} \\ &\qquad C \text{ と } \overleftrightarrow{AB} \text{ について同じ側である}\} \\ &= \{P \mid P \text{ は } B \text{ と } \overleftrightarrow{AC} \text{ について反対側であり，} \\ &\qquad C \text{ と } \overleftrightarrow{AB} \text{ について同じ側である}\}\end{aligned}$$

である．

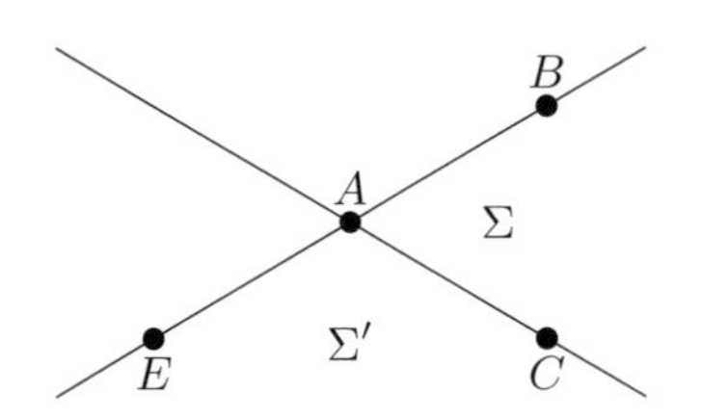

次を示そう．

主張 2.28.1　(i) $\{P \mid B * P * C\} \subseteq \Sigma$, $\{P' \mid C * P' * E\} \subseteq \Sigma'$.
(ii) $\Sigma \cap \overleftrightarrow{AD} \subseteq \overrightarrow{AD}$.

証明　(i) これは，命題 2.27 の (2) である．

(ii) $P \in \Sigma \cap \overleftrightarrow{AD}$ とする．$P \neq A$, $P \neq D$ と仮定してよい．よって，公理 B-3 より，$P * A * D$，または，$A * P * D$，または，$A * D * P$ のいずれ

かが成り立つ．$P * A * D$ と仮定すると，P と D は $\overleftrightarrow{AB}$ について反対側にある．D と C は $\overleftrightarrow{AB}$ について同じ側にあるので，公理 B-4 より，P と C は $\overleftrightarrow{AB}$ について反対側にある．これは $P \in \Sigma$ に矛盾する．よって，$A * P * D$，または，$A * D * P$ であるが，この場合は $P \in \overrightarrow{AD}$ となる． □

さて，定理の証明にもどる．パッシュの定理（定理 2.22）より，$l := \overleftrightarrow{AD}$ は BC または EC と交わる．また l は $\overleftrightarrow{AC}$ と異なる．l は EC と交わると仮定し，その交点を Q とする．

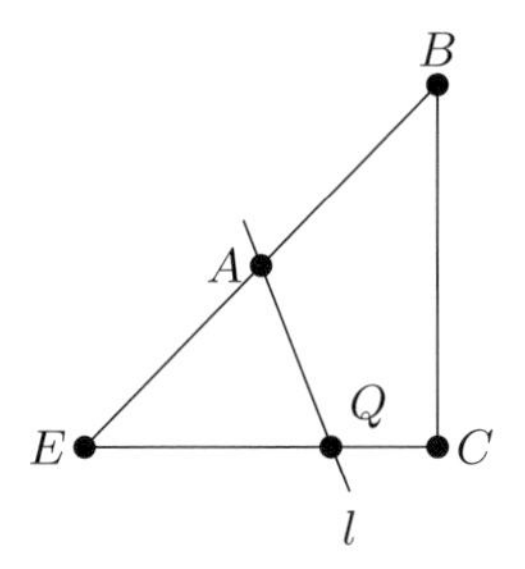

(i) より，$Q \in \Sigma'$ である．つまり，D と Q は $\overleftrightarrow{AB}$ について同じ側にあるので，$A * D * Q$，または，$D = Q$，または，$A * Q * D$ である．いずれの場合も $DQ \cap \overleftrightarrow{AC} = \emptyset$ である．すなわち，D と Q は $\overleftrightarrow{AC}$ について同じ側にある．$Q \in \Sigma'$ より D と Q は $\overleftrightarrow{AC}$ について反対側にあるので，これは矛盾である．つまり，$P \in l \cap BC$ となる点 P が存在する．

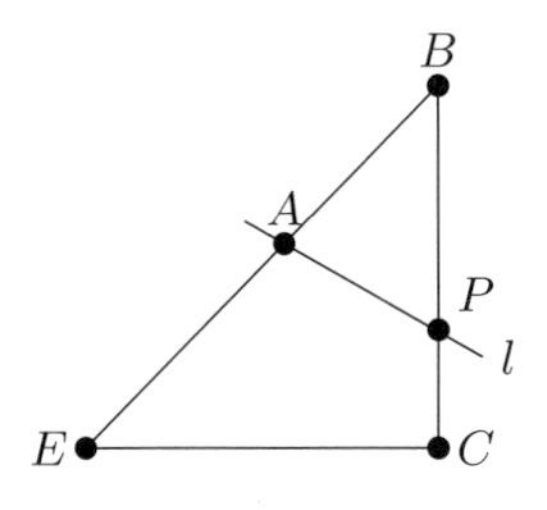

(i) より $P \in \Sigma$ であるので，(ii) より $P \in \overrightarrow{AD}$ となる．さらに，結合の公理 I-1 により，$P \neq B$ かつ $P \neq C$ である．つまり $B * P * C$ となる． □

最後に後で必要となる命題を考える．

命題 2.29（**Hil**）　m_1, m_2, m_3 は互いに平行な3つの直線とする．m_1, m_2, m_3 とはいずれとも平行でない2つの直線 l と l' を考える．l と m_1, m_2, m_3 との交点を A_1, A_2, A_3 とする．さらに，l' と m_1, m_2, m_3 との交点を A'_1, A'_2, A'_3 とする．$A_1 * A_2 * A_3$ ならば $A'_1 * A'_2 * A'_3$ である．

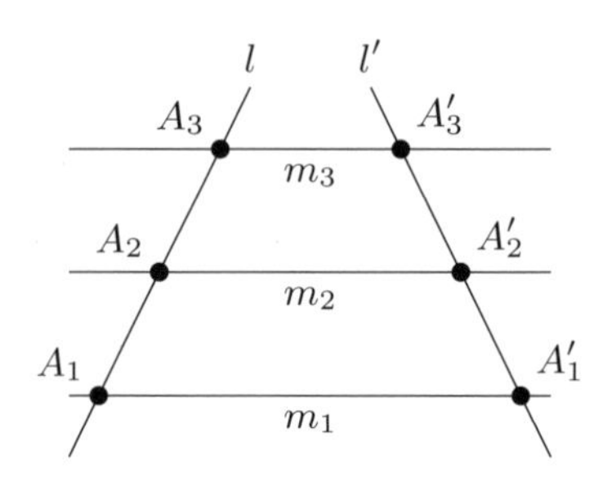

証明　演習問題 問5とする．　□

2.4　合 同 の 公 理

次に合同の公理を考えよう．合同関係は線分と角に規定される．合同の公理は間の公理と比較して理解しやすいと思う．

- **公理 C-1**（**線分に関する合同関係**）：異なる2点 A と B と，点 A' を考える．A' を始点とする半直線上に，点 B' が一意的に存在して，$AB \cong A'B'$ とできる．
- **公理 C-2**：線分に関する合同関係 $\cong$ は同値関係である（同値関係については1.4節を参照）．
- **公理 C-3**（**線分の合同類の和**）：$A * B * C$ かつ $A' * B' * C'$ かつ $AB \cong A'B'$ かつ $BC \cong B'C' \Longrightarrow AC \cong A'C'$.

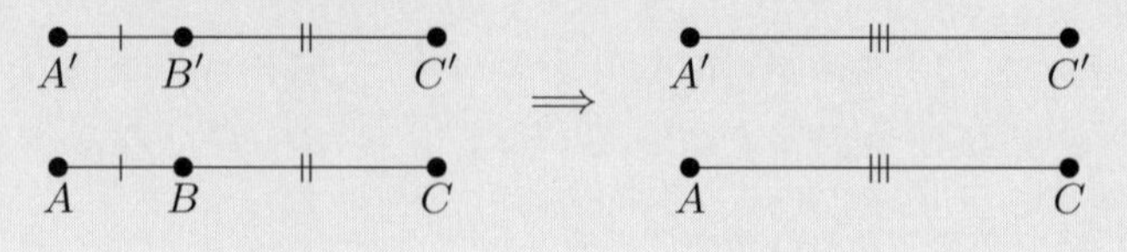

- **公理 C-4（角に関する合同関係）**：角 $\angle BAC$ と半直線 $\overrightarrow{A'B'}$ が与えられているとする．直線 $\overleftrightarrow{A'B'}$ の与えられた側に一意的に半直線 $\overrightarrow{A'C'}$ が存在して，$\angle BAC \cong \angle B'A'C'$ とできる．

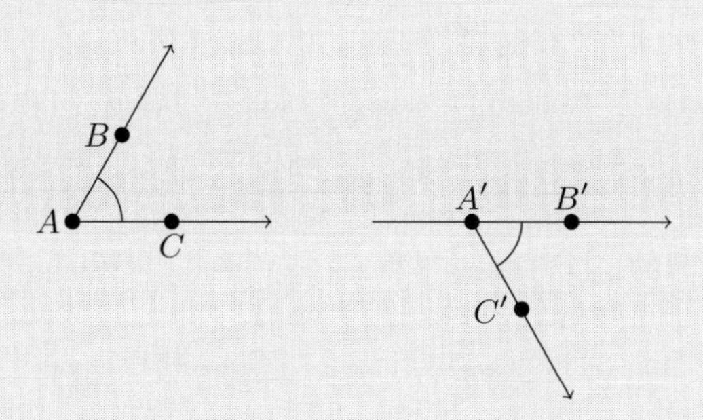

- **公理 C-5**：角に関する合同関係 $\cong$ は同値関係である．

次の公理 C-6 のために，三角形を定義しよう．

定義 2.30（Hil） $\triangle ABC$（三角形 ABC）とは同一直線上にない異なる 3 点 A, B, C のことを意味する．さらに，

$$\triangle ABC \cong \triangle A'B'C' \quad \overset{\text{def}}{\Longleftrightarrow} \quad \begin{cases} AB \cong A'B',\ BC \cong B'C',\ CA \cong C'A', \\ \angle A \cong \angle A',\ \angle B \cong \angle B',\ \angle C \cong \angle C' \end{cases}$$

と定める．公理 C-2 と公理 C-5 により三角形の合同関係は同値関係である．

- **公理 C-6（SAS）**：2 つの三角形 $\triangle ABC$ と $\triangle A'B'C'$ が与えられているとする．$AB \cong A'B'$ かつ $AC \cong A'C'$ かつ $\angle A \cong \angle A'$ ならば $\triangle ABC \cong \triangle A'B'C'$ である．

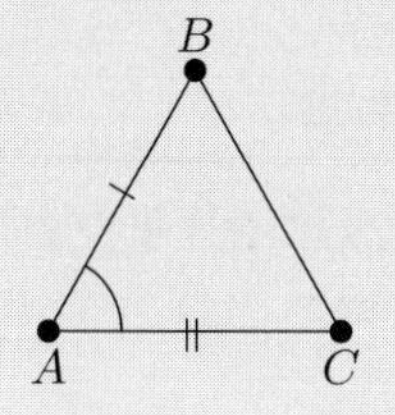

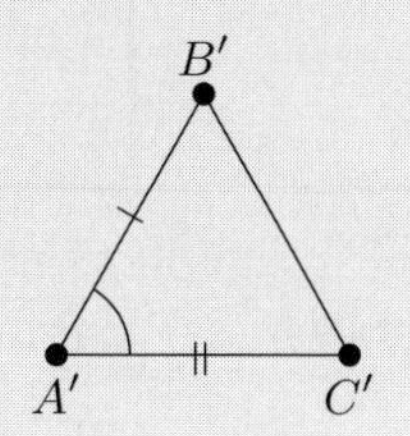

注意 2.31 (1) $AB = BA$ であるので，$AB \cong BA$ である．

(2) S は segment（線分），A は angle（角）を意味する．したがって，SAS は二辺夾角のことである．

(3) 広義の線分の場合にも合同関係を拡張できる．つまり，$A = B$ の場合，

$$AB \cong CD \iff C = D$$

と定める．広義の線分 AA の合同関係による同値類を $\mathbb{0}$ で表す．

(4) 広義の角の場合にも合同関係を拡張できる．つまり，広義の角 $\angle BAC$ と $\angle B'A'C'$ について，$\overrightarrow{AB}$ と $\overrightarrow{AC}$ が同じ半直線の場合，

$$\angle ABC \cong \angle A'B'C' \iff \overrightarrow{A'B'} \text{ と } \overrightarrow{A'C'} \text{ は同じ半直線,}$$

$\overrightarrow{AB}$ と $\overrightarrow{AC}$ が反対方向の半直線の場合，

$$\angle ABC \cong \angle A'B'C' \iff \overrightarrow{A'B'} \text{ と } \overrightarrow{A'C'} \text{ は反対方向の半直線}$$

と定める．$\overrightarrow{AB}$ と $\overrightarrow{AC}$ が同じ半直線の場合，$\angle BAC$ の合同関係による同値類を $\angle$N で表す．N は null から来ている．$\overrightarrow{AB}$ と $\overrightarrow{AC}$ が反対方向の半直線の場合，$\angle BAC$ の合同関係による同値類を $\angle$L で表す．L は line から来ている．

(5) SAS の意図は角の合同の問題を線分の合同の問題に置き換えることにある．

さて，ここで線分と角の合同類を定義しよう．

定義 2.32 (Hil) 合同関係は線分全体（広義の線分全体）および角全体（広義の角全体）の同値関係であるので，それによる商が考えられる．そこで，

$$\begin{cases} \mathbb{S} := \{\text{線分全体}\}/\cong, \\ \overline{\mathbb{S}} := \{\text{広義の線分全体}\}/\cong, \\ \mathbb{A} := \{\text{角全体}\}/\cong, \\ \widetilde{\mathbb{A}} := \{\text{広義の角全体}\}/\cong \end{cases}$$

とおく．ここで $\widetilde{\mathbb{A}}$ を用いているのは 2.6.2 項で角の合同類の拡張をするからである．広義の線分 AB に対して，AB の同値類を $[AB]$ で表す．つまり，

$$[AB] = [CD] \iff AB \cong CD$$

である．$[AB]$ を**線分の合同類**とよぶ．また，広義の角 $\angle A$ に対して，$\angle A$ の同値類を $[\angle A]$ で表す．つまり，

$$[\angle A] = [\angle B] \quad \Longleftrightarrow \quad \angle A \cong \angle B$$

である．$[\angle A]$ を**角の合同類**とよぶ．さらに，$\overline{\mathbb{S}} = \mathbb{S} \cup \{\mathbb{0}\}$, $\widetilde{\mathbb{A}} = \mathbb{A} \cup \{\angle \mathrm{N}, \angle \mathrm{L}\}$ である．

合同の公理から導けるいくつかの結果を紹介しよう．

命題 2.33（**Hil**）　$\triangle ABC$ において，$AB \cong AC$ ならば $\angle B \cong \angle C$ である．つまり，二等辺三角形の底辺の角は合同．

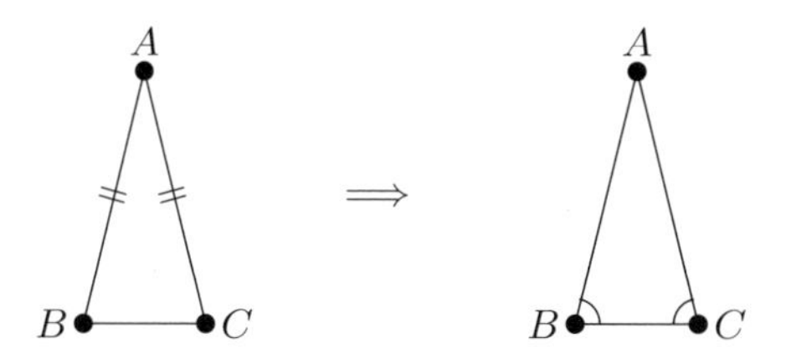

証明　$\triangle ABC$ と $\triangle ACB$ を考える．$\angle A$ を中心とするとして公理 C-6 (SAS) を用いて結論を得る．　□

命題 2.34（**Hil**）　$AC \cong DF$ とする．$A * B * C$ となる点 B に対して，$D * E * F$ で $AB \cong DE$ となる点 E が一意的に存在する．

証明　一意性は公理 C-1 から従う．存在について考える．公理 C-1 より半直線 $\overrightarrow{DF}$ 上に点 E が存在して，$AB \cong DE$ とできる．このとき，次の 3 つの可能性がある．

(A)　$D * E * F$.

(B)　$E = F$.

(C)　$D * F * E$.

(B) のケースと (C) のケースが起こらないことを見ればよい．

(B) の場合：$AB \cong DE$ かつ $DE \cong DF$ かつ $DF \cong AC$ より，公理 C-2 を用いて $AB \cong AC$ を得る．したがって，公理 C-1 の一意性から $B = C$ が従う．これは $A * B * C$ に矛盾する．

(C) の場合：半直線 CA の反対方向の半直線上に点 G が存在して $CG \cong FE$ とできる．

公理 C-3 を用いて，$AC \cong DF$ かつ $CG \cong FE$ は $AG \cong DE$ を導く．一方 $DE \cong AB$ ゆえ，$AG \cong AB$，つまり，$G = B$ となり矛盾する． □

命題 2.35（Hil, 線分の合同類の差） $A * B * C$ かつ $A' * B' * C'$ かつ $AB \cong A'B'$ かつ $AC \cong A'C'$ ならば $BC \cong B'C'$ である．

証明　半直線 $\overrightarrow{BC}$ 上に $BC'' \cong B'C'$ となる C'' をとる．

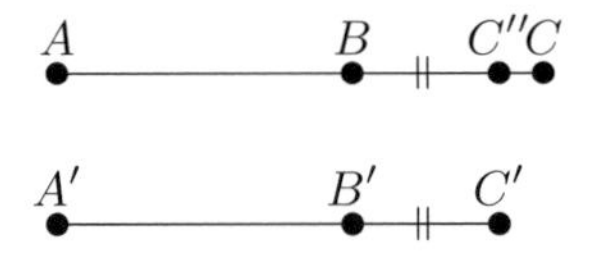

このとき，$AB \cong A'B'$ かつ $BC'' \cong B'C'$ であるので，公理 C-3 より，$AC'' \cong A'C'$ となる．よって，$AC \cong AC''$ であるので，公理 C-1 の一意性より，$C = C''$ となる．つまり，$BC \cong B'C'$． □

次に角の外角について考えよう．

定義 2.36（Hil） 角 $\angle BAC$ を考える．半直線 $\overrightarrow{AC}$ の反対方向の半直線を $\overrightarrow{AC'}$ とする．$\angle BAC'$ を $\angle BAC$ の**外角**という．半直線 $\overrightarrow{AB}$ の反対方向の半直線を $\overrightarrow{AB'}$ とする．$\angle CAB'$ は $\angle CAB$ の外角である．

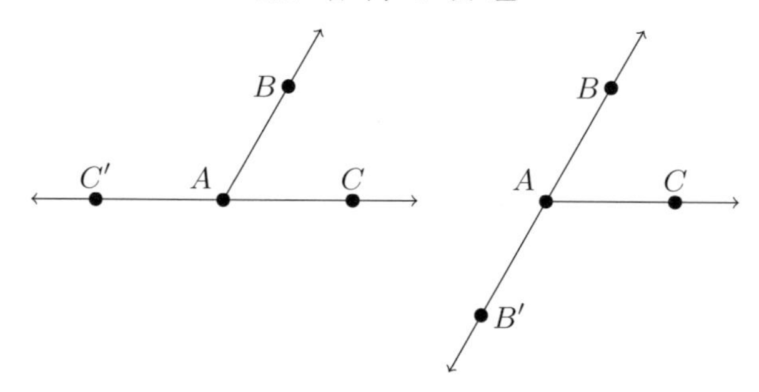

このように，外角を考えるとき，頂点の順序が大切であるが，

$$\angle BAC = \angle CAB$$

であるので，命題 2.38 により 2 つの外角は合同である．つまり，

$$\angle BAC' \cong \angle CAB'.$$

注意 2.37 $\angle BAC$ が通常の角ではなく，広義の角の場合を考える．

- $\overrightarrow{AB}$ と $\overrightarrow{AC}$ が同じ半直線の場合，上の $\overrightarrow{AC'}$ は $\overrightarrow{AB}$ とは反対方向の半直線になる．したがって $\angle BAC'$ は反対方向の半直線の対になる．これを広義の角 $\angle BAC$ の外角とよぶ．

- $\overrightarrow{AB}$ と $\overrightarrow{AC}$ が反対方向の半直線の場合，上の $\overrightarrow{AC'}$ は $\overrightarrow{AB}$ と同じ半直線になる．したがって $\angle BAC'$ は同じ半直線の対になる．これを広義の角 $\angle BAC$ の外角とよぶ．

命題 2.38 **(Hil)** $\angle BAC$ と $\angle EDF$ を考える．$\angle BAC'$ と $\angle EDF'$ は $\angle BAC$ と $\angle EDF$ のこの順序での外角とする．

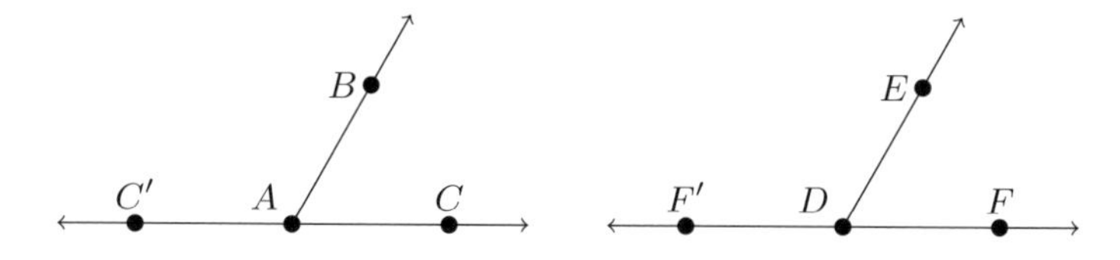

もし $\angle BAC \cong \angle EDF$ なら，$\angle BAC' \cong \angle EDF'$ である．

証明 $AB \cong AC \cong AC' \cong DE \cong DF \cong DF'$ と仮定してよい．

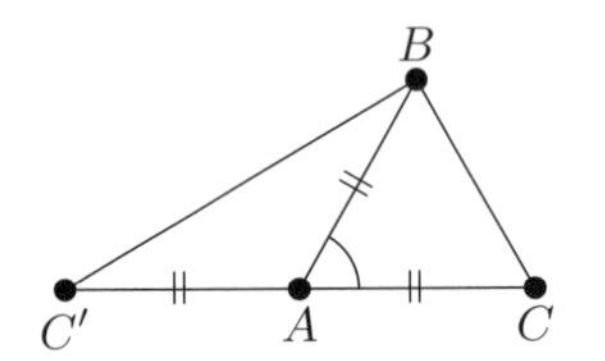

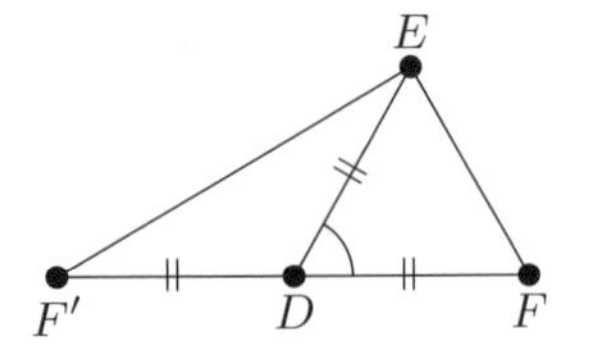

公理 C-6（SAS）より，$\triangle ABC \cong \triangle DEF$ であるので，$CB \cong FE$ かつ $\angle C \cong \angle F$ である．一方，公理 C-3 より，$CC' \cong FF'$ である．よって，公理 C-6（SAS）より，$\triangle CC'B \cong \triangle FF'E$ である．したがって，$C'B \cong F'E$ かつ $\angle C' \cong \angle F'$ である．ゆえに，公理 C-6（SAS）より，

$$\triangle C'AB \cong \triangle F'DE$$

となる．よって，$\angle BAC' \cong \angle EDF'$ である． □

系 2.39（**Hil**） **対頂角**は合同である．

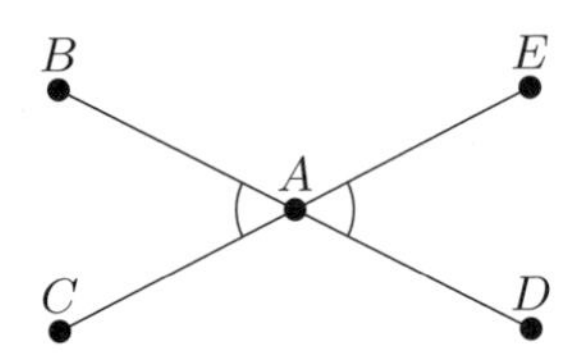

証明 $\angle BAC$ は $\angle BAE$ の外角, $\angle EAD$ は $\angle EAB$ の外角である．$\angle BAE = \angle EAB$ であるので，命題 2.38 から従う． □

系 2.40（**Hil**） C', A, C は一直線上にあり，$\angle BAC \cong \angle EDF$ かつ $\angle BAC' \cong \angle EDF'$ ならば F', D, F は一直線上にある．

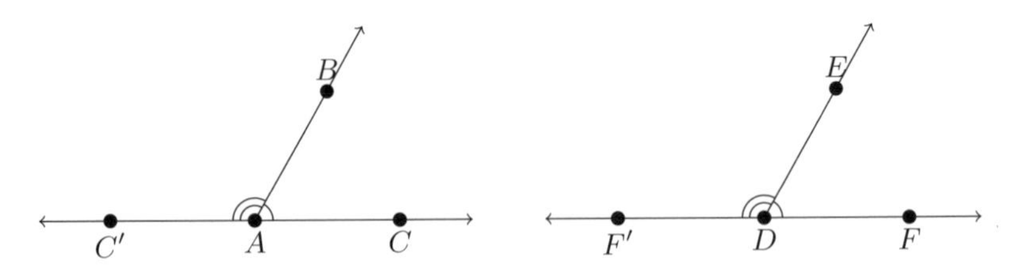

証明 直線 $\overleftrightarrow{DF}$ 上で，半直線 $\overrightarrow{DF}$ とは反対側に F'' をとる．

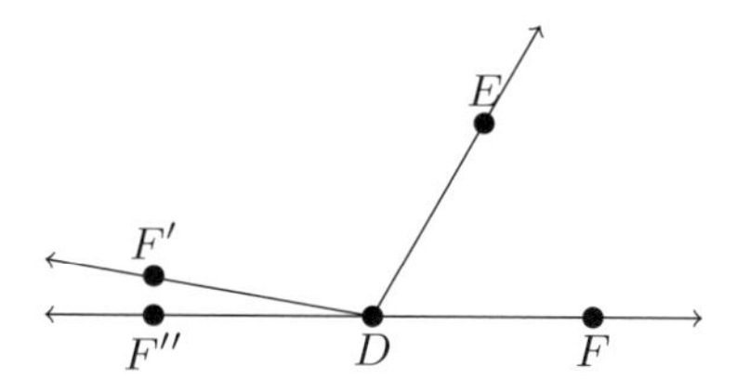

命題 2.38 より，$\angle BAC' \cong \angle EDF''$ である．ここで，$\angle BAC' \cong \angle EDF'$ であるので，公理 C-4 の一意性より，$\angle EDF' = \angle EDF''$ となる．よって，F', D, F は一直線上にある． □

角の合同類の和と差の問題を考えよう．この問題は 2.6.2 項で拡張される．

命題 2.41（**Hil**） $\angle BAC$ と $\angle B'A'C'$ を考え，D と D' はそれぞれ，$\angle BAC$ と $\angle B'A'C'$ の内点とする．

このとき，以下が成り立つ．

(1) **（角の合同類の和）**
$$\begin{cases} \angle BAD \cong \angle B'A'D', \\ \angle CAD \cong \angle C'A'D' \end{cases} \Longrightarrow \angle BAC \cong \angle B'A'C'.$$

(2) **（角の合同類の差）**
$$\begin{cases} \angle BAC \cong \angle B'A'C', \\ \angle BAD \cong \angle B'A'D' \end{cases} \Longrightarrow \angle CAD \cong \angle C'A'D'.$$

証明 (1) $AB \cong A'B'$, $AC \cong A'C'$ と仮定してよい．クロスバー定理（定理 2.28）より，$\overrightarrow{A'D'}$ は $B'C'$ と交わる．その交点は D' としてもよい．$\overrightarrow{AD}$ 上に $AE \cong A'D'$ となる点 E がとれるが，D と E を入れ替えて，$D = E$ と仮定してよい．$\overrightarrow{DB}$ の反対側に F をとる．

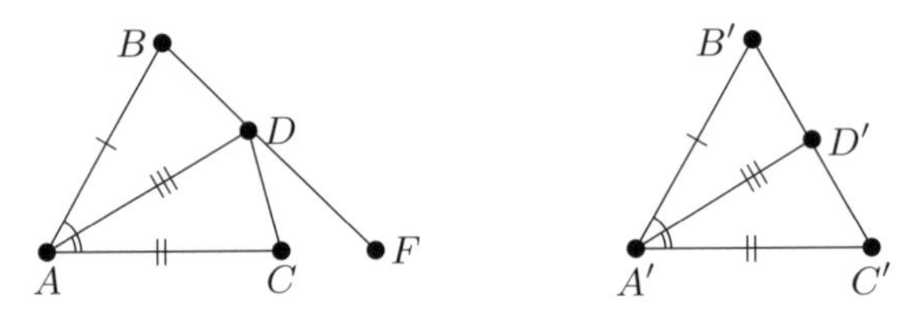

SAS より，$\triangle ABD \cong \triangle A'B'D'$ であるので，$\angle ADB \cong \angle A'D'B'$ となる．したがって，その外角は合同である (命題 2.38)．つまり，$\angle ADF \cong \angle A'D'C'$ となる．一方，SAS より，$\triangle ACD \cong \triangle A'C'D'$ であるので，$\angle ADC \cong \angle A'D'C'$ となる．したがって，$\angle ADF \cong \angle ADC$ となるので，公理 C-4 の一意性から，B, D, C は同一直線上にある．よって，$\triangle ABD \cong \triangle A'B'D'$ と $\triangle ACD \cong \triangle A'C'D'$ より，$BD \cong B'D'$, $DC \cong D'C'$ ゆえ，公理 C-3 より，$BC \cong B'C'$．$\angle B, \angle B'$ を中心とする SAS を用いて $\triangle ABC \cong \triangle A'B'C'$ がわかる．よって，$\angle BAC \cong \angle B'A'C'$.

(2) $\overleftrightarrow{AD}$ について B とは反対側に $\angle DAE \cong \angle D'A'C'$ となるよう点 E をとる．

$\angle BAD \cong \angle B'A'D'$, $\angle DAE \cong D'A'C'$ であるので, (1) を用いて $\angle BAE \cong \angle B'A'C'$ を得る．一方, $\angle BAC \cong \angle B'A'C'$ であるので, $\angle BAE \cong \angle BAC$ となる．ゆえに, 公理 C-4 の一意性から, $\overrightarrow{AC} = \overrightarrow{AE}$ となる．よって, $\angle DAE = \angle DAC$ であるので，$\angle CAD \cong \angle C'A'D'$ となる． □

命題 2.34 の角版を考えよう．

命題 2.42 **(Hil)** 2 つの角 $\angle CAD$ と $\angle EBF$ を考え，$\angle CAD \cong \angle EBF$ と仮定する．半直線 $\overrightarrow{AG}$ は $\angle CAD$ の間にある，つまり，G は $\angle CAD$ の内点であると仮定する．このとき，$\angle EBF$ の間にある半直線 $\overrightarrow{BH}$ で

$$\angle GAD \cong \angle HBF$$

となるものが一意的に存在する．

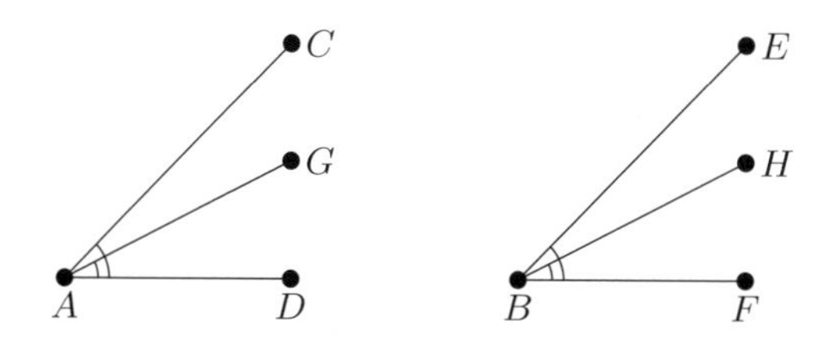

証明 一意性は公理 C-4 から従う．$AC \cong BE$ かつ $AD \cong BF$ と仮定しても一般性を失わない．$\angle CAD \cong \angle EBF$ であるので，SAS より，$\triangle ACD \cong \triangle BEF$ となる．したがって，$CD \cong EF$, $\angle CDA \cong \angle EFB$ である．クロスバー定理（定理 2.28）より，$C * P * D$ となる半直線 $\overrightarrow{AG}$ と線分 CD の交点 P が存在する．

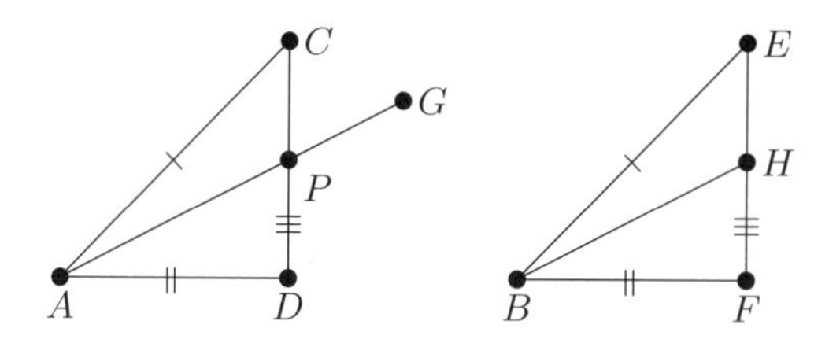

$CD \cong EF$ であるので，命題 2.34 により，$PD \cong HF$ かつ $E*H*F$ となる H が存在する．$\angle CDA \cong \angle EFB$ であるので，SAS より，$\triangle APD \cong \triangle BHF$ である．よって，$\angle GAD \cong \angle HBF$ で，H は $\angle EBF$ の内点である． □

ここからは線分と角の大小関係を考える．

定義 2.43（**Hil**） • $AB < CD \overset{\text{def}}{\Longleftrightarrow}$ 点 E が存在して $C * E * D$ かつ $AB \cong CE$ となる．

• $\angle ABC < \angle DEF \overset{\text{def}}{\Longleftrightarrow}$ 半直線 $\overrightarrow{ED}$ と $\overrightarrow{EF}$ の間にある半直線 $\overrightarrow{EG}$ が存在して，$\angle ABC \cong \angle GEF$ となる．

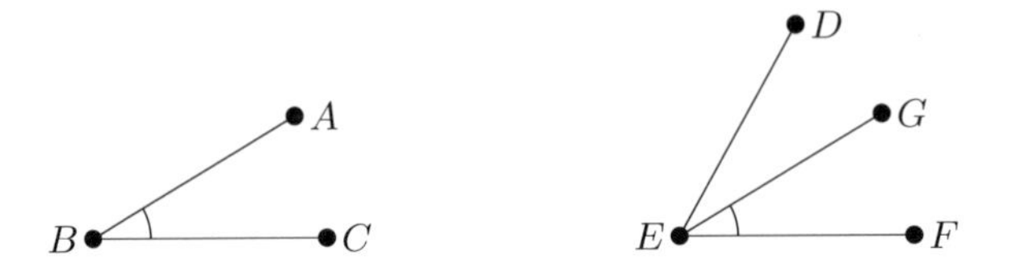

まずは基本的な結果から考える．

命題 2.44 (**Hil**) 線分と角の不等式について，次のことがわかる．

(1) $AB < CD$ または $AB \cong CD$ または $AB > CD$ のいずれか1つのみが成立する．

(2) $AB < CD$ かつ $AB \cong EF$ かつ $CD \cong GH$ ならば $EF < GH$.

(3) $AB < CD$ かつ $CD < EF$ ならば $AB < EF$.

(4) $\angle A < \angle B$ または $\angle A \cong \angle B$ または $\angle A > \angle B$ のいずれか1つのみが成立する．

(5) $\angle A < \angle B$ かつ $\angle A \cong \angle C$ かつ $\angle B \cong \angle D$ ならば $\angle C < \angle D$.

(6) $\angle A < \angle B$ かつ $\angle B < \angle C$ ならば $\angle A < \angle C$.

証明 (2), (3) を証明してから (1) を証明する．

(2) $AB < CD$ ゆえ，$C * B' * D$ で $CB' \cong AB$ となる B' がとれる．$CD \cong GH$ であるので，命題 2.34 より，$G * B'' * H$ で $CB' \cong GB''$ となる B'' がとれる．ここで，$GB'' \cong EF$ であるので，$EF < GH$ を得る．

(3) $AB < CD$ であるので $C * B' * D$ かつ $AB \cong CB'$ となる B' がとれる．また，$CD < EF$ であるので $E * D' * F$ かつ $CD \cong ED'$ となる D' がとれる．したがって，命題 2.34 より，$E * B'' * D'$ かつ $CB' \cong EB''$ となる B'' がとれる．$AB \cong EB''$ かつ $E * B'' * F$ であるので $AB < EF$ を得る．

(1) $\overrightarrow{CD}$ 上に $AB \cong CB'$ となる B' をとる．B' の位置について，次の3種類が考えられる：

$$\text{(a) } C * B' * D, \qquad \text{(b) } B' = D, \qquad \text{(c) } C * D * B'.$$

(a), (b), (c) はいずれか 1 つのみが成立するので，次を見れば十分である．

$$\begin{cases} \text{(a)} & \Longleftrightarrow \quad AB < CD, \\ \text{(b)} & \Longleftrightarrow \quad AB \cong CD, \\ \text{(c)} & \Longleftrightarrow \quad AB > CD. \end{cases}$$

最初は定義から自明である．2 番目は公理 C-1 から従う．3 番目について考える．(c) と仮定すると，$CD < CB'$ であり，$CB' \cong AB$ であるので，(2) より $CD < AB$ である．逆に，$CD < AB$ と仮定すると，(2) より $CD < CB'$ となり，(c) を得る．

角の場合も線分の場合と同様に，(5), (6) を先に証明し，最後に (4) を示す．$\angle A = \angle EAF$, $\angle B = \angle GBH$, $\angle C = \angle ICJ$, $\angle D = \angle KDL$ とおく．

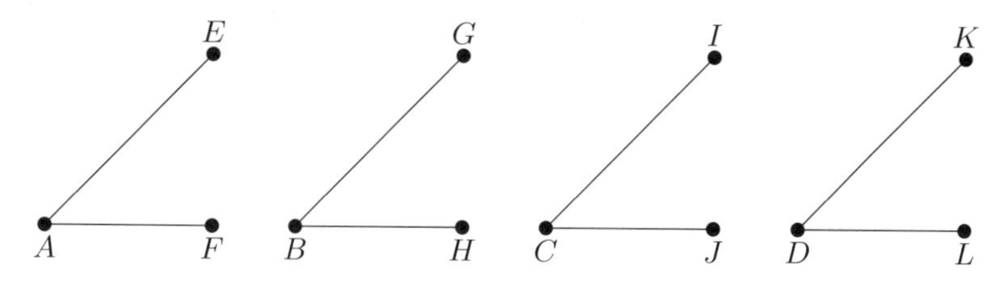

(5) 仮定より，$\angle GBH$ の内部に E' があって，$\angle EAF \cong \angle E'BH$ とできる．命題 2.42 より，$\angle KDL$ の内部に E'' があって，$\angle E'BH \cong \angle E''DL$ とできる．$\angle ICJ \cong \angle E''DL$ となるので，$\angle ICJ < \angle KDL$ である．

(6) 仮定より，$\angle GBH$ の内部に E' があって $\angle EAF \cong \angle E'BH$ とでき，$\angle ICJ$ の内部に G' があって $\angle GBH \cong \angle G'CJ$ とできる．よって，命題 2.42 より，$\angle G'CJ$ の内部に E'' がとれて，

$$\angle E'BH \cong \angle E''CJ$$

とできる．$\angle E''CJ \cong \angle EAF$ となるので，これは $\angle EAF < \angle ICJ$ を示す．

(4) $\overleftrightarrow{BH}$ に関して G と同じ側に，$\angle E'BH \cong \angle EAF$ となる E' をとる．E' の位置について，次の 3 種類が考えられる：

$$\begin{cases} \text{(i) } E' \text{ は } \overleftrightarrow{BG} \text{ に関して } H \text{ と同じ側}, \\ \text{(ii) } E' \text{ は } \overrightarrow{BG} \text{ 上}, \\ \text{(iii) } E' \text{ は } \overleftrightarrow{BG} \text{ に関して } H \text{ と反対側}. \end{cases}$$

(i), (ii), (iii) はいずれか1つのみが成立するので，次を見れば十分である．

$$\begin{cases} \text{(i)} \quad \Longleftrightarrow \quad \angle EAF < \angle GBH, \\ \text{(ii)} \quad \Longleftrightarrow \quad \angle EAF \cong \angle GBH, \\ \text{(iii)} \quad \Longleftrightarrow \quad \angle EAF > \angle GBH. \end{cases}$$

最初は定義から自明である．2番目は公理 C-4 から従う．3番目について考える．(iii) と仮定すると，$\angle GBH < \angle E'BH$ であり，$\angle EAF \cong \angle E'BH$ であるので，(5) より $\angle GBH < \angle EAF$ である．逆に，$\angle GBH < \angle EAF$ と仮定すると，(5) より $\angle GBH < \angle E'BH$ となり，(iii) を得る．　□

定義 2.45（**Hil**）　命題 2.44 により，$x, y \in \mathbb{S}$ と $\alpha, \beta \in \mathbb{A}$ に対して，$x < y$ と $\alpha < \beta$ が定義できることがわかる．$y > x$ や $\beta > \alpha$ とかくこともある．

広義の線分の合同類 $\mathbb{0}$ と任意の線分の合同類 x についての大小関係は，$\mathbb{0} < x$ と定める．広義の角の合同類 $\angle\mathrm{N}$ と $\angle\mathrm{L}$ については，$\angle\mathrm{N} < \angle\mathrm{L}$ と定め，任意の角の合同類 α と $\angle\mathrm{N}$, $\angle\mathrm{L}$ についての大小関係は，

$$\angle\mathrm{N} < \alpha \quad \text{かつ} \quad \alpha < \angle\mathrm{L}$$

と定める．

さらに，$x, y \in \overline{\mathbb{S}}$ に対して，$x < y$ または $x = y$ のとき，$x \leqq y$ と表す．また，$\alpha, \beta \in \widetilde{\mathbb{A}}$ に対しても，$\alpha < \beta$ または $\alpha = \beta$ のとき，$\alpha \leqq \beta$ と表す．このとき，容易に，$x, y \in \overline{\mathbb{S}}$, $\alpha, \beta \in \widetilde{\mathbb{A}}$ に対して，

$$x < y \iff x \leqq y \text{ かつ } x \neq y,$$
$$\alpha < \beta \iff \alpha \leqq \beta \text{ かつ } \alpha \neq \beta$$

であることがわかる．命題 2.44 は "$\leqq$" が $\overline{\mathbb{S}}$ と $\widetilde{\mathbb{A}}$ に全順序（順序については A.1 節を参照）を与えることを示している．

関連する話題として後で必要となる命題を2つ考える．

命題 2.46 (Hil) 広義の角の合同類 α の外角の合同類を α^e で表す ($\angle \mathrm{L}^e = \angle \mathrm{N}$, $\angle \mathrm{N}^e = \angle \mathrm{L}$ である). このとき, 以下が成立する.

(1) $(\alpha^e)^e = \alpha$.

(2) $\alpha < \beta$ ならば $\alpha^e > \beta^e$.

証明 (1) は自明である. (2) について考える. $\alpha = \angle \mathrm{N}$ の場合は自明である. さらに, $\beta = \angle \mathrm{L}$ の場合も自明である. そこで, α, β は通常の角の合同類とする. 仮定より, $\angle ACD$ と $\angle BCD$ が存在して, $[\angle ACD] = \alpha$ かつ $[\angle BCD] = \beta$ かつ A は角 $\angle BCD$ の内点である. 半直線 $\overrightarrow{CD}$ の反対の半直線を $\overrightarrow{CE}$ とする.

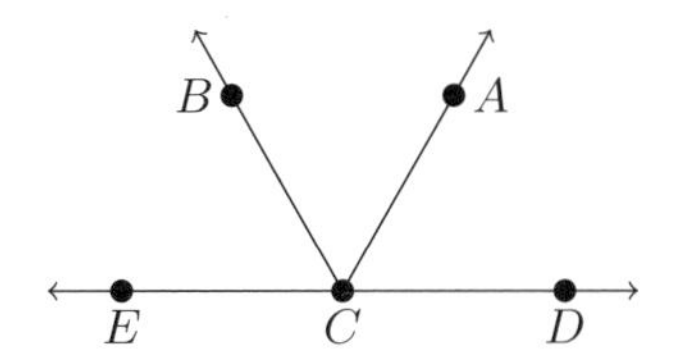

このとき, B は $\angle ACE$ の内点であり, $\alpha^e = [\angle ACE]$ かつ $\beta^e = [\angle BCE]$ である. よって, $\alpha^e > \beta^e$. □

命題 2.47 (Hil) 直線 $\overleftrightarrow{AB}$ について同じ側に C と C' をとる. $\angle CAB \cong \angle C'AB$ かつ $AC \cong AC'$ ならば $C = C'$ である.

証明 $\angle CAB \cong \angle C'AB$ かつ C と C' が直線 $\overleftrightarrow{AB}$ について同じ側にあるので, A, C, C' は半直線 $\overrightarrow{AC}$ にある. 一方, $AC \cong AC'$ ゆえ, $C = C'$ である. □

重要な角の単位となる直角を導入する.

定義 2.48 (Hil) $\angle A$ とその外角が合同なとき $\angle A$ は**直角**という. 次の命題により, 直角は常に合同であるので, その合同関係による同値類を $\angle \mathrm{R}$ で表す.

R は right angle から来る．

命題 2.49（**ユークリッドの第四公準**） 2つの直角は合同である．

証明 2つの直角を下図のようにする．

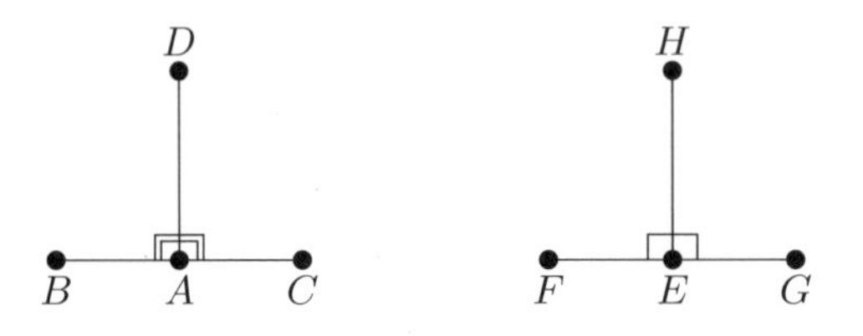

$\angle BAD \ncong \angle FEH$ と仮定する．命題 2.44 より，$\angle BAD < \angle FEH$ または $\angle BAD > \angle FEH$ である．$\angle BAD > \angle FEH$ と仮定しても一般性を失わない．このとき，$\overrightarrow{AB}$ と $\overrightarrow{AD}$ の間に $\overrightarrow{AJ}$ がとれて $\angle JAD \cong \angle FEH$ とできる．さらに，$\angle CAD \cong \angle BAD > \angle FEH \cong \angle GEH$ ゆえ，命題 2.44 より，$\angle CAD > \angle GEH$ であるので，$\overrightarrow{AC}$ と $\overrightarrow{AD}$ の間に $\overrightarrow{AK}$ がとれて $\angle KAD \cong \angle GEH$ とできる．

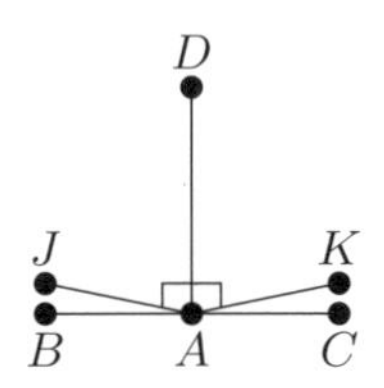

系 2.40 より，J, A, K は一直線上にある．一方，J と D，K と D は直線 $\overleftrightarrow{BC}$ に関して同じ側にあるので，公理 B-4 より，J と K も直線 $\overleftrightarrow{BC}$ に関して同じ側にある．ところが，線分 JK は直線 $\overleftrightarrow{BC}$ と A で交わる．これは矛盾である． □

直線に対して直角に交わる直線の存在を考えよう．

命題 2.50（**Hil**） 直線 l と 点 P を考える．P を通り l に直角に交わる直線が存在する．

証明 まず，$P \notin l$ の場合を考える．l 上の異なる2点 A と B をとる．公理 C-4 により，l に関して P とは反対側に $\angle XAB$ が存在して $\angle PAB \cong \angle XAB$ と

できる．さらに，$\overrightarrow{AX}$ 上に一意的に点 P' が存在して，$AP \cong AP'$ とできる．P と P' は l について反対側にあるので，Q を PP' と l の交点とする．

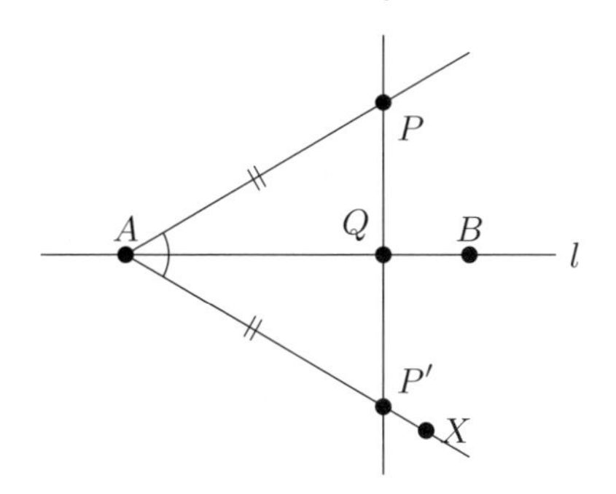

$A = Q$ の場合，$\angle PQB \cong \angle P'QB$ となり，$\angle PQB$ と $\angle P'QB$ は直角である．$A \neq Q$ の場合，$\triangle PAQ$ と $\triangle P'AQ$ を考える．$AP \cong AP'$ かつ $AQ \cong AQ$ である．さらに，B が半直線 $\overrightarrow{AQ}$ 上にあれば $\angle PAQ \cong \angle P'AQ$ であり，B が半直線 $\overrightarrow{AQ}$ の反対方向にあれば命題 2.38 により $\angle PAQ \cong \angle P'AQ$ である．ゆえに，SAS より，$\triangle PAQ \cong \triangle P'AQ$ である．したがって，$\angle PQA \cong \angle P'QA$ ゆえ，$\angle PQA$ と $\angle P'QA$ は直角である．命題 2.38 より，$\angle AQP$ と $\angle AQP'$ のそれぞれの 2 つの外角は合同であるので，Q の周りの 4 つの角はすべて合同となり直角である．

次に $P \in l$ の場合を考える．$Q' \notin l$ となる点 Q' をとる．前のケースより，Q' を通り l に直角に交わる直線 l' が存在する．交点を P' とする．$P' = P$ なら題意がいえるので $P' \neq P$ と仮定する．半直線 $\overrightarrow{PX}$ を $\angle Q'P'P \cong \angle XPP'$ となるようにとる．

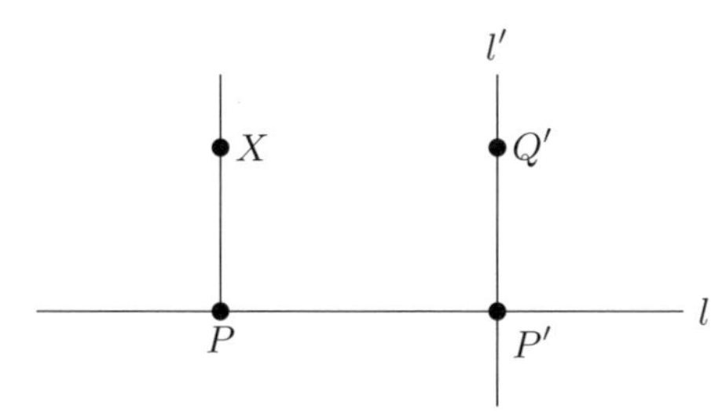

このとき，$\overleftrightarrow{PX}$ が求めるものである． □

この節の最後に，三角形の合同判定条件である ASA と SSS を考えよう．

命題 2.51（**Hil, ASA**）　$\triangle ABC$ と $\triangle A'B'C'$ において，$\angle B \cong \angle B'$ かつ $BC \cong B'C'$ かつ $\angle C \cong \angle C'$ なら $\triangle ABC \cong \triangle A'B'C'$.

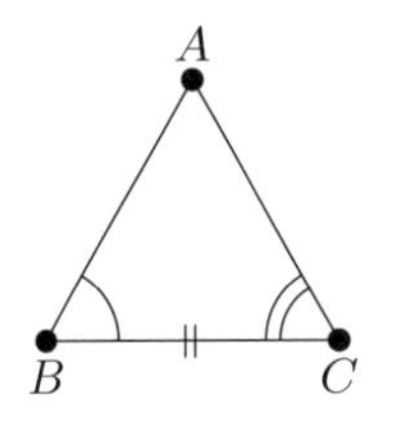

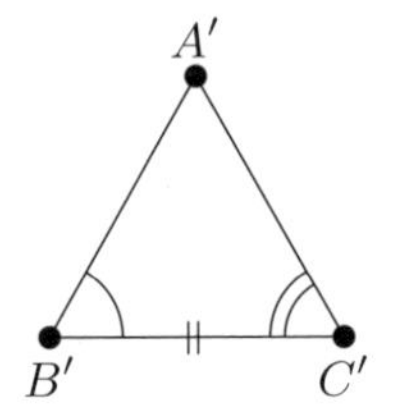

証明　半直線 $\overrightarrow{BA}$ 上に $BA'' \cong B'A'$ となるように A'' をとる．

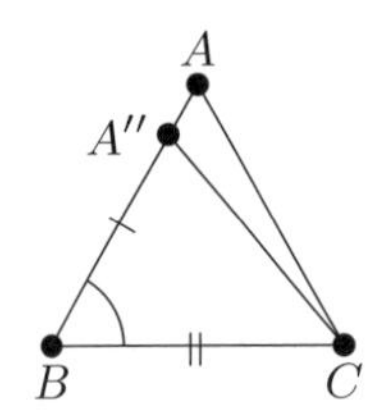

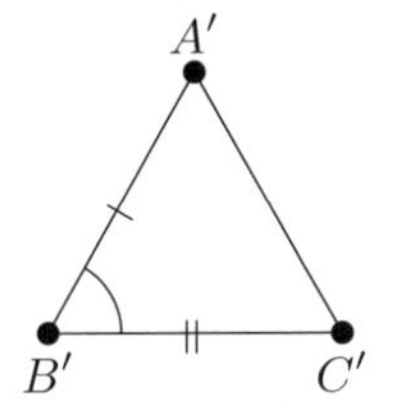

SAS より，$\triangle A''BC \cong \triangle A'B'C'$ であるので，$\angle A''CB \cong \angle C'$ である．一方，$\angle C \cong \angle C'$ であるので，$\angle A''CB \cong \angle C$ となり，$A = A''$ である．よって $\triangle ABC \cong \triangle A'B'C'$. □

命題 2.52（**Hil, SSS**）　$\triangle ABC$ と $\triangle A'B'C'$ において，$AB \cong A'B'$ かつ $BC \cong B'C'$ かつ $CA \cong C'A'$ なら $\triangle ABC \cong \triangle A'B'C'$.

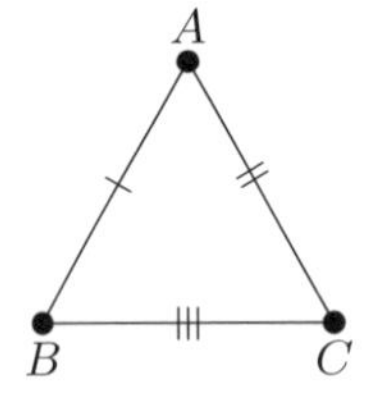

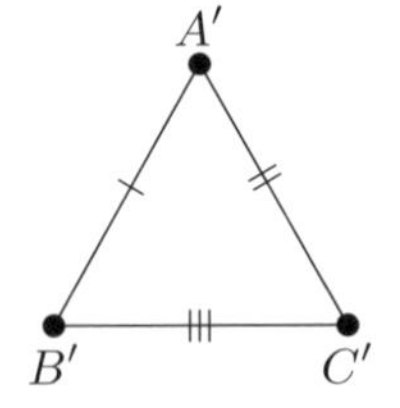

証明　$\overleftrightarrow{BC}$ に関して A と反対側に A'' を $\angle A'B'C' \cong \angle A''BC$ かつ $B'A' \cong BA''$ となるようにとる．

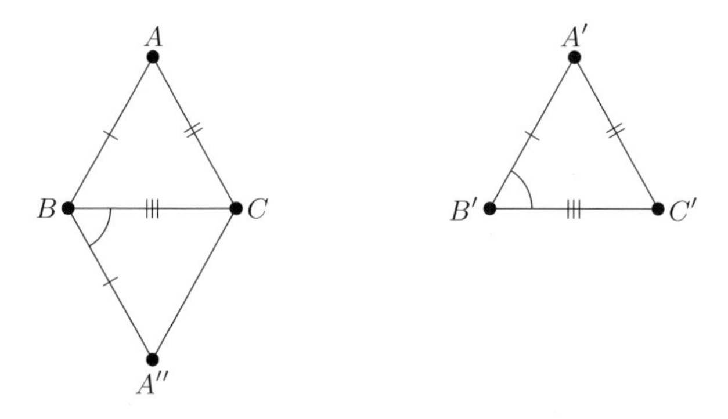

SAS より，$\triangle A''BC$ と $\triangle A'B'C'$ が合同である．よって，$AC \cong A''C$ となる．ここで，$\angle A \cong \angle A''$ を示したい．A と A'' は $\overleftrightarrow{BC}$ に関して反対側にあるので，AA'' と $\overleftrightarrow{BC}$ の交点を D とする．D の位置により，

$$D * B * C, \quad D = B, \quad B * D * C, \quad D = C, \quad B * C * D$$

の 5 つの場合が考えられる．$D = B$ と $D = C$，および，$D * B * C$ と $B * C * D$ は同様に証明ができるので，$B * D * C$, $D = C$, $B * C * D$ の場合のみを考える．

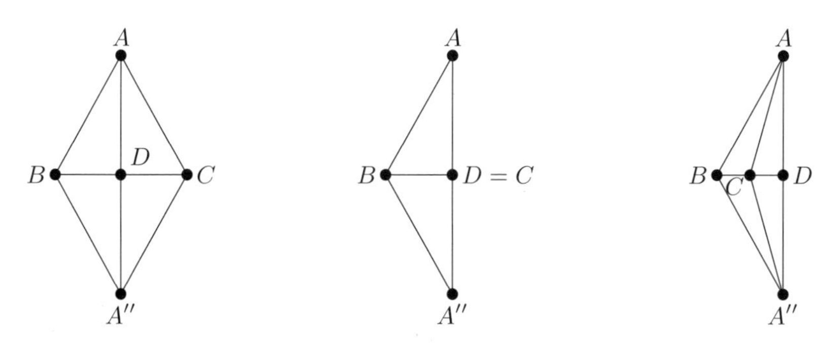

$D = C$ の場合は，$\triangle ABA''$ が 2 等辺三角形であるので，$\angle A \cong \angle A''$．$B * D * C$ および $B * C * D$ の場合は，$\triangle ABA''$ と $\triangle ACA''$ はともに 2 等辺三角形である．このとき，$B * D * C$ の場合は命題 2.41 の (1) により，$B * C * D$ の場合は命題 2.41 の (2) により，$\angle A \cong \angle A''$ となる．よって，SAS より，$\triangle ABC \cong \triangle A''BC$ である．以上により，$\triangle ABC \cong \triangle A'B'C'$ となる．□

2.5　ヒルベルト平面上の幾何

この節では，いわゆるヒルベルト平面上で成り立つ基本的な諸結果を紹介していきたいと思う．まずはヒルベルト平面の定義から始めよう．

定義 2.53（**Hil**）　結合の公理，間の公理，合同の公理の公理群をみたす平面 Π を**ヒルベルト平面**，その体系を**ヒルベルト幾何**という．

以後はヒルベルト平面上での幾何を考える．

定義 2.54（**Hil**）　2つの直線 l と l' にもう1つの直線 m が交わっているとする．l と m の交わりを P，l' と m の交わりを P' とし，$P \neq P'$ と仮定する．l 上に $A * P * B$ となる点 A と B をとり，l' 上に $A' * P' * B'$ となる点 A' と B' をとる．A と A' は m に関して同じ側にあると仮定する．このとき，B と B' は m に関して同じ側にある．$\alpha := \angle APP'$ と $\beta := \angle BPP'$，および，$\gamma := \angle A'P'P$ と $\delta := \angle B'P'P$ とおく．

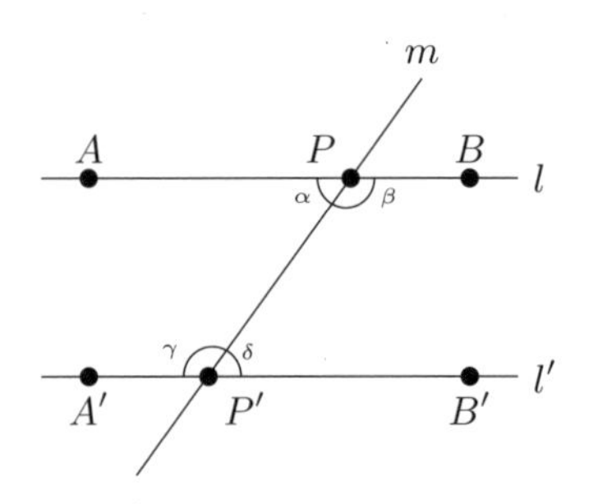

α と δ，および，β と γ を**錯角**という．また，α と γ，および，β と δ を**同側内角**という．

ヒルベルト幾何において，基本的な定理から考える．実はこの定理の逆が大問題となる（2.7 節参照）．

定理 2.55（**Hil**）　錯角が合同なら，l と l' は平行である．

証明　背理法で示す．l と l' は平行でないとする．l と l' の交点を D とする．l 上に D とは m に関して反対側に $B'D \cong BE$ となる E をとる．

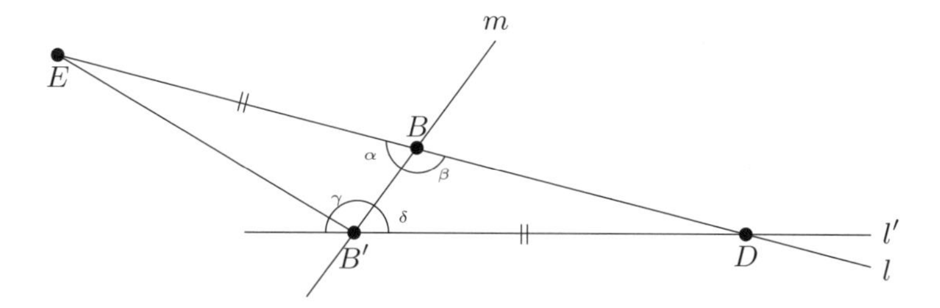

仮定より, $\alpha \cong \delta$ である．$\triangle BB'D$ と $\triangle B'BE$ を考える．ここで, $BB' \cong B'B$, $B'D \cong BE$, $\delta \cong \alpha$ ゆえ，SAS より

$$\triangle BB'D \cong \triangle B'BE.$$

したがって,

$$\angle DBB' \cong \angle EB'B$$

であるので，命題 2.38 を用いて,

$$\gamma = \delta \text{ の外角} \cong \alpha \text{ の外角} = \beta = \angle DBB' \cong \angle EB'B$$

となるので，$l' = \overleftrightarrow{EB'}$ となる．ゆえに l と l' は 2 点 D と E で交わり，命題 2.9 に矛盾する． □

次の系は平行線の存在を保証している．

系 2.56（**Hil**）　直線 l と $P \notin l$ となる点 P を与える．このとき，P を通る l に平行な直線が存在する．

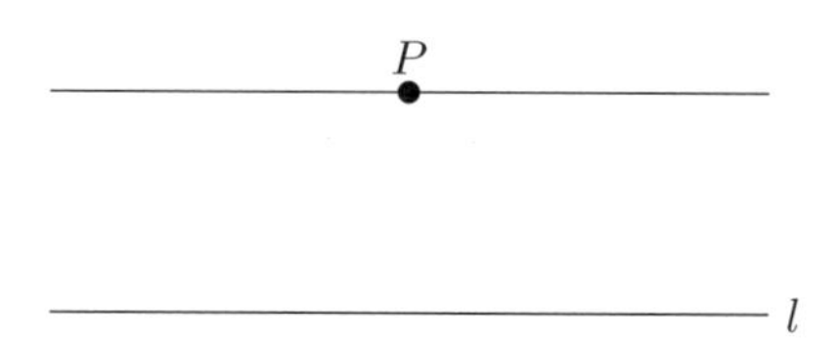

証明　命題 2.50 を用いて，P を通り l と垂直に交わる直線を m とする．また，P を通り m と垂直に交わる直線を l' とする．

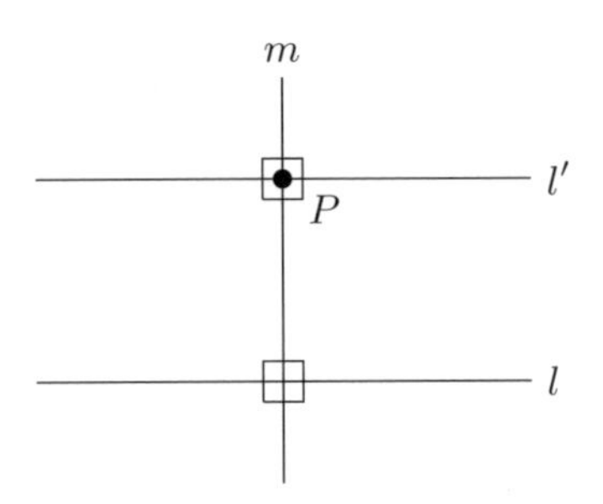

このとき，錯角が直角であるので定理 2.55 から従う．□

次の系により垂線の足の一意的な存在がわかる．

系 2.57（**Hil**）直線 l と点 P を考える．P を通り l と垂直に交わる直線 m が一意的に存在する．m と l の交点を**垂線の足**という．

証明　存在は命題 2.50 である．一意性について考える．$P \in l$ の場合の一意性は命題 2.49 より従うので，$P \notin l$ の場合を考える．P を通り l と垂直に交わる別の直線を m' とする．l と m の交点を A, l と m' の交点を A' とする．

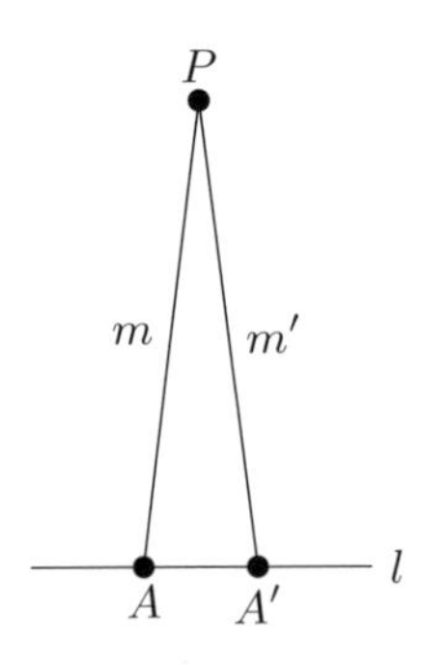

$A \neq A'$ とすると，

$$[\angle A] = [\angle A'] = \angle \mathrm{R}$$

であるので，定理 2.55 により，m と m' は平行である．一方，m と m' は P で交わるので，矛盾する．□

次の定理は外角の定理である．単純で簡単な定理であるが応用の多い定理でもある．

定理 2.58（**Hil, 外角の定理**） $\triangle ABC$ において，$\angle A, \angle B <$ ($\angle C$ の外角).

証明 $\angle B <$ ($\angle C$ の外角) の場合も同様であるので，$\angle A <$ ($\angle C$ の外角) をいえば十分である．命題 2.44 の (4) より，$\angle A \cong$ ($\angle C$ の外角) と $\angle A >$ ($\angle C$ の外角) の場合が起こらないことをいえばよい．D は $\overleftrightarrow{CB}$ 上の点で $\overrightarrow{CB}$ とは反対側にとる.

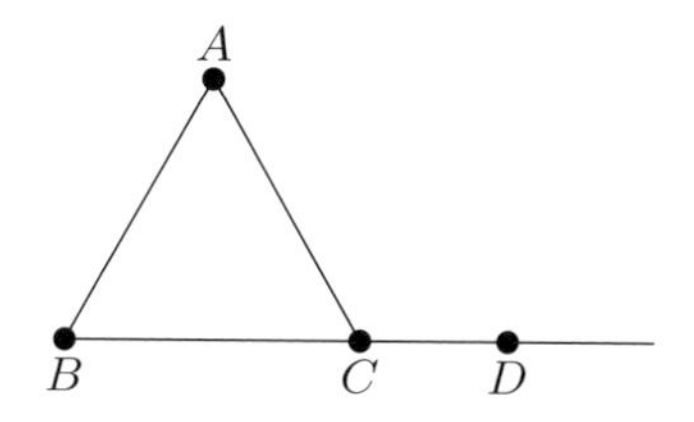

- $\angle A \cong$ ($\angle C$ の外角) の場合：錯角が合同になるので，定理 2.55 より，$\overleftrightarrow{AB}$ と $\overleftrightarrow{CD}$ は平行になるが，交点 B があることに矛盾する.
- $\angle A >$ ($\angle C$ の外角) の場合：$\angle ACD \cong \angle EAC$ なる点 E を $\angle A$ の内部にとる.

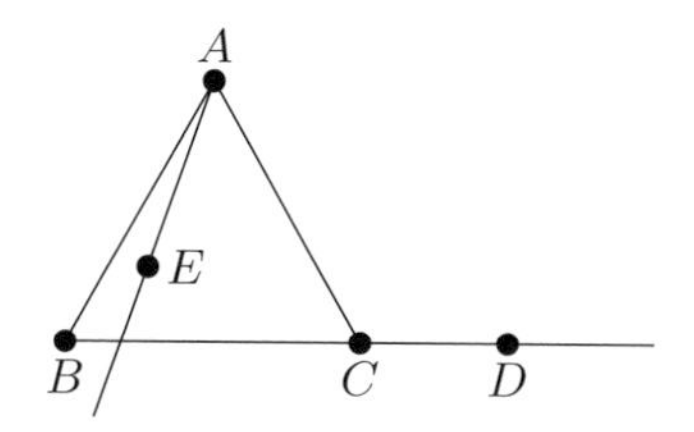

錯角が合同になるので，定理 2.55 より，$\overleftrightarrow{AE}$ と $\overleftrightarrow{CD}$ は平行になる．一方，クロスバー定理（定理 2.28）より $\overrightarrow{AE}$ と BC は交わるので矛盾する. □

外角の定理から導けるいくつかの系を考えよう.

系 2.59（**Hil**） $\triangle ABC$ において，$AB > BC \Longleftrightarrow \angle C > \angle A$.

証明 まず $AB > BC$ と仮定する．AB 上に $BD \cong BC$ となる D をとる.

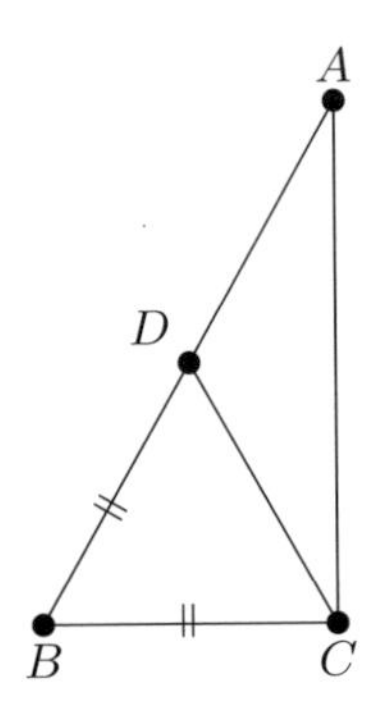

$\triangle ADC$ に外角の定理（定理 2.58）を用いて，$\angle A < \angle BDC$ である．また，命題 2.33 より，$\angle BDC \cong \angle BCD$ であるので，

$$\angle A < \angle BDC \cong \angle BCD < \angle C$$

を得る．

次に $\angle A < \angle C$ と仮定する．$AB > BC$ または $AB \cong BC$ または $AB < BC$ であるので，後半の 2 つが起こらないことをいえばよい．$AB = BA \cong BC$ の場合，命題 2.33 より，$\angle A \cong \angle C$ となり矛盾する．$AB < BC$ の場合，前の結果より，$\angle C < \angle A$ となり矛盾する．したがって，$AB > BC$ となる．

□

系 2.60 **(Hil)** l は直線とし，A は l 上の点でないとする．H は A から l に下ろした垂線の足とする．このとき，任意の l 上の点 B について，$B \neq H$ なら $AB > AH$ である．

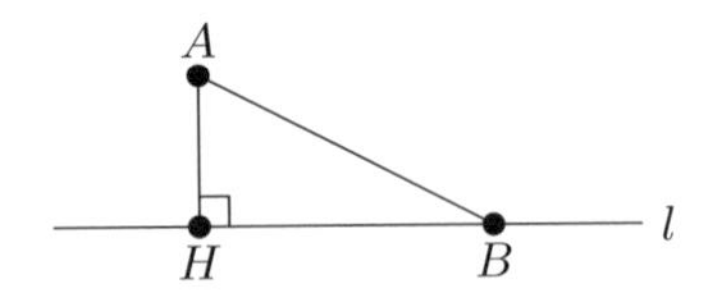

証明 $\triangle ABH$ は H を直角とする直角三角形であるので，外角の定理（定理 2.58）により，$\angle H > \angle B$ である．よって，系 2.59 によって，$AH < AB$ である． □

もう1つの三角形の合同判定条件 SAA も外角の定理の系である．

系 2.61（**Hil, SAA**）　2つの三角形 $\triangle ABC$ と $\triangle A'B'C'$ を考える．$AB \cong A'B'$，かつ，$\angle B \cong \angle B'$，かつ，$\angle C \cong \angle C'$ であるなら $\triangle ABC \cong \triangle A'B'C'$ である．

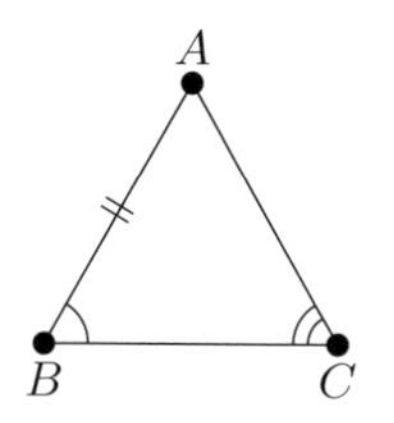

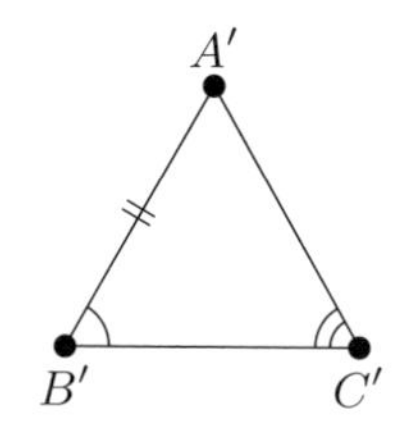

証明　$BC \ncong B'C'$ と仮定する．このとき，$BC > B'C'$ または $BC < B'C'$ であるが，$BC > B'C'$ と仮定しても一般性を失わない．このとき，$B * C'' * C$ で $BC'' \cong B'C'$ となるようにとる．

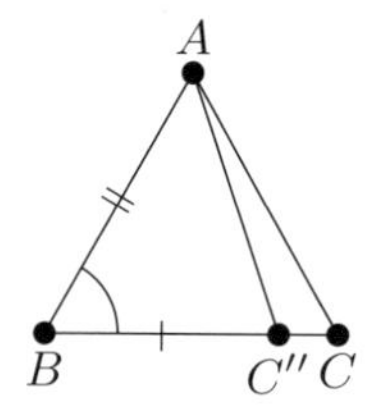

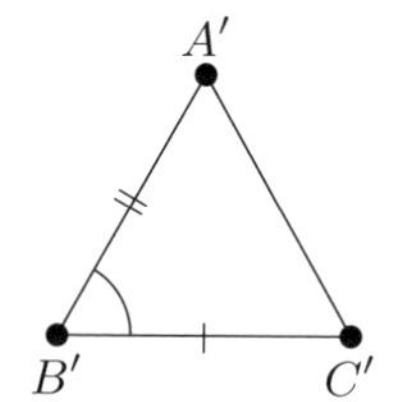

SAS より，$\triangle ABC'' \cong \triangle A'B'C'$ である．よって，$\angle AC''B \cong \angle C'$ となるので，$\angle AC''B \cong \angle C$ である．これは外角の定理（定理 2.58）に矛盾する．したがって，$BC \cong B'C'$ となるので，SAS により，

$$\triangle ABC \cong \triangle A'B'C'$$

である．□

系 2.62（**Hil**）　$\triangle ABC$ において，$\angle B < \angle \mathrm{R}$ かつ $\angle C < \angle \mathrm{R}$ と仮定する．A から $\overleftrightarrow{BC}$ へ下ろした垂線の足を H とすると，$B * H * C$ となる．

証明　演習問題 問 11 とする．□

円に関する命題で，後述する直線と円の交差公理なしでわかることを考える．

命題 2.63 **(Hil)** 直線 l と l 上にない点 O を考える．O から l に下ろした垂線の足を H とする．$r \in \mathbb{S}$ を与えておき，$\Sigma = \{P \in l \mid [OP] = r\}$（$\Sigma$ は中心が O，半径 r の円と直線 l との交点である）とおく．

(1) $OA > OH$ がすべての $A \in l \setminus \{H\}$ で成り立つ．

(2) $\#(\Sigma) \leqslant 2$.

(3) $\Sigma \neq \emptyset$ かつ $[OA] < r$ となる $A \in l$ が存在すれば，$\#(\Sigma) = 2$ である．

(4) $\#(\Sigma) = 1$ なら $\Sigma = \{H\}$.

証明 (1) これは系 2.60 である．

(2) l 上の異なる 3 点 A, B, C で，$[OA] = [OB] = [OC] = r$ をみたす点が存在したと仮定する．$A * B * C$ と仮定してもよい．

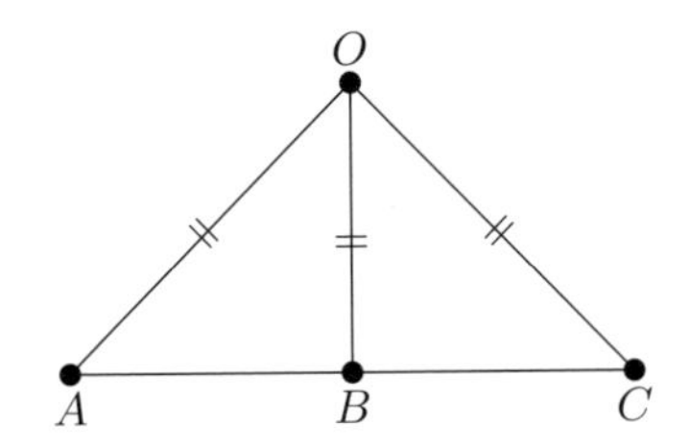

$\triangle OAB$, $\triangle OCB$, $\triangle OAC$ が二等辺三角形であることから，

$$\begin{cases} \angle OAB \cong \angle OBA, \\ \angle OCB \cong \angle OBC, \\ \angle OAB \cong \angle OCB \end{cases}$$

である．よって，$\angle OBA \cong \angle OBC$ である．つまり，$\angle OBA$ と $\angle OBC$ は直角である．したがって，垂線の足の一意性（系 2.57）より，$B = H$ である．よって (1) より，$OA > OB$ かつ $OC > OB$ を示すので矛盾である．

(3) $B \in \Sigma$ とする．$[OH] \leqq [OA] < r = [OB]$ であるので，$B \neq H$ となる．l 上の $\overrightarrow{HB}$ と反対側に $BH \cong B'H$ となる B' をとる．

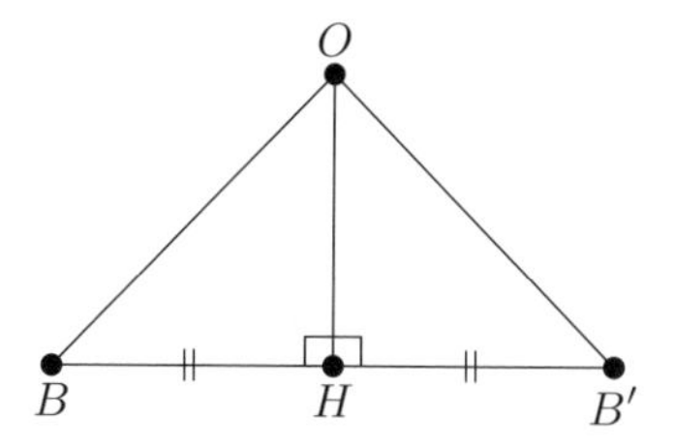

SAS より，$\triangle OHB \cong \triangle OHB'$ であるので，$OB \cong OB'$ である．よって，$B' \in \Sigma$ である．

(4) $\Sigma = \{B\}$ とする．$B \neq H$ とすると，$OH < OB \cong r$ であるので，(3) より $\#(\Sigma) = 2$ となり，矛盾する．つまり，$B = H$ である．□

定義 2.64（**Hil, 円の定義**）　点 O と $r \in \mathbb{S}$ を固定する．このとき，部分集合

$$\gamma := \{P \mid [OP] = r\}$$

を **O を中心とし半径 r とする円**とよぶ．さらに，集合 $\{P \mid [OP] < r\}$ を**円 γ の内部**とよび，集合 $\{P \mid [OP] > r\}$ を**円 γ の外部**とよぶ．

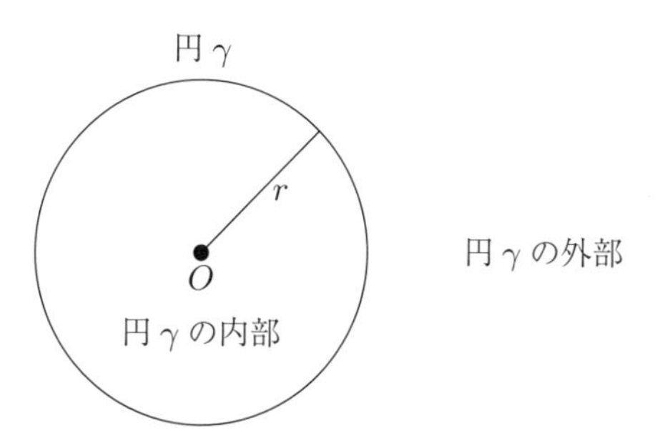

系 2.65（**Hil**）　直線が円の内部を通り交点をもつなら，その交点は 2 点である．

証明　命題 2.63 の (3) から従う．□

ここで，円と円，直線と円の交点に関する**円と円の交差公理**と**直線と円の交差公理**を紹介する．これは，コンパスで描いた 2 つの円の交点と定規で描いた直線とコンパスで描いた円の交点を保証している公理であると思うとわかりやすい．

- **円と円の交差公理**　2つの円 γ と γ' について，γ の内部と外部に γ' の点が存在するなら，2つの円は交わる．

- **直線と円の交差公理**　円の内部に直線上の点があるなら，円と直線は交わる．

命題 2.66（**Hil**）　ヒルベルト幾何において，円と円の交差公理は直線と円の交差公理を導く．

証明　直線は l，円は γ，γ の中心は O で表し，γ の半径は $r \in \mathbb{S}$ とする．l 上の点 A が γ の内部にあると仮定する．O が l 上にあるときは，公理 C-1 により，l に沿って O から r を写し取れるので，円と直線の交点が求まる．よって，O は l 上にないと仮定してよい．O から l に下ろした垂線の足を H とする．直線 $\overleftrightarrow{OH}$ を m で表す．m 上の点 O' で，H に関して O と反対側に $O'H \cong OH$ となるようにとる．O' を中心に半径が r の円 γ' を考える．

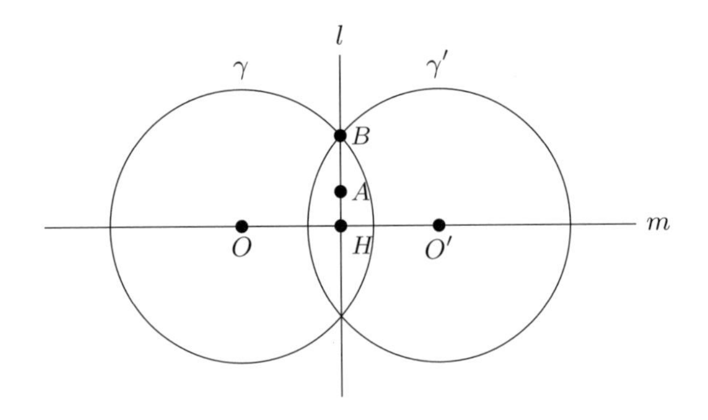

このとき，次が確かめられる．

主張 2.66.1　γ' 上には γ の内部の点と外部の点が存在する．

証明　演習問題 問 18 とする．　□

よって，円と円の交差公理により，γ と γ' の交点 B が存在する．SSS より，$\triangle BOH \cong \triangle BO'H$ であるので，$[\angle BHO] = \angle\mathrm{R}$ となる．つまり，$\overleftrightarrow{BH} = l$ となる．よって，B は l と γ の交点になる．　□

線分の中点を考える．中点の一意的存在は，2.6 節以降の理論展開にとって重要なこととなる．

定義 2.67（**Hil**）M が線分 AB の**中点**とは，$A * M * B$ かつ $AM \cong BM$ をみたす点をいう．

命題 2.68（**Hil**）線分 AB の中点 M が一意的に存在する．

証明　$\overleftrightarrow{AB}$ 上にない C をとり，P を $\overleftrightarrow{AB}$ に関して C と反対側で，$\angle CAB \cong \angle PBA$ をみたすようにとる．さらに $\overrightarrow{BP}$ 上に点 D を $AC \cong BD$ となるようにとる．

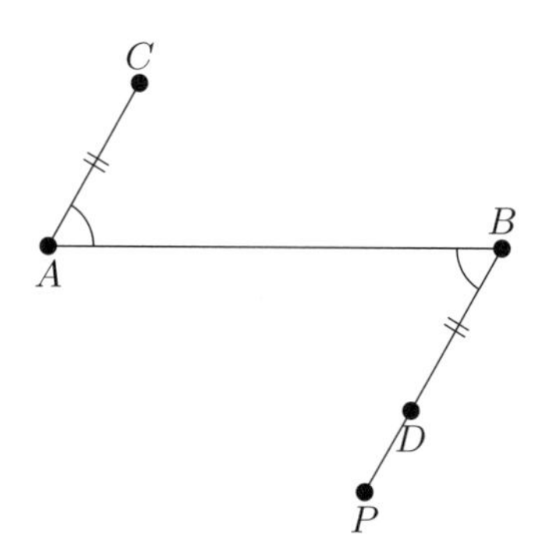

定理 2.55 より，$\overleftrightarrow{AC}$ は $\overleftrightarrow{BD}$ に平行である．C と D は $\overleftrightarrow{AB}$ に関して反対側にあるので，CD と $\overleftrightarrow{AB}$ は交わる．その交点を M とする．$M = A$ とする．

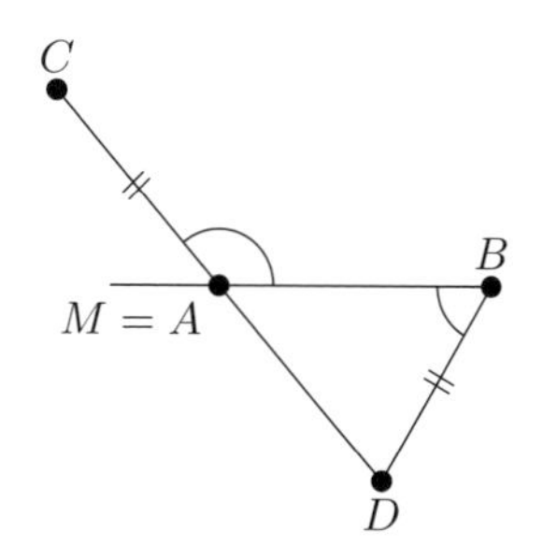

$\overleftrightarrow{AC} = \overleftrightarrow{MC}$ であるので，$\overleftrightarrow{AC}$ は $\overleftrightarrow{BD}$ と交わる．これは矛盾である．つまり，$M \neq A$ である．同様にして，$M \neq B$ である．$M * A * B$ とする．

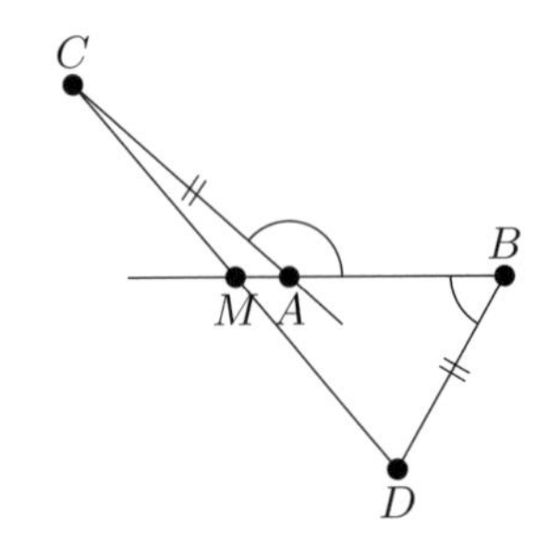

パッシュの定理 (定理 2.22) より, $\overleftrightarrow{CA}$ は, BD または MD と交わる. $\overleftrightarrow{CA}$ と $\overleftrightarrow{DB}$ は平行ゆえ, $\overleftrightarrow{CA} \cap MD \neq \emptyset$ である. このとき, 公理 I-1 より, $\overleftrightarrow{CA} = \overleftrightarrow{CD}$ となり, 矛盾する. $A * B * M$ の場合も同様である. したがって, $A * M * B$ であることがわかる.

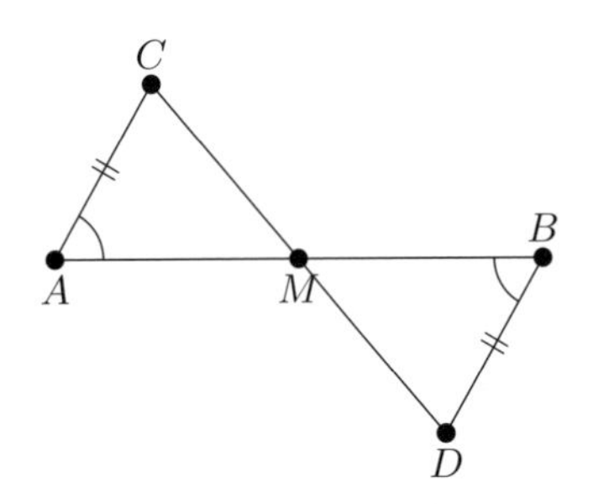

系 2.39 より, $\angle CMA \cong \angle DMB$ であるので, 系 2.61 (SAA) より, $\triangle CAM \cong \triangle DBM$ である. よって $AM \cong BM$ となる. つまり, M は線分 AB の中点である.

最後に一意性であるが, 別の中点 M' が存在して, $AM' \cong BM'$ とする. $AM' \ncong AM$ と仮定する. $AM' < AM$ と仮定して一般性を失わない. よって, $M' * M * B$ であるので, $BM < BM'$ となる. したがって,

$$AM' < AM \cong BM < BM'$$

となり, 矛盾する. □

合同な線分の半分は合同になることを示そう.

命題 2.69（**Hil**）　線分 AB と $A'B'$ を考える．M は AB の中点，M' は $A'B'$ の中点とする．$AB \cong A'B'$ ならば $AM \cong A'M'$ である．つまり，線分の合同類 x に対して，$x/2$ が定まることを示している．$x/2$ は $(1/2)\cdot x$ ともかかれる．

証明　$AM < AB \cong A'B'$ ゆえ，$A' * M'' * B'$ で $AM \cong A'M''$ となる点 M'' がとれる．

命題 2.35 より，$BM \cong B'M''$ となる．よって，$B'M'' \cong BM \cong AM \cong A'M''$ ゆえ，M'' は $A'M'$ の中点になる．中点の一意性（命題 2.68）より，$M' = M''$ となり，命題が証明できた．　□

中点の存在は垂直二等分線の存在を導く．

命題 2.70（**Hil**）　線分 AB の中点を通り，$\overleftrightarrow{AB}$ と垂直に交わる直線が一意的に存在する．これを線分 AB の**垂直二等分線**とよぶ．

証明　命題 2.68 と系 2.57 から従う．　□

次の命題は 2.7 節で用いる．

命題 2.71（**Hil**）　線分 AB の垂直二等分線 l を考える．任意の $P \in l$ に対して，$AP \cong BP$ である．

証明　AB と l の交点を M とする．M は AB の中点である．$P = M$ の場合は自明であるので，$P \neq M$ とする．

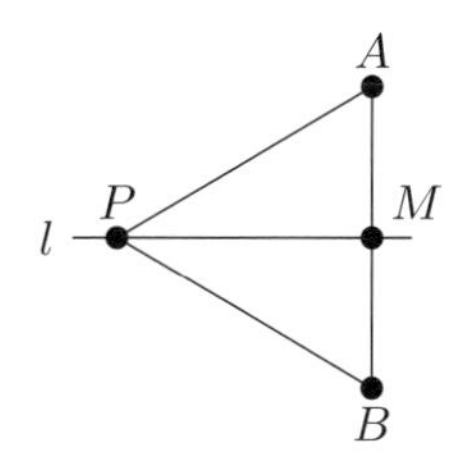

SAS より $\triangle APM \cong \triangle BPM$ であるので，$AP \cong BP$ である．　□

この節の最後に，角の二等分線を考えよう．

定義 2.72（Hil） $\overrightarrow{AD}$ が，角 $\angle BAC$ の**二等分線**とは，D が $\angle BAC$ の内部の点であり，$\angle BAD \cong \angle CAD$ が成り立つときにいう．

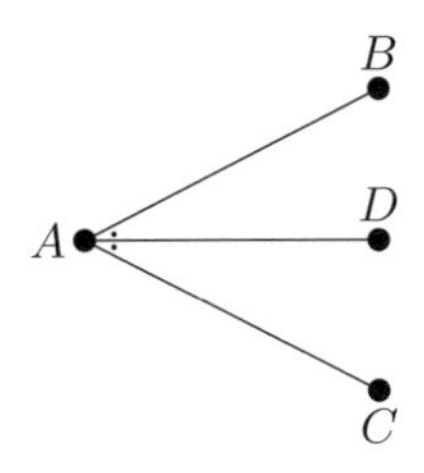

命題 2.73（Hil） $\angle BAC$ の二等分線は一意的に存在する．

証明 $AB \cong AC$ と仮定してよい．D を BC の中点とする．

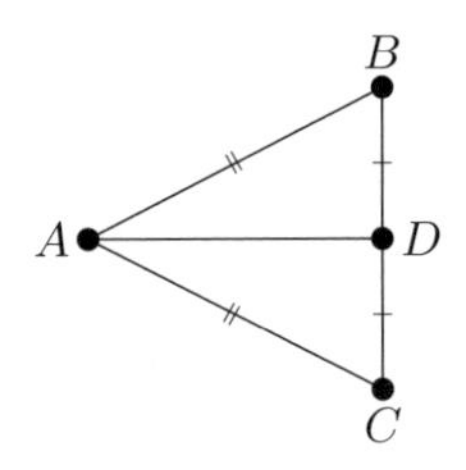

$\triangle ABC$ は二等辺三角形であるので，$\angle ABC \cong \angle ACB$ である．よって，SAS より，$\triangle ABD \cong \triangle ACD$ であるので，$\angle BAD \cong \angle CAD$ となる．したがって $\overrightarrow{AD}$ は二等分線である．

別の二等分線を考え，BC の交点を D' とする．

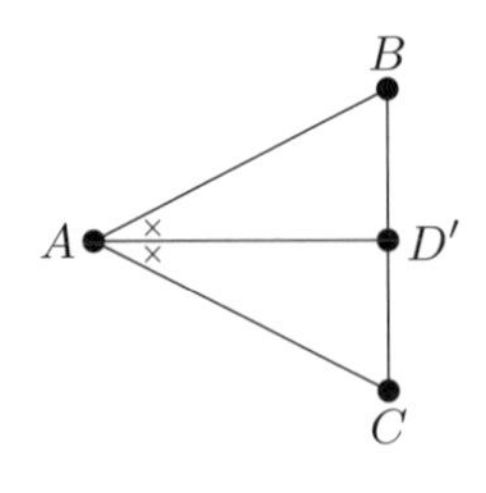

SAS より，$\triangle ABD' \cong \triangle ACD'$ となるので，D' は AB の中点である．中点

の一意性より，$D = D'$ である．　□

命題 2.73 により，角の半分を定義できる．

定義 2.74 **(Hil)**　角 $\angle BAC$ の二等分線を $\overrightarrow{AD}$ として，角 $\angle BAD$ を $(\angle BAC)/2$ と表す．角 $\angle CAD$ を $(\angle BAC)/2$ だと定義しても合同である．

系 2.75　$(\angle A)/2 < \angle \mathrm{R}$.

証明　命題 2.73 の証明の最初の図を考える．$\triangle ABD \cong \triangle ACD$ であるので，$\triangle ABD$ は直角三角形である．したがって，外角の定理（定理 2.58）より，$\angle BAD < \angle \mathrm{R}$ である．　□

角の半分の合同類は合同類の取り方によらない．

命題 2.76 **(Hil)**　角 $\angle BAC$ と $\angle B'A'C'$ を考え，$\overrightarrow{AD}$, $\overrightarrow{A'D'}$ はそれぞれ $\angle BAC$ と $\angle B'A'C'$ の二等分線とする．$\angle BAC \cong \angle B'A'C'$ ならば $\angle BAD \cong \angle B'A'D'$ である．つまり，角の合同類 α に対して，$\alpha/2$ が定まる．

証明　$AB \cong AC \cong A'B' \cong A'C'$ と仮定してよい．さらに D は AB の中点，D' は $A'B'$ の中点と仮定してよい．

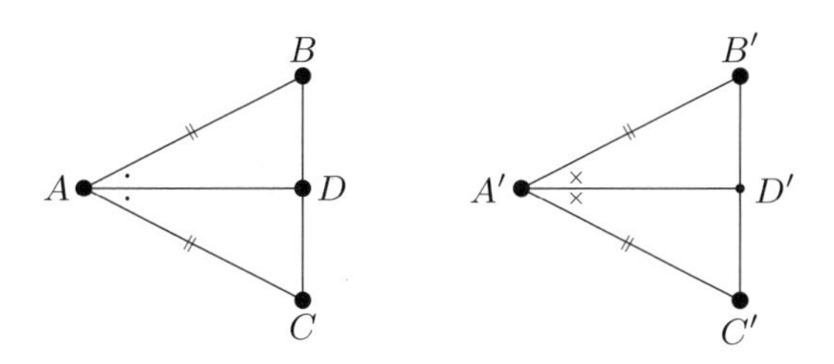

SAS より $\triangle ABC \cong \triangle A'B'C'$ であるので，$BC \cong B'C'$ かつ $\angle ABC \cong \angle A'B'C'$ である．命題 2.69 より，$BD \cong B'D'$ となるので，SAS より，$\triangle ABD \cong \triangle A'B'D'$ である．ゆえに $\angle BAD \cong \angle B'A'D'$ である．　□

2.6　線分と角の合同類の和

この節では，線分と角の合同類の和を定義しよう．角については幾何学的な角を拡張させて考える．この節の目標は，付録の言葉を用いれば，線分と角の合同類は，簡約可換モノイドであり，かつ，真のモノイドでもあり，導かれる順序は全順序であることを示すことである．

2.6.1　線分の合同類の和

まずは，線分の和から考えよう．

定義 2.77（Hil）　$x, y \in \mathbb{S}$ とする．$A * B * C$ となる点 A, B, C で，AB の $\mathbb{S}$ での合同類が x，BC の $\mathbb{S}$ での合同類が y となるようにとる．$x + y$ を AC の合同類として定めたい．そのためには，A, B, C の取り方に依らないことを示す必要があるが，それは公理 C-3 から従う．

注意 2.31 にあるように，$\mathbb{0}$ は同じ点からなる広義の線分の合同類である．$\mathbb{0} + x = x + \mathbb{0} = x$ と定める．この定義は，AA と AB の線分の和，または，AB と BB の線分の和と思えば自然である．

以下の命題が成り立つことがわかる．

命題 2.78（Hil）　(1) $x, y, z \in \overline{\mathbb{S}}$ に対して，$(x + y) + z = x + (y + z)$.

(2) $x \in \overline{\mathbb{S}}$ に対して，$x + \mathbb{0} = \mathbb{0} + x = x$.

(3) $x, y \in \overline{\mathbb{S}}$ に対して，$x + y = y + x$.

(4) $x, y, z \in \overline{\mathbb{S}}$ に対して，$x + z = y + z$ ならば $x = y$.

(5) $x, y \in \overline{\mathbb{S}}$ に対して，$x + y = \mathbb{0}$ ならば $x = y = \mathbb{0}$.

(6) $x, y \in \overline{\mathbb{S}}$ に対して，次は同値である．

　(6.1) $x \leqq y$.

　(6.2) ある $z \in \overline{\mathbb{S}}$ が存在して，$y = x + z$.

(7) $\overline{\mathbb{S}}$ 上の $\leqq$ は全順序である（全順序については定義 A.1 を参照）.

証明　(1), (2), (3) は自明である．

(4) $z = \mathbb{0}$ の場合は自明である．$z \neq \mathbb{0}$ と仮定する．$x \neq \mathbb{0}$ かつ $y \neq \mathbb{0}$ の場合は，命題 2.35 から従う．$x = \mathbb{0}$ の場合，$z = y + z$ となる．$y \neq \mathbb{0}$ と仮定す

ると，これは公理 C-1 に矛盾する．よって $y = \mathbb{0}$ である．つまり，$x = y = \mathbb{0}$ である．$y = \mathbb{0}$ の場合も同様である．

(5) $x \neq \mathbb{0}$ と仮定すると，$x + y \neq \mathbb{0}$ となるので，$x = \mathbb{0}$ である．同様にして，$y = \mathbb{0}$．

(6.1) $\Longrightarrow$ (6.2)：$x = y$ なら $z = \mathbb{0}$ とすればよい．$x = \mathbb{0}$ の場合は，$z = y$ とすればよい．よって $x, y \in \mathbb{S}$ かつ $x < y$ と仮定できる．この場合は自明である．

(6.2) $\Longrightarrow$ (6.1)：$x = \mathbb{0}$ または $z = \mathbb{0}$ の場合は自明である．また $y = \mathbb{0}$ の場合，(5) より $x = z = \mathbb{0}$ となり，(6.1) が成り立つ．よって，$x, y, z \in \mathbb{S}$ と仮定できるが，この場合も自明である．

(7) 演習問題 問 21 とする．□

$\overline{\mathbb{S}}$ における引き算を定義しよう．

定義 2.79（**Hil**）　$x, y \in \overline{\mathbb{S}}$ に対して，$x \leqq y$ なら，一意的に $z \in \overline{\mathbb{S}}$ が存在して，$y = x + z$ となる．実際，存在は命題 2.78 の (6) から従う．一意性については，$y = x + z'$ とすると，(4) より，$z = z'$ となる．この z を $y - x$ と表す．

最後に，三角不等式を考えよう．

命題 2.80（**Hil, 三角不等式**）　$\triangle ABC$ において，$[AC] < [AB] + [BC]$．

証明　AB を B 側に延長して $DB \cong BC$ となる点 D を直線 $\overleftrightarrow{AB}$ 上にとる．$\alpha := [\angle ADC], \beta := [\angle ACB]$ とおく．

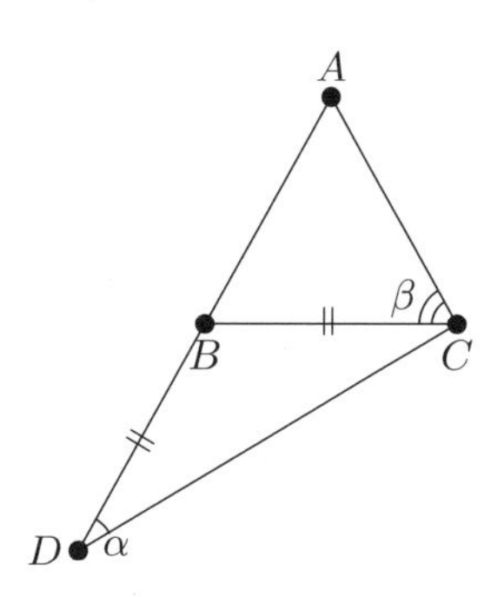

命題 2.33 より，$\triangle BCD$ が二等辺三角形であることに注意すれば，

$$[\angle ACD] > [\angle BCD] = [\angle ADC]$$

である．ゆえに，系 2.59 により $\triangle ADC$ において，$[AD] > [AC]$ である．つまり，

$$[AD] = [AB] + [BD] = [AB] + [BC]$$

であるので，$[AC] < [AB] + [BC]$ を得る．□

2.6.2　角の合同類の拡張と和

この項では，角の合同類を拡張する．つまり，180 度を超えて角を定義しようということである．やや抽象的であるので心して読んでほしい．角の合同類を拡張する前に，$\widetilde{\mathbb{A}}$ について理解を深める必要がある．

定義 2.81（Hil）　$\alpha_1, \ldots, \alpha_n \in \widetilde{\mathbb{A}} \setminus \{\angle \mathrm{N}\}$ が**同じ側の角**であるとは，直線 l と l に関する 1 つの側 Σ，および，$O \in l$ と $A_0, A_1, \ldots, A_n \in \Sigma \cup l$ が存在して，以下をみたすときにいう：

(i) $1 \leqslant i \leqslant n$ である任意の i について，$[\angle A_i O A_{i-1}] = \alpha_i$ である．

(ii) $n \geqslant 2$ ならば，$1 \leqslant i \leqslant n-1$ である任意の i について，$\overleftrightarrow{OA_i}$ に関して，A_{i-1} と A_{i+1} は反対側にある．

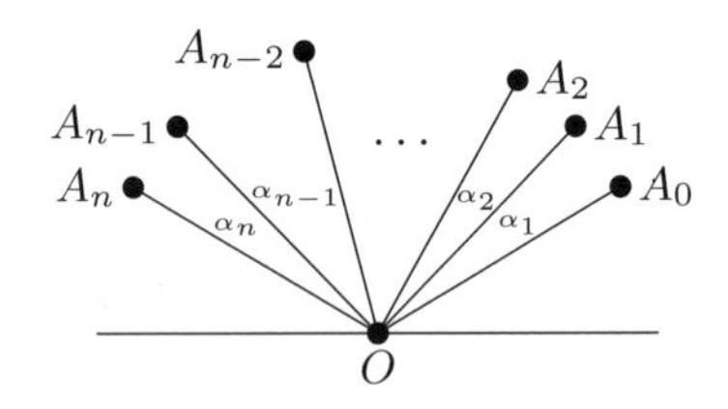

$\alpha_1, \ldots, \alpha_n \in \widetilde{\mathbb{A}}$（$\angle \mathrm{N}$ が含まれていることに注意）が**同じ側の角**であるとは，$I = \{1 \leqslant i \leqslant n \mid \alpha_i \neq \angle \mathrm{N}\}$ とおくと，$I = \emptyset$ または $\{\alpha_i\}_{i \in I}$ が同じ側にあることを意味する．つまり，$\alpha_1, \ldots, \alpha_n$ の $\angle \mathrm{N}$ でない角の合同類が同じ側にあることである．

2 つの角の合同類 α, β については，α と β が同じ側にあるとは，$\beta \leqq \alpha^e$ のことである．命題 2.46 より，$\beta \leqq \alpha^e \iff \beta^e \geqq \alpha$ である．

ここで，同じ側にある $\widetilde{\mathbb{A}}$ の元の和を定義しよう．

定義 2.82（**Hil**）　$\alpha, \beta \in \widetilde{\mathbb{A}}$ とする．α と β が同じ側にあるときに $\alpha+\beta$ を定義する．まず，$\alpha + \angle\mathrm{N} = \angle\mathrm{N} + \alpha = \alpha$ と定める．$\alpha, \beta \neq \angle\mathrm{N}$ のとき，以下のようにして定義する．直線 $\overleftrightarrow{OA}$ の1つの側に $[\angle BOA] = \alpha$ となるように B をとり，直線 $\overleftrightarrow{OB}$ の A とは反対側に $[\angle COB] = \beta$ となるように C をとる．

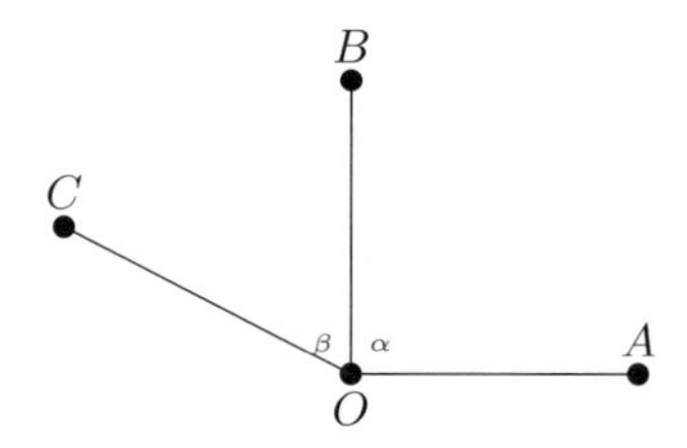

α, β は同じ側にあるので，B と C は $\overleftrightarrow{OA}$ に関して同じ側にあるか，または，A, O, C は $\overleftrightarrow{OA}$ 上にある．このとき，$\alpha + \beta := [\angle COA]$ と定める．これは，命題 2.41 と系 2.40 により，$\angle BOA$ と C の取り方に依らない．

命題 2.78 の $\widetilde{\mathbb{A}}$ 版を考えよう．同じ側にある等の制限があるが，角の合同類を拡張した後，もっとすっきりした形になる．

補題 2.83（**Hil**）　(1) $\alpha, \beta \in \widetilde{\mathbb{A}}$ に対して，α と β が同じ側にあるとき，$\alpha+\beta = \beta + \alpha$ である．

(2) $\alpha, \beta, \gamma \in \widetilde{\mathbb{A}}$ に対して，α, β, γ が同じ側にあるとき，$(\alpha+\beta)+\gamma = \alpha+(\beta+\gamma)$．

(3) $\alpha, \beta \in \widetilde{\mathbb{A}}$ に対して，次は同値である．

　(3.1) $\alpha < \beta$.

　(3.2) α と γ が同じ側にあり，$\beta = \alpha + \gamma$ となる $\gamma \in \widetilde{\mathbb{A}} \setminus \{\angle\mathrm{N}\}$ が一意的に存在する．

(4) $\alpha, \beta \in \widetilde{\mathbb{A}}$ とする．$\alpha < \angle\mathrm{R}$ かつ $\beta < \angle\mathrm{R}$ かつ $\alpha + \beta \geqq \angle\mathrm{R}$ ならば $(\alpha + \beta) - \angle\mathrm{R} < \alpha$ と $(\alpha + \beta) - \angle\mathrm{R} < \beta$ が成り立つ．

(5) $\widetilde{\mathbb{A}}$ 上の $\leqq$ は全順序である（全順序については定義 A.1 を参照）．

証明　(1) と (2) は自明である．

(3.1) $\Longrightarrow$ (3.2): $\alpha = \angle\mathrm{N}$ の場合は自明である．$\alpha \neq \angle\mathrm{N}$ とする．$\beta \in \mathbb{A}$ の場合の存在は自明である．一意性は命題 2.41 から従う．$\beta = \angle\mathrm{L}$ の場合は，$\gamma = \alpha^e$ と置けばよい．一意性は命題 2.38 から従う．

(3.2) $\Longrightarrow$ (3.1): $\alpha = \angle\mathrm{N}$ であれば自明である．$\alpha \neq \angle\mathrm{N}$ とすると，$\gamma \in \mathbb{A}$ であるので自明である．

(4) 明らかに, $\alpha > \angle\mathrm{N}$ かつ $\beta > \angle\mathrm{N}$ である．したがって，もし $\alpha+\beta = \angle\mathrm{R}$ なら，自明である．よって，$\alpha + \beta > \angle\mathrm{R}$ と仮定する．直線 $\overleftrightarrow{OA}$ の 1 つの側に $[\angle BOA] = \alpha$ となるように B をとり，直線 $\overleftrightarrow{OB}$ の A とは反対側に $[\angle COB] = \beta$ となるように C をとる．O を通り $\overleftrightarrow{OA}$ と垂直に交わる半直線 $\overleftrightarrow{OX}$ を B, C 側にとると，X は $\angle COB$ の内部の点である．

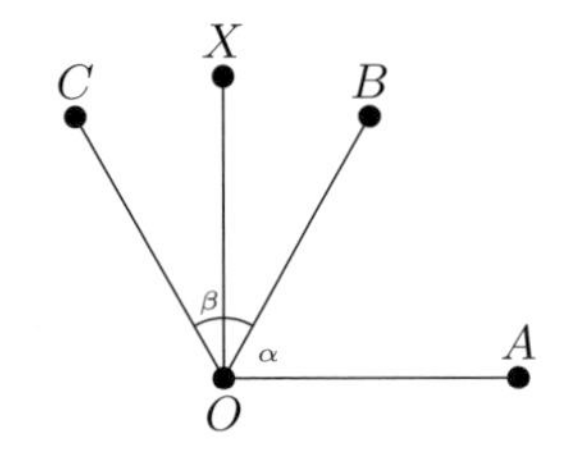

したがって，$[\angle COX] = (\alpha + \beta) - \angle\mathrm{R}$ であるので，$(\alpha + \beta) - \angle\mathrm{R} < \beta$ を得る．同様にして，$(\alpha + \beta) - \angle\mathrm{R} < \alpha$ である．

(5) 演習問題 問 21 とする．　□

$\widetilde{\mathbb{A}}$ での角の差を定義しておく．

定義 2.84（**Hil**）　補題 2.83 の (1) を用いて，$\alpha, \beta \in \widetilde{\mathbb{A}}$ に対して，$\alpha \leqq \beta$ ならば，α と同じ側にあり，$\beta = \alpha + \gamma$ となる $\gamma \in \widetilde{\mathbb{A}}$ が一意的に存在する．この γ を $\beta - \alpha$ とかく．

加法を考えるとき，角の範囲が限定されていると扱いづらい．そこで，加法の拡張を考える．アイデアは単純である．

定義 2.85　$\overline{\mathbb{A}} := \{(n, \alpha) \mid n \in \mathbb{Z}_{\geqslant 0},\ \alpha \in \widetilde{\mathbb{A}},\ \alpha < \angle\mathrm{R}\}$ と定める．(n, α) は $n \cdot \angle\mathrm{R} + \alpha$ を表していると理解すると，以下の議論はわかりやすいと思う．$\overline{\mathbb{A}}$

の 2 項演算 $+$ を

$$(n,\alpha)+(m,\beta) := \begin{cases} (n+m, \alpha+\beta) & \text{もし } \alpha+\beta < \angle\mathrm{R}, \\ (n+m+1, (\alpha+\beta)-\angle\mathrm{R}) & \text{もし } \alpha+\beta \geqq \angle\mathrm{R} \end{cases}$$

と定義する．また，$\overline{\mathbb{A}}$ 上の順序 $<$ を，いわゆる辞書式順序で，

$$(n,\alpha)<(m,\beta) \iff 「n<m」\text{ または }「n=m \text{ かつ } \alpha<\beta」$$

と定める．さらに，$(n,\alpha) \leqq (m,\beta)$ を $(n,\alpha)<(m,\beta)$ または $(n,\alpha)=(m,\beta)$ と定める．明らかに，

$$(n,\alpha)<(m,\beta) \iff (n,\alpha) \leqq (m,\beta) \text{ かつ } (n,\alpha) \neq (m,\beta)$$

である．

補題 2.86 $\overline{\mathbb{A}}$ 上の $\leqq$ は全順序である．

証明 演習問題 問 22 とする． □

$\widetilde{\mathbb{A}}$ の元を $\overline{\mathbb{A}}$ の元と思う方法を考えよう．

定義 2.87 (Hil) $\iota\colon \widetilde{\mathbb{A}} \to \overline{\mathbb{A}}$ を

$$\iota(\alpha) := \begin{cases} (0,\alpha) & \text{もし } \alpha < \angle\mathrm{R}, \\ (1, \alpha-\angle\mathrm{R}) & \text{もし } \angle\mathrm{R} \leqq \alpha < \angle\mathrm{L}, \\ (2, \angle\mathrm{N}) & \text{もし } \alpha = \angle\mathrm{L} \end{cases}$$

と定義する．

写像 ι の基本的性質を調べる．

補題 2.88 (1) α と β が同じ側にあるとき，$\iota(\alpha+\beta)=\iota(\alpha)+\iota(\beta)$.

(2) $\alpha=\beta \iff \iota(\alpha)=\iota(\beta)$. 特に，$\iota$ は単射.

(3) $\alpha<\beta \iff \iota(\alpha)<\iota(\beta)$.

(4) $\iota(\widetilde{A}) = \{\mathbb{a} \in \overline{\mathbb{A}} \mid (0,\angle\mathrm{N}) \leqq \mathbb{a} \leqq (2,\angle\mathrm{N})\}$.

証明 (1) $\alpha < \angle\mathrm{R}$ かつ $\beta < \angle\mathrm{R}$ のときは定義から自明である．$\alpha \geqq \angle\mathrm{R}$ かつ $\beta \geqq \angle\mathrm{R}$ のとき，α と β が同じ側にあるので，$\alpha = \beta = \angle\mathrm{R}$ である．このとき

$$\iota(\angle\mathrm{R} + \angle\mathrm{R}) = \iota(\angle\mathrm{L}) = (2, \angle\mathrm{N}) = (1, \angle\mathrm{N}) + (1, \angle\mathrm{N}) = \iota(\angle\mathrm{R}) + \iota(\angle\mathrm{R})$$

である．したがって,「$\alpha < \angle\mathrm{R}$ かつ $\beta \geqq \angle\mathrm{R}$」または「$\alpha \geqq \angle\mathrm{R}$ かつ $\beta < \angle\mathrm{R}$」と仮定してよいが,「$\alpha < \angle\mathrm{R}$ かつ $\beta \geqq \angle\mathrm{R}$」と仮定しても一般性は失わない．$\alpha+\beta = \angle\mathrm{L}$ の場合，$\iota(\alpha+\beta) = (2, \angle\mathrm{N})$ である．さらに，$\alpha+(\beta-\angle\mathrm{R}) = \angle\mathrm{R}$ であるので，

$$\iota(\alpha) + \iota(\beta) = (0, \alpha) + (1, \beta - \angle\mathrm{R}) = (2, \angle\mathrm{N})$$

となり，$\iota(\alpha + \beta) = \iota(\alpha) + \iota(\beta)$ を得る．よって，$\alpha + \beta < \angle\mathrm{L}$ と仮定してよい．この場合，

$$\iota(\alpha + \beta) = (1, (\alpha + \beta) - \angle\mathrm{R}) = (1, \alpha + (\beta - \angle\mathrm{R}))$$

であり，

$$\iota(\alpha) + \iota(\beta) = (0, \alpha) + (1, \beta - \angle\mathrm{R}) = (1, \alpha + (\beta - \angle\mathrm{R}))$$

となり，$\iota(\alpha + \beta) = \iota(\alpha) + \iota(\beta)$ を得る．

主張 2.88.1 $\alpha < \beta \Longrightarrow \iota(\alpha) < \iota(\beta)$.

証明 補題 2.83 により，α と同じ側で，$\beta = \alpha + \gamma$ となる $\gamma \in \widetilde{\mathbb{A}} \setminus \{\angle\mathrm{N}\}$ が存在する．(1) を用いて，$\iota(\beta) = \iota(\alpha) + \iota(\gamma)$ かつ $\iota(\gamma) > 0$ であるので，容易に主張を得る． □

(2) '$\Longrightarrow$' は自明であるので，'$\Longleftarrow$' を考える．$\iota(\alpha) = \iota(\beta)$ と仮定する，$\alpha \neq \beta$ とすると，$\alpha < \beta$ または $\alpha > \beta$ である．主張 2.88.1 より，$\iota(\alpha) < \iota(\beta)$ または $\iota(\alpha) > \iota(\beta)$ となるので，矛盾する．よって，$\alpha = \beta$.

(3) '$\Longrightarrow$' は主張 2.88.1 であるので，'$\Longleftarrow$' を考える．$\iota(\alpha) < \iota(\beta)$ と仮定する．$\alpha \geqq \beta$ とすると，主張 2.88.1 により $\iota(\alpha) \geqq \iota(\beta)$ となり，矛盾する．つまり，$\alpha < \beta$.

(4) 明らかに, $\iota(\widetilde{A}) \subseteq \{\mathbb{\alpha} \in \overline{\mathbb{A}} \mid (0, \angle\mathrm{N}) \leqq \mathbb{\alpha} \leqq (2, \angle\mathrm{N})\}$ である. $\mathbb{\alpha} = (n, \alpha)$ とおく. $\iota(\angle\mathrm{L}) = (2, \angle\mathrm{N})$ であるので, $n = 0, 1$ と仮定してよい. このとき, $\iota(\alpha) = (0, \alpha)$, $\iota(\alpha + \angle\mathrm{R}) = (1, \alpha)$ となる. □

$\overline{\mathbb{A}}$ 上でも命題 2.78 と同様のことが成り立つことがわかる.

命題 2.89 **(Hil)**　(1) $\mathbb{\alpha}, \mathbb{\beta}, \mathbb{\gamma} \in \overline{\mathbb{A}}$ に対して, $(\mathbb{\alpha} + \mathbb{\beta}) + \mathbb{\gamma} = \mathbb{\alpha} + (\mathbb{\beta} + \mathbb{\gamma})$.

(2) $\mathbb{\alpha} \in \overline{\mathbb{A}}$ に対して, $\mathbb{\alpha} + (0, \angle\mathrm{N}) = (0, \angle\mathrm{N}) + \mathbb{\alpha} = \mathbb{\alpha}$.

(3) $\mathbb{\alpha}, \mathbb{\beta} \in \overline{\mathbb{A}}$ に対して, $\mathbb{\alpha} + \mathbb{\beta} = \mathbb{\beta} + \mathbb{\alpha}$.

(4) $\mathbb{\alpha}, \mathbb{\beta}, \mathbb{\gamma} \in \overline{\mathbb{A}}$ に対して, $\mathbb{\alpha} + \mathbb{\gamma} = \mathbb{\beta} + \mathbb{\gamma}$ ならば $\mathbb{\alpha} = \mathbb{\beta}$.

(5) $\mathbb{\alpha}, \mathbb{\beta} \in \overline{\mathbb{A}}$ に対して, $\mathbb{\alpha} + \mathbb{\beta} = (0, \angle\mathrm{N})$ ならば $\mathbb{\alpha} = \mathbb{\beta} = (0, \angle\mathrm{N})$ である.

(6) $\mathbb{\alpha}, \mathbb{\beta} \in \overline{\mathbb{A}}$ に対して, 次は同値である.

　(6.1) $\mathbb{\alpha} \leqq \mathbb{\beta}$.

　(6.2) ある $\mathbb{\gamma} \in \overline{\mathbb{A}}$ が存在して, $\mathbb{\beta} = \mathbb{\alpha} + \mathbb{\gamma}$.

(7) $\overline{\mathbb{A}}$ 上の $\leqq$ は全順序である.

証明　(2), (3) は自明である. 以後, $\mathbb{\alpha} = (l, \alpha)$, $\mathbb{\beta} = (m, \beta)$, $\mathbb{\gamma} = (n, \gamma)$ とおく.

(1) この証明が少々やっかいである. 定義から容易に,

$$\begin{cases} (\mathbb{\alpha} + \mathbb{\beta}) + \mathbb{\gamma} = (l + m + n, \angle\mathrm{N}) + ((0, \alpha) + (0, \beta)) + (0, \gamma), \\ \mathbb{\alpha} + (\mathbb{\beta} + \mathbb{\gamma}) = (l + m + n, \angle\mathrm{N}) + (0, \alpha) + ((0, \beta) + (0, \gamma)) \end{cases}$$

であることがわかる. よって, $l = m = n = 0$ と仮定してよい. 直線 $\overleftrightarrow{OA}$ のある側に B をとり, $[\angle BOA] = \alpha$ とする. 直線 $\overleftrightarrow{OB}$ の A とは反対側に C をとり, $[\angle COB] = \beta$ とする. さらに, 直線 $\overleftrightarrow{OC}$ の B とは反対側に D をとり, $[\angle DOC] = \gamma$ とする.

B, C, D が直線 $\overleftrightarrow{OA}$ に対して, 同じ側にあると仮定する. このとき, 補題 2.83 により, $(\alpha + \beta) + \gamma = \alpha + (\beta + \gamma)$ であり, α と β, $\alpha + \beta$ と γ, α と $\beta + \gamma$,

β と γ はすべて同じ側にある．よって，補題 2.88 を用いて，

$$\begin{cases}\iota((\alpha+\beta)+\gamma)=\iota(\alpha+\beta)+\iota(\gamma)=(\iota(\alpha)+\iota(\beta))+\iota(\gamma),\\ \iota(\alpha+(\beta+\gamma))=\iota(\alpha)+\iota(\beta+\gamma)=\iota(\alpha)+(\iota(\beta)+\iota(\gamma)).\end{cases}$$

これは題意を示す．

次に，B, C, D が直線 $\overleftrightarrow{OA}$ に対して同じ側にないと仮定する．このとき，B,C は直線 $\overleftrightarrow{OA}$ に対して同じ側にあり，D は直線 $\overleftrightarrow{OA}$ に関して，B と C とは反対側にある．$\overrightarrow{OA}$ の反対方向に H，$\overrightarrow{OD}$ の反対方向に E をとる．さらに，$\overrightarrow{OF}$ は $\overleftrightarrow{OA}$ の垂直 2 等分線で F は B,C と同じ側に，$\overrightarrow{OG}$ は $\overleftrightarrow{OD}$ の垂直 2 等分線で G は $\overleftrightarrow{OA}$ について B,C と同じ側にとる．

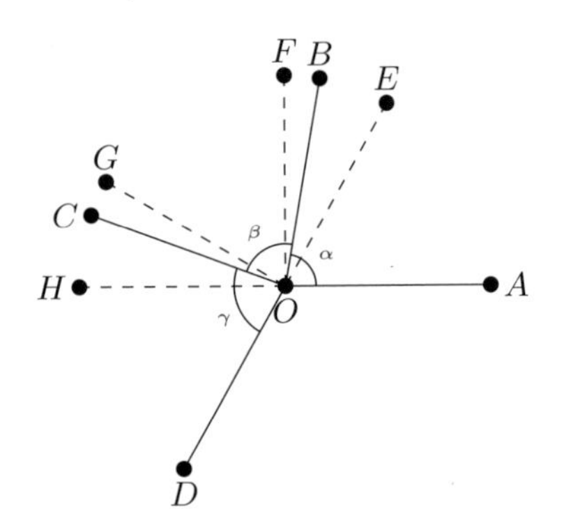

このとき，

$$\begin{cases}(0,\alpha)+(0,\beta)=(1,[\angle COF]),\ ((0,\alpha)+(0,\beta))+(0,\gamma)=(2,[\angle GOF]),\\ (0,\beta)+(0,\gamma)=(1,[\angle BOG]),\ ((0,\beta)+(0,\gamma))+(0,\alpha)=(2,[\angle GOF])\end{cases}$$

である．したがって (1) が示せた．

(4) まず，

$$\mathfrak{a}+\mathfrak{c}=\begin{cases}(l+n,\alpha+\gamma) & \alpha+\gamma<\angle\mathrm{R}\ \text{の場合},\\ (l+n+1,(\alpha+\gamma)-\angle\mathrm{R}) & \alpha+\gamma\geqq\angle\mathrm{R}\ \text{の場合},\end{cases}$$

$$\mathfrak{b}+\mathfrak{c}=\begin{cases}(m+n,\beta+\gamma) & \beta+\gamma<\angle\mathrm{R}\ \text{の場合},\\ (m+n+1,(\beta+\gamma)-\angle\mathrm{R}) & \beta+\gamma\geqq\angle\mathrm{R}\ \text{の場合}\end{cases}$$

である．$\alpha+\gamma<\angle\mathrm{R}$ かつ $\beta+\gamma \geqq \angle\mathrm{R}$ の場合が起こらないことを示す．このケースが起こったと仮定する．補題 2.83 より，$(\beta+\gamma)-\angle\mathrm{R}<\gamma$ である．一方，$\alpha+\gamma \geqq \gamma$ であるので，$\alpha+\gamma \neq (\beta+\gamma)-\angle\mathrm{R}$ となる．つまり，$\mathbb{\alpha}+\mathbb{\gamma} \neq \mathbb{\beta}+\mathbb{\gamma}$ であるので矛盾する．同様にして，$\alpha+\gamma \geqq \angle\mathrm{R}$ かつ $\beta+\gamma<\angle\mathrm{R}$ の場合も起こらない．したがって，$l+n=m+n$ かつ $\alpha+\gamma=\beta+\gamma$ である．$l=m$ となるので，「$\alpha+\gamma=\beta+\gamma \implies \alpha=\beta$」を示せばよい．$\gamma=\angle\mathrm{N}$ の場合は自明である．$\gamma \neq \angle\mathrm{N}$ と仮定する．$\alpha \neq \angle\mathrm{N}$ かつ $\beta \neq \angle\mathrm{N}$ の場合は，命題 2.41 から従う．$\alpha=\angle\mathrm{N}$ の場合，$\gamma=\beta+\gamma$ となる．$\beta \neq \angle\mathrm{N}$ と仮定すると，これは公理 C-4 に矛盾する．よって $\beta=\angle\mathrm{N}$ である．つまり，$\alpha=\beta=\angle\mathrm{N}$ である．$\beta=\angle\mathrm{N}$ の場合も同様である．

(5) $\mathbb{\alpha} \neq (0,\angle\mathrm{N})$ であるなら $\mathbb{\alpha}+\mathbb{\beta} \neq (0,\angle\mathrm{N})$ となるので，$\mathbb{\alpha}=(0,\angle\mathrm{N})$．同様にして，$\mathbb{\beta}=(0,\angle\mathrm{N})$．

(6) (6.2) $\implies$ (6.1) は自明であるので，(6.1) $\implies$ (6.2) を考える．

$$\mathbb{\gamma}=\begin{cases}(0,\beta-\alpha) & \text{もし } m=l,\\ (m-l,\beta-\alpha) & \text{もし } m>l \text{ かつ } \beta \geqq \alpha,\\ (m-l-1,(\beta+\angle\mathrm{R})-\alpha) & \text{もし } m>l \text{ かつ } \beta<\alpha\end{cases}$$

とおけばよい．

(7) これは補題 2.86（演習問題 問 22）である．　□

系 2.90（**Hil**）　$\triangle ABC$ において，$[\angle A]+[\angle B]<\angle\mathrm{L}$．

証明　外角の定理（定理 2.58）より，$[\angle A]<[\angle B$ の外角$]$ であるので，命題 A.12 を用いて，

$$[\angle A]+[\angle B]<[\angle B \text{ の外角}]+[\angle B]=\angle\mathrm{L}$$

となる．　□

$\overline{\mathbb{A}}$ における引き算の定義と，今後の約束事について述べておく．

定義 2.91（**Hil**）　(1) $\mathbb{\alpha},\mathbb{\beta} \in \overline{\mathbb{A}}$ に対して，$\mathbb{\alpha} \leqq \mathbb{\beta}$ なら，一意的に $\mathbb{\gamma} \in \overline{\mathbb{A}}$ が存在して，$\mathbb{\beta}=\mathbb{\alpha}+\mathbb{\gamma}$ となる．実際，存在は命題 2.89 の (6) から従う．一意性に

ついては，$\mathbb{\beta} = \mathbb{\alpha} + \mathbb{\gamma}'$ とすると，命題 2.89 の (4) により，$\mathbb{\gamma} = \mathbb{\gamma}'$ となる．このの $\mathbb{\gamma}$ を $\mathbb{\beta} - \mathbb{\alpha}$ と表す．

(2) $\iota\colon \widetilde{\mathbb{A}} \to \overline{\mathbb{A}}$ により，今後，$\widetilde{\mathbb{A}}$ は $\overline{\mathbb{A}}$ の部分集合であると思う．また，$\overline{\mathbb{A}}$ を表すために，黒板太字を用いず，普通のフォントで表す．さらに，(n, α) を $n \cdot \angle\mathrm{R} + \alpha$ とかくことにする（定義 2.93 を参照）．$n \cdot \angle\mathrm{R} + \alpha$ の表現を用いる場合，$\alpha < \angle\mathrm{R}$ の制限をおかない．このとき，

$$(n \cdot \angle\mathrm{R} + \alpha) + (m \cdot \angle\mathrm{R} + \beta) = (n + m) \cdot \angle\mathrm{R} + (\alpha + \beta)$$

である．ただし，$\alpha + \beta$ は，$\alpha + \beta \geqq \angle\mathrm{R}$ の場合，$\angle\mathrm{R}$ に繰り上がる．

注意 2.92　命題 2.78 と 命題 2.89 は，$\overline{\mathbb{S}}$ と $\overline{\mathbb{A}}$ は簡約可換モノイドであることを示しており，かつ，$\overline{\mathbb{S}}$ と $\overline{\mathbb{A}}$ は真のモノイドである．さらに，その順序は，それぞれ，$\overline{\mathbb{S}}$ と $\overline{\mathbb{A}}$ から導かれるものであり，かつ，全順序である．したがって，命題 A.12 の諸性質をもつ．簡約可換モノイド，および，全順序については A.2 節を参照．

2.6.3　線分と角の合同類の n-倍

線分と角の合同類の n-倍を以下のように定める．

定義 2.93（**Hil**）　$x \in \overline{\mathbb{S}}, \alpha \in \overline{\mathbb{A}}$ とする．$n \in \mathbb{Z}_{\geqslant 0}$ に対して，$n \cdot x$ と $n \cdot \alpha$ を以下のように帰納的に定義する．

$$\begin{cases} 0 \cdot x := \mathbb{0}, \\ (n+1) \cdot x := n \cdot x + x. \end{cases} \qquad \begin{cases} 0 \cdot \alpha := \angle\mathrm{N}, \\ (n+1) \cdot \alpha := n \cdot \alpha + \alpha. \end{cases}$$

つまり，$n \cdot x$ と $n \cdot \alpha$ は x と α の n 個の和である．

$\overline{\mathbb{A}}$ において半分の角が定義できることを示そう（$\overline{\mathbb{S}}$ については命題 2.69 を参照．ただし，$(1/2) \cdot \mathbb{0} = \mathbb{0}$ と定める）．

命題 2.94（**Hil**）　任意の $\alpha \in \overline{\mathbb{A}}$ に対して，$2 \cdot \beta = \alpha$ となる $\beta \in \overline{\mathbb{A}}$ が一意的に存在する．この β を $(1/2) \cdot \alpha$ とかく．

証明　$\alpha = n \cdot \angle\mathrm{R} + \alpha'$ $(n \in \mathbb{Z}_{\geqslant 0},\ \angle\mathrm{N} \leqq \alpha' < \angle\mathrm{R})$ とおく．β が存在するとして，$\beta = m \cdot \angle\mathrm{R} + \beta'$ $(m \in \mathbb{Z}_{\geqslant 0},\ \angle\mathrm{N} \leqq \beta' < \angle\mathrm{R})$ とおく．

$$2\cdot\beta=\begin{cases}2m\cdot\angle\mathrm{R}+2\cdot\beta' & \text{もし } 2\cdot\beta'<\angle\mathrm{R},\\ (2m+1)\cdot\angle\mathrm{R}+2\cdot\beta'-\angle\mathrm{R} & \text{もし } 2\cdot\beta'\geqq\angle\mathrm{R}\end{cases}$$

であるので，n が偶数，つまり $n=2k$ $(k\in\mathbb{Z}_{\geqslant 0})$ の場合，$2\cdot\beta'<\angle\mathrm{R}$ で，$2m=2k$ かつ $2\cdot\beta'=\alpha$ を得る．これは $m=k$ かつ $\beta'=(1/2)\cdot\alpha$ を示す．n が奇数，つまり $n=2k+1$ $(k\in\mathbb{Z}_{\geqslant 0})$ の場合，$2\cdot\beta'\geqq\angle\mathrm{R}$ で，$2m+1=2k+1$ かつ $2\cdot\beta'-\angle\mathrm{R}=\alpha$ を得る．これは，$m=k$ かつ $\beta'=(1/2)\cdot(\alpha+\angle\mathrm{R})$ を示す．したがって，β は一意的である．逆に，

$$\beta=\begin{cases}k\cdot\angle\mathrm{R}+(1/2)\cdot\alpha & n=2k\text{ の場合},\\ k\cdot\angle\mathrm{R}+(1/2)\cdot(\alpha+\angle\mathrm{R}) & n=2k+1\text{ の場合}\end{cases}$$

とおくと $2\cdot\beta=\alpha$ となる． □

$\overline{\mathbb{S}}$ と $\overline{\mathbb{A}}$ において 2-倍写像は全単射になる．

命題 2.95（**Hil**） (1) 2-倍写像 $2\cdot:\overline{\mathbb{S}}\to\overline{\mathbb{S}}$ $(x\mapsto 2\cdot x)$ は全単射である．

(2) 2-倍写像 $2\cdot:\overline{\mathbb{A}}\to\overline{\mathbb{A}}$ $(\alpha\mapsto 2\cdot\alpha)$ は全単射である．

証明 $x\in\overline{\mathbb{S}}$ と $\alpha\in\overline{\mathbb{A}}$ に対して，

$$\begin{cases}2\cdot((1/2)\cdot x)=x, & (1/2)\cdot(2\cdot x)=x,\\ 2\cdot((1/2)\cdot\alpha)=\alpha, & (1/2)\cdot(2\cdot\alpha)=\alpha\end{cases}$$

であるので，命題がわかる． □

最後に (1/2)-倍写像は準同形であることを示す．

命題 2.96（**Hil**） (1) $x,y\in\overline{\mathbb{S}}$ に対して，$(1/2)\cdot x+(1/2)\cdot y=(1/2)\cdot(x+y)$.

(2) $\alpha,\beta\in\overline{\mathbb{A}}$ に対して，$(1/2)\cdot\alpha+(1/2)\cdot\beta=(1/2)\cdot(\alpha+\beta)$.

証明 これは，命題 2.95 と命題 A.9 からの結論である． □

2.7　平行線の公理を仮定したヒルベルト幾何

まずは，平行線の公理から考えよう．

- **平行線の公理（Par）**：直線 l と l 上にない点 P に対して，P を通り l に平行な直線は高々 1 つのみである．

注意 2.97　ヒルベルト幾何において平行線は存在するので（系 2.56），上の公理は平行線が一意的に存在することを示している．

まず，平行線の公理と同値な命題を考えよう．

命題 2.98（**Hil**）　ヒルベルト幾何においては以下は同値である．

(1) 平行線の公理が成り立つ．

(2) **ユークリッドの平行線の公準**（第五公準，2.1 節参照）が成り立つ．つまり，同側内角の角度の和が $\angle \mathrm{L}$ より小さいとき直線は交わる．

(3) 錯角の定理が成り立つ．つまり，2 つの直線 l と l' にもう 1 つの直線 m が交わっているとする．このとき，

$$l \text{ と } l' \text{ が平行} \iff \text{錯角が合同.}$$

(4) 直線 l と m について，2 項関係 $l \parallel m$ を，「$l = m$」または「l と m は平行」と定める．このとき，この 2 項関係は同値関係である．

証明　(1) $\Longrightarrow$ (4) $\Longrightarrow$ (2) $\Longrightarrow$ (3) $\Longrightarrow$ (1) を証明しよう．

(1) $\Longrightarrow$ (4)：反射律，対称律は自明である．証明すべきことは推移律である．すなわち，「直線 l, m, n について，$l \parallel m$ かつ $m \parallel n$ ならば $l \parallel n$」を示せばよい．$l = m$ または $m = n$ または $n = l$ の場合は自明である．よって l, m, n は互いに異なると仮定してよい．l と n が平行でないとすると，l と n は一点 P で交わる．l と m，n と m は平行であるので，つまり，P を通り m と平行な直線が l と n が存在するので，平行線の公理に矛盾する．

(4) $\Longrightarrow$ (2)：下図のように，同側内角の和が $\angle\mathrm{L}$ より小さいとする．

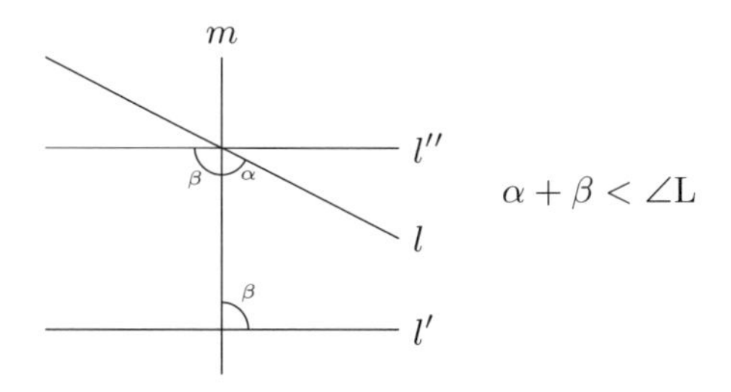

さらに，上図のように，l と m の交点を通り，m とのなす角が β と合同となるような直線 l'' を考える．$\alpha + \beta < \angle\mathrm{L}$ であるので，$l \neq l''$ である．定理 2.55 より，l' は l'' と平行である．もし l と l' が平行なら，(4) より l と l'' は平行となるが，これは矛盾である．よって，l と l' は交わる．

(2) $\Longrightarrow$ (3)：定理 2.55 より，錯角が合同なら平行である．l と l' が平行であり，その錯角 α と α' を考える．$\alpha \neq \alpha'$ と仮定する．$\alpha > \alpha'$ と仮定しても一般性を失わない．α の外角を β とする．

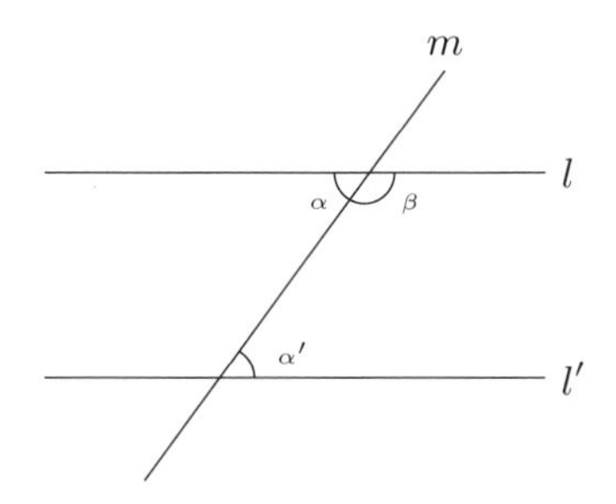

このとき，$\angle\mathrm{L} = \alpha + \beta > \alpha' + \beta$ となる．よって，(2) より，l と l' は交わるので矛盾である．

(3) $\Longrightarrow$ (1)：l は直線で P は l 上の点でないとする．P を通り l に平行な 2 つの直線 m と m' を考える．l 上の点 Q を固定する．$\overleftrightarrow{PQ}$ と m, m' のなす角を，下図のように，β, β' とする．また，β, β' と錯角となる l と $\overleftrightarrow{PQ}$ のなす角を下図のように α とする．

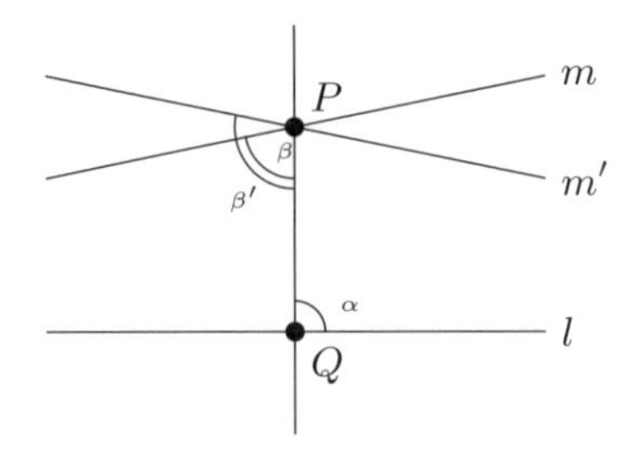

(3) より，$\beta = \beta' = \alpha$ である．つまり，$m = m'$ である．　□

以後は平行線の公理を仮定して，議論を進める．したがって，命題 2.98 の同値な命題は成り立つ．まずは，三角形の内角の和が $\angle\mathrm{L}$ であることを示そう．

命題 2.99（Hil + Par, 三角形の内角の和） $\triangle ABC$ において，$\angle A + \angle B + \angle C \cong \angle\mathrm{L}$.

証明　直線 $\overleftrightarrow{BC}$ に関して，A と同じ側に $\alpha = [\angle A] = [\angle ACA']$ となるように A' をとる．同様に，直線 $\overleftrightarrow{AC}$ に関して，B と同じ側に $\beta = [\angle B] = [\angle BCB']$ となるようにとる．

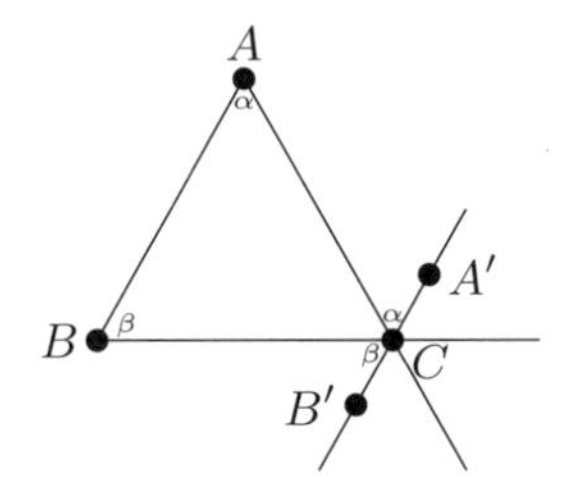

このとき，定理 2.55 より，$\overleftrightarrow{AB}$ と $\overleftrightarrow{CA'}$ は平行であり，$\overleftrightarrow{AB}$ と $\overleftrightarrow{CB'}$ は平行である．平行線の公理より，A', C, B' は同一直線上にある．よって，内角の和が $\angle\mathrm{L}$ に等しい．　□

平行四辺形の対辺と対角が合同であることを示そう．

命題 2.100（Hil + Par, 平行四辺形の対辺と対角） 4点 A, B, C, D を考える．$\overleftrightarrow{AB}$ と $\overleftrightarrow{DC}$ は平行であり，$\overleftrightarrow{AD}$ と $\overleftrightarrow{BC}$ は平行であると仮定する．このとき，$AB \cong DC$ かつ $AD \cong BC$ である．さらに，$\angle A \cong \angle C$ かつ $\angle B \cong \angle D$ である．

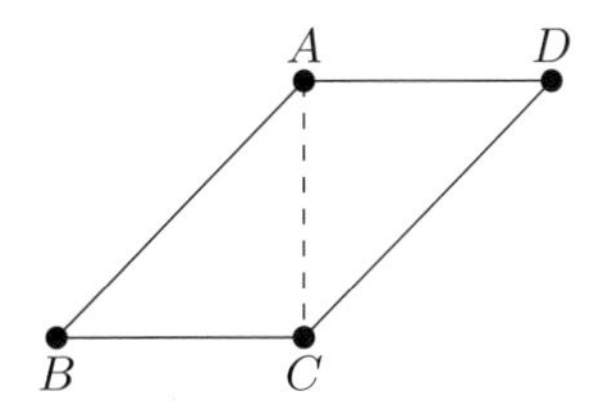

証明　$\triangle ABC$ と $\triangle CDA$ を考える．$AC \cong CA$ である．錯角の定理（命題 2.98）を用いて，$\angle BAC \cong \angle DCA$ である．同様にして，$\angle BCA \cong \angle DAC$ である．よって，ASA より，$\triangle ABC \cong \triangle CDA$ となる．同様にして，$\triangle ABD \cong \triangle CDB$ となり，結論を得る．□

直角三角形の特別の合同判定法を考えよう．

命題 2.101（**Hil + Par**）　$\triangle ABC$ と $\triangle A'B'C'$ はそれぞれ $\angle B$ と $\angle B'$ を直角とする直角三角形とする．$AC \cong A'C'$ かつ $BC \cong B'C'$ ならば $\triangle ABC \cong \triangle A'B'C'$ である．

証明　直線 $\overleftrightarrow{AB}$ 上に $\overrightarrow{BA}$ とは反対方向に $A''B \cong A'B'$ となる点 A'' をとる．

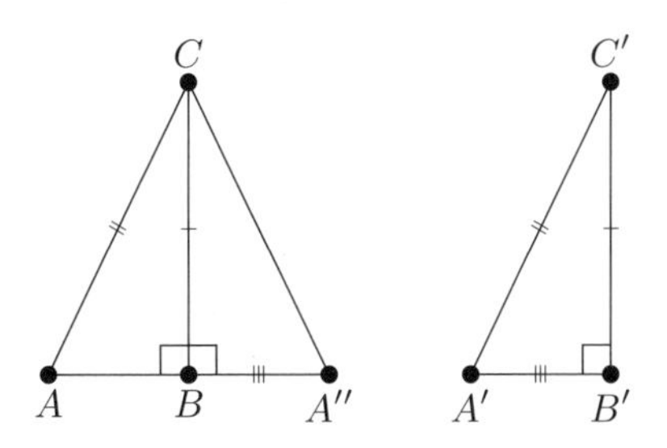

$\triangle A''BC$ と $\triangle A'B'C'$ を考える．$BC \cong B'C'$, $A''B \cong A'B'$, $[\angle CBA''] = [\angle C'B'A'] = \angle \mathrm{R}$ ゆえ，$\triangle A''BC \cong \triangle A'B'C'$ である．よって，$A''C \cong A'C' \cong AC$ となるので，$\angle A \cong \angle A''$ である．ゆえに，命題 2.99 により，$\angle ACB \cong \angle A''CB$ である．したがって，$\triangle ABC \cong \triangle A''BC$ である．以上から，$\triangle ABC \cong \triangle A'B'C'$．□

さて，ここで内心の存在を示そう．

命題 2.102 (**Hil + Par, 内心の存在**) $\triangle ABC$ のそれぞれの角の二等分線は一点 I で交わる．さらに，I から BC, CA, AB へ下ろした垂線の足をそれぞれ D, E, F とすると $ID \cong IE \cong IF$ である．I を $\triangle ABC$ の**内心**という．

証明 命題 2.99 より，$[\angle A] + [\angle B] + [\angle C] = \angle \mathrm{L}$ であるので，$\angle \mathrm{R}$ より小さい角が存在する．それを $\angle A$ とする．角 B と角 C の二等分線を考えるとき，$\overleftrightarrow{BC}$ に関する同側内角の和が $\angle \mathrm{L}$ より小であるので，その交点 I が存在する．I は $\triangle ABC$ の内部の点である．また，I から BC, CA, AB へ下ろした垂線の足をそれぞれ D, E, F とする．系 2.62 により，$B * D * C, C * E * A$, $A * F * B$ である．

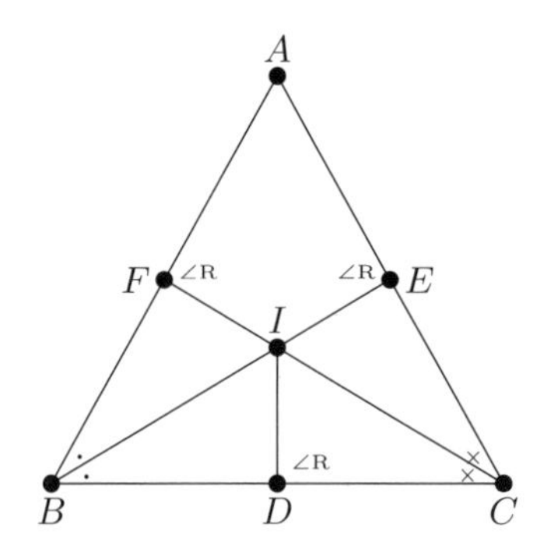

このとき，ASA より，$\triangle FBI \cong \triangle DBI$ かつ $\triangle ECI \cong \triangle DCI$ である．よって $IF \cong ID \cong IE$ である．ゆえに，命題 2.101 より，$\triangle FAI \cong \triangle EAI$ であるので，$\overrightarrow{AI}$ は角 A の二等分線である． □

注意 2.103 系 2.62 により，$B * D * C, C * E * A, A * F * B$ である．

幾何学的に美しい円周角の定理を考えよう．

定理 2.104 (**Hil + Par, 円周角の定理**) 円 γ 上に 2 点 P, Q を固定する．直線 $\overleftrightarrow{PQ}$ によってできる 2 つの側の 1 つを固定する．固定した側と円 γ との共通部分になる円弧を γ_+ で表す．円の中心を O とし，3 つの場合を考える．

$$\begin{cases} \text{I. } O \text{ が与えられた側にある．} \\ \text{II. } O \text{ が } PQ \text{ 上にある．} \\ \text{III. } O \text{ が与えられた反対側にある．} \end{cases}$$

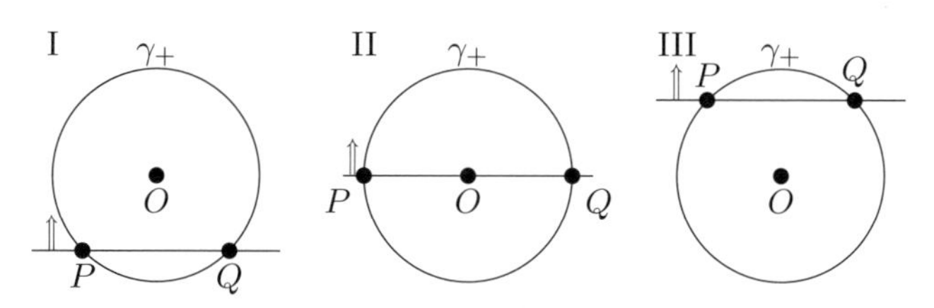

上図において，矢印方向が与えられた側である．このとき，任意の $A \in \gamma_+$ について，

$$\begin{cases} \angle PAQ \cong \dfrac{\angle POQ}{2} & \text{I の場合,} \\ [\angle PAQ] = \angle \mathrm{R} & \text{II の場合,} \\ \angle PAQ \text{ の外角} \cong \dfrac{\angle POQ}{2} & \text{III の場合.} \end{cases}$$

特に，$\angle PAQ$ は $A \in \gamma_+$ の取り方に依らず互いに合同である．つまり，任意の $A, A' \in \gamma_+$ に対して，$\angle PAQ \cong \angle PA'Q$ となる．さらに，

$$[\angle PAQ] \begin{cases} < \angle \mathrm{R} & \text{I の場合,} \\ = \angle \mathrm{R} & \text{II の場合,} \\ > \angle \mathrm{R} & \text{III の場合.} \end{cases}$$

証明　I の場合：この場合は，$\angle PAQ \cong \angle POQ/2$ を示す．$\angle PAQ < \angle \mathrm{R}$ は系 2.75 から従う．さらに，3 つの場合に分ける．

$$\begin{cases} \text{I-1. } O \text{ が } \triangle APQ \text{ の内部.} \\ \text{I-2. } O \text{ が } \triangle APQ \text{ の辺上.} \\ \text{I-3. } O \text{ が } \triangle APQ \text{ の外部.} \end{cases}$$

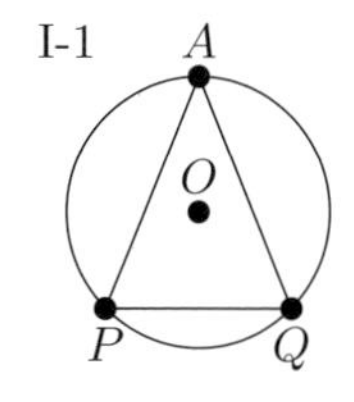

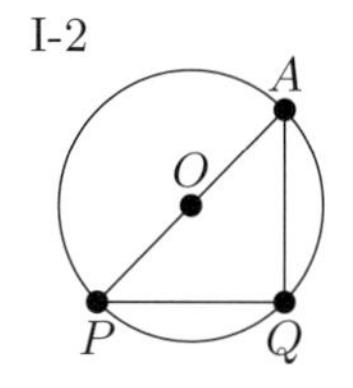

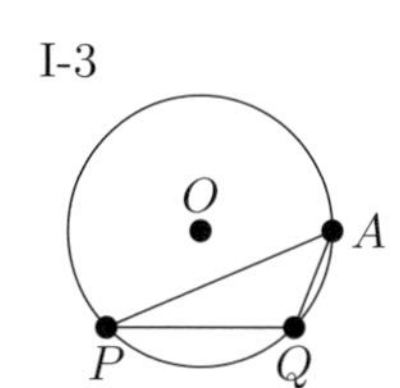

I-1 の場合：半直線 $\overrightarrow{OA}$ の反対側に，点 R をとる．

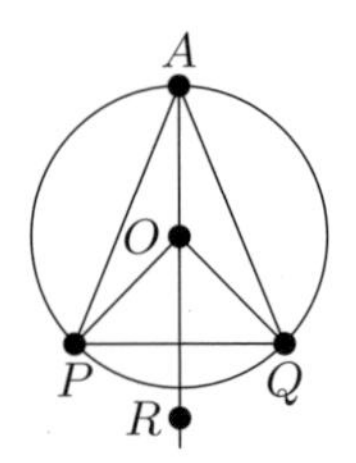

$\triangle OAP$ と $\triangle OAQ$ は二等辺三角形であるので，命題 2.99 より，

$$\angle PAO \cong \frac{\angle POR}{2}, \quad \angle QAO \cong \frac{\angle QOR}{2}$$

となる．命題 2.96 より，

$$[\angle PAQ] = [\angle PAO] + [\angle QAO] = \frac{[\angle POR]}{2} + \frac{[\angle QOR]}{2} = \frac{[\angle POQ]}{2}$$

となる．

I-2 の場合：

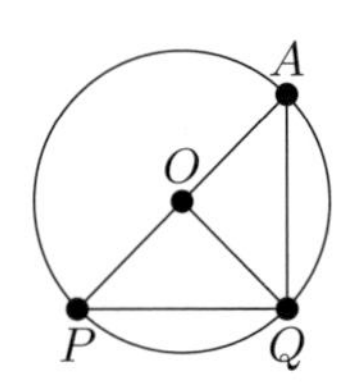

$\triangle OAQ$ が二等辺三角形であるので，

$$\triangle PAQ \cong \frac{\triangle POQ}{2}$$

となる．

I-3 の場合：半直線 $\overrightarrow{OA}$ の反対側に R をとる．

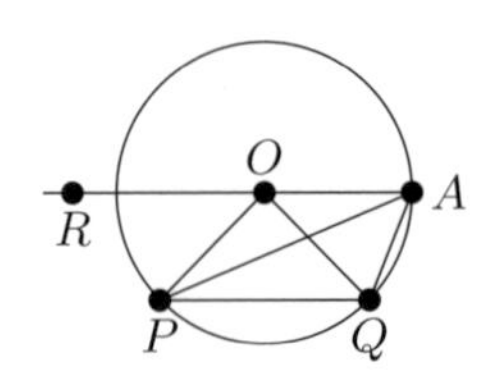

$\triangle OAQ$ と $\triangle OAP$ が二等辺三角形であることから，

$$\frac{\angle QOR}{2} \cong \angle OAQ, \quad \frac{\angle POR}{2} \cong \angle OAP$$

である．よって，命題 2.96 を利用して，

$$\begin{aligned}\frac{[\angle POQ]}{2} + \frac{[\angle POR]}{2} = \frac{[\angle POQ] + [\angle POR]}{2} &= \frac{[\angle QOR]}{2} \\ &= [\angle OAQ] = [\angle PAQ] + [\angle OAP] \\ &= [\angle PAQ] + \frac{[\angle POR]}{2}.\end{aligned}$$

ゆえに，命題 2.89 の (4) の性質を利用して，

$$\frac{[\angle POQ]}{2} = [\angle PAQ]$$

となる．

II の場合：この場合，$\angle PAQ \cong \angle \mathrm{R}$ を示す．

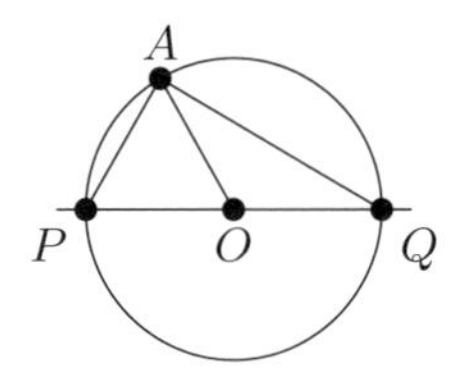

$\triangle OAP$ と $\triangle OAQ$ は二等辺三角形であるので，

$$\frac{\angle AOP}{2} \cong \angle OAQ, \quad \frac{\angle AOQ}{2} \cong \angle OAP$$

である．よって，命題 2.96 を利用して，

$$\begin{aligned}[\angle PAQ] = [\angle OAQ] + [\angle OAP] &= \frac{[\angle AOP]}{2} + \frac{[\angle AOQ]}{2} \\ &= \frac{[\angle AOP] + [\angle AOQ]}{2} = \angle \mathrm{R}\end{aligned}$$

となる．

III の場合：この場合，

$$\frac{\angle POQ}{2} \cong \angle PAQ \text{ の外角}$$

を示す．これが成り立てば，系 2.75 より $\angle PAQ$ の外角 $< \angle\mathrm{R}$．したがって，$\angle PAQ > \angle\mathrm{R}$ である．

直線 $\overleftrightarrow{AP}$ 上で半直線 $\overrightarrow{AP}$ の反対側の R をとる．$\angle APQ$ の合同類を α，$\angle AQP$ の合同類を β とおく．

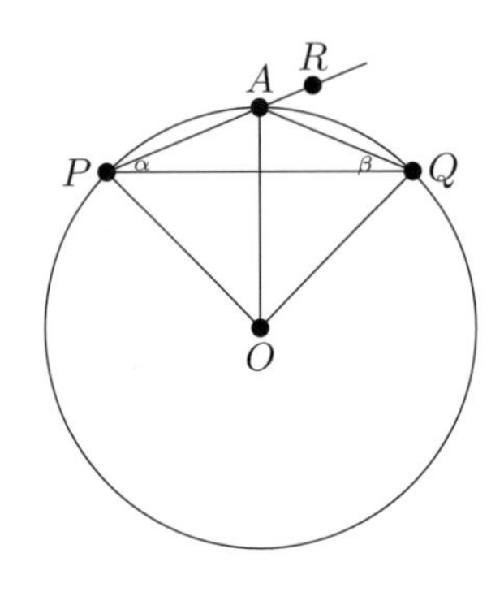

前の場合を用いると，

$$[\angle AOQ] = 2\alpha, \quad [\angle AOP] = 2\beta$$

である．一方，$\triangle APQ$ において，$[\angle A$ の外角$] = \alpha + \beta$ である．ゆえに，命題 2.96 を用いて，

$$\begin{aligned}[\angle A \text{ の外角}] &= \alpha + \beta = \frac{[\angle AOQ]}{2} + \frac{[\angle AOP]}{2} \\ &= \frac{[\angle AOQ] + [\angle AOP]}{2} = \frac{[\angle POQ]}{2}\end{aligned}$$

となる．　□

次に外心の存在を示そう．

命題 2.105（Hil + Par, 外心の存在）　$\triangle ABC$ を考える．A, B, C を通る円（**外接円**）が一意的に存在する．

証明　線分 AB の垂直二等分線を l，線分 AC の垂直二等分線を m とする．AB と l の交点を D，AC と m の交点を E とする．$l = m$ とすると，$l = m = \overleftrightarrow{DE}$ となり，$\triangle ADE$ は2つの角が直角となる．これは矛盾である．よって $l \neq m$ である．

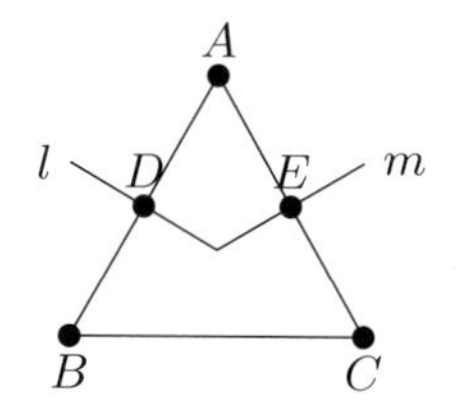

l と m が平行と仮定し，矛盾を導こう．E を通り $\overleftrightarrow{AB}$ と垂直に交わる直線を m' とすると，錯角の定理（命題 2.98 の (3)）より，l と m' は平行である．したがって，m と m' は，E を通り l と平行な直線であるので，平行線の公理より $m' = m$ である．$\overleftrightarrow{AB}$ は m との交点を P とする．

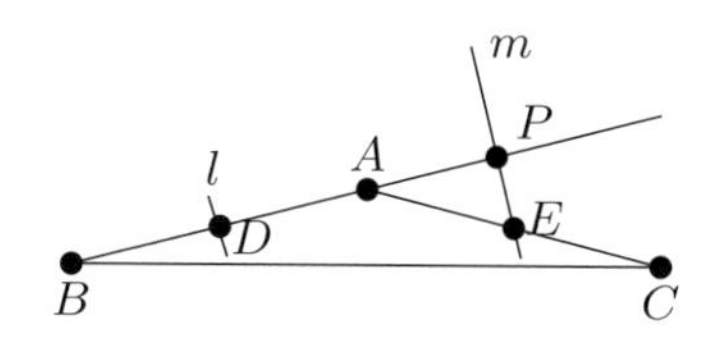

$P \neq E$ とすると，$\triangle APE$ の 2 つの角が直角となり矛盾するので，$P = E$ である．つまり，B, A, C は直線上にある．これは矛盾である．よって，l と m が交わる．その交点を O とすると，命題 2.71 より $AO \cong BO$ かつ $AO \cong CO$ となるので，A, B, C を通る円が存在する．

次に一意性を考えよう．A, B, C を通る円の中心を O' とする．AB の中点を D，AC の中点を E とする．

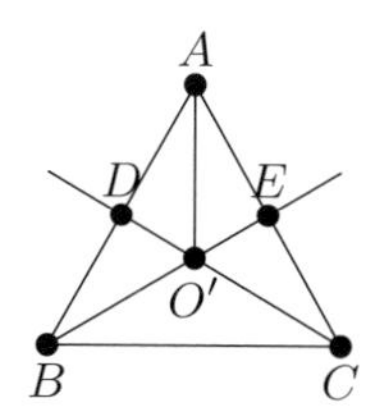

SSS より，$\triangle ADO' \cong \triangle BDO'$ であるので，$\overleftrightarrow{DO'}$ は AB の垂直二等分線である．同様に，$\overleftrightarrow{EO'}$ は AC の垂直二等分線である．これは外接円の一意性を示す．　□

3.2節において $\overline{\mathbb{S}}$ に体の構造を入れるために鍵になるのは，次の円周角の定理の逆である．

定理 2.106 **(Hil + Par, 円周角の定理の逆)**　$\triangle ABC$ と $\triangle ABC'$ を考える．C と C' は直線 $\overleftrightarrow{AB}$ について同じ側にあるとする．$\angle ACB \cong \angle AC'B$ なら，A, B, C, C' を通る円が存在する．

証明　$\triangle ABC, \triangle ABC'$ の外接円をそれぞれ γ, γ' とし，その中心を O, O' とする．定理 2.104 にあるように，O, O' と直線 $\overleftrightarrow{AB}$ について与えられた側との関係 I, II, III を考える．$\angle ACB \cong \angle AC'B$ であるので，定理 2.104 により，O と与えられた側との関係と，O' と与えられた側との関係は，同じである．その関係に関して場合分けして考えていく．

Iの場合：

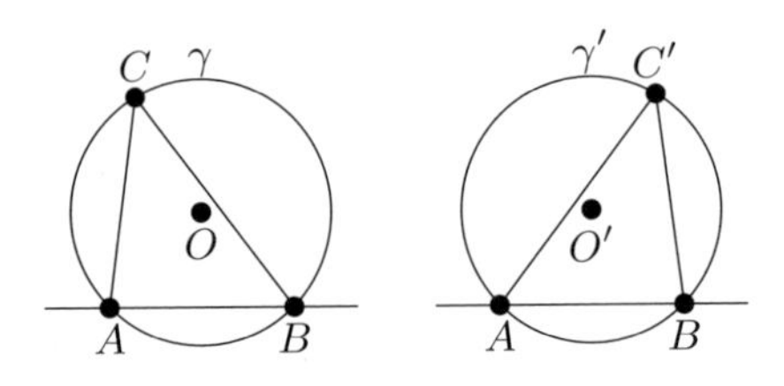

$\triangle AOB$ と $\triangle AO'B$ を考える．仮定と円周角の定理(定理 2.104)より，$\angle AOB \cong \angle AO'B$ である．$\triangle AOB$ と $\triangle AO'B$ は二等辺三角形であるので，その底辺の角は合同である．よって ASA により，$\triangle AOB \cong \triangle AO'B$ である．ゆえに，命題 2.47 により，$O = O'$ となる．半径は OA であるので，$\gamma = \gamma'$ となり，この場合の証明ができた．

IIの場合：

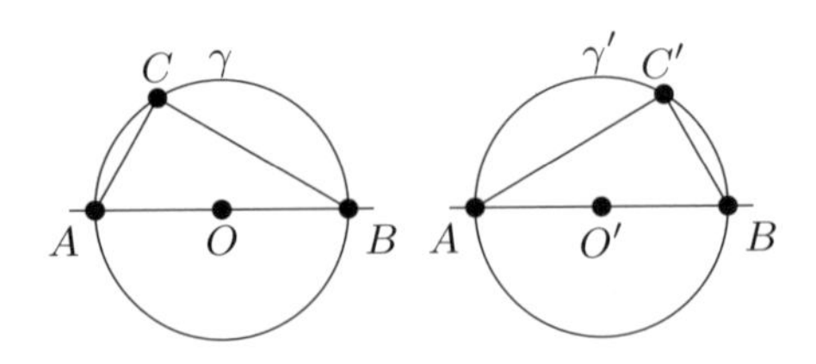

この場合，O と O' は AB の中点であるので，$\gamma = \gamma'$ となり，これは結論を示す．

IIIの場合：

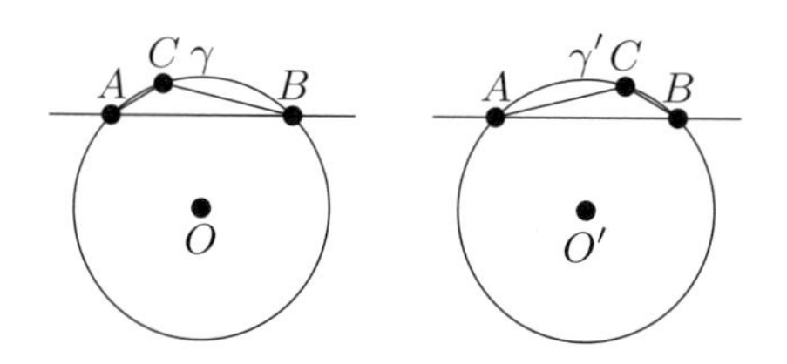

$\triangle AOB$ と $\triangle AO'B$ を考える．仮定と円周角の定理(定理 2.104)より，$\angle AOB \cong \angle AO'B$ である．よって，Iの場合と同様にして，$\triangle AOB \cong \triangle AO'B$ である．ゆえに，命題 2.47 により，$O = O'$ となり，$\gamma = \gamma'$ である．したがって，この場合も証明ができた．　□

2.8　連続の公理を仮定したヒルベルト平面

この節では，**連続の公理**について考える．まずは，連続の公理を紹介したい．連続の公理は，次のアルキメデスの公理とデデキントの公理からなる．少し難しい公理である．2.8.1 項は難しくないが，2.8.2 項以外では用いられない．難しさを感じる読者は，2.8.1 項と 2.8.2 項を読み飛ばしても構わない．

- **アルキメデスの公理（Arc）**　線分 CD と半直線 $\overrightarrow{AB}$ があるとき，ある自然数 n と $\overrightarrow{AB}$ 上の n 点 $A_1, \ldots, A_n$ が存在して，以下をみたす．

  (a) B は A と A_n の間にある．

  (b) $A_0 = A$ とおく．$n \geqslant 2$ のとき，

  $$A_0 * A_1 * A_2,\ A_1 * A_2 * A_3,\ \ldots,\ A_{n-2} * A_{n-1} * A_n$$

  が成り立つ．つまり，下図のように $A_0, A_1, \ldots, A_n$ が順に並んでいる．

  A_0　A_1　A_2　A_3　$\cdots$　A_{n-3}　A_{n-2}　A_{n-1}　A_n

  (c) $A_0A_1 \cong A_1A_2 \cong \cdots \cong A_{n-1}A_n \cong CD$.

- **デデキントの公理 (Ded)** l は直線とし，Σ_1, Σ_2 を l の空集合でない部分集合で以下をみたしていると仮定する．

  (a) $l = \Sigma_1 \cup \Sigma_2, \Sigma_1 \cap \Sigma_2 = \emptyset$.

  (b) 任意の $A \in \Sigma_1$ に対して，$B * A * C$ となる $B, C \in \Sigma_2$ が存在しない．同様に，任意の $D \in \Sigma_2$ に対して，$E * D * F$ となる $E, F \in \Sigma_1$ が存在しない．

  このとき，ある $O \in l$ と O から始まる半直線 r が存在して $\Sigma_1 = r$ が成り立つか $\Sigma_2 = r$ が成り立つ．

以後，連続の公理から導かれる諸結果を考える．

2.8.1 幾何学的準備

ここでは，$\overline{\mathbb{S}}$ での結果を $\overline{\mathbb{A}}$ に拡張するための橋渡しになる次の定理から考える．

定理 2.107 (Hil) $\angle \mathrm{N} < \alpha < \angle \mathrm{L}$ となる角の同値類 α を固定する．l は直線とし，A は l 上の点でないとする．次のような集合

$$\Sigma = \{(P, Q) \mid P, Q \in l,\, P \neq Q,\, [\angle PAQ] = \alpha\}$$

を考える．$\Sigma \neq \emptyset$ である．これは演習問題 問 25 とする．このとき，ある線分 BC が存在して，すべての $(P, Q) \in \Sigma$ について，$PQ \geqq BC$.

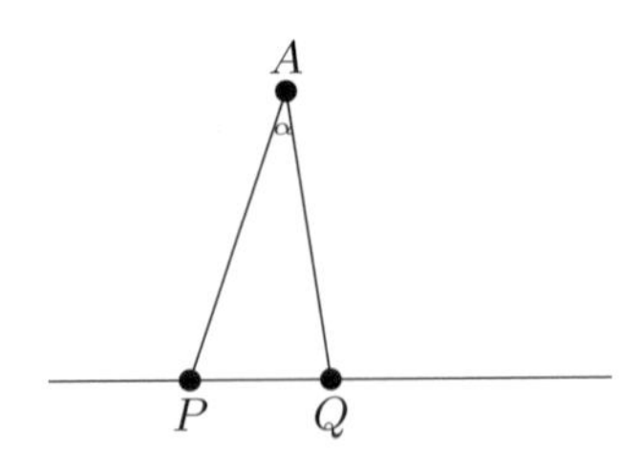

定理の証明のためにはいくつかの命題を準備する必要がある．

命題 2.108 (Hil) $\triangle ABC$ は $\angle C$ が直角である直角三角形とする．D と E を $A*D*B, A*E*C$ をみたす点とする．$\angle E$ が直角であるなら，$DE < BC$

である．

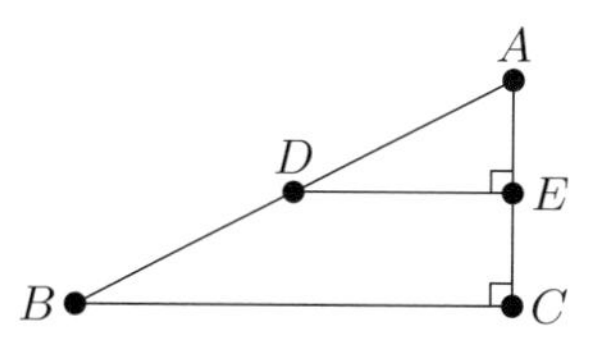

証明　$A * A' * C$ で $A'C \cong AE$ となる A' をとる．さらに A' を頂点とし，$\overleftrightarrow{AC}$ の B がある側に $\angle BAC \cong \angle XA'C$ となるように $\angle XA'C$ をとる．このとき，定理 2.55 により $\overleftrightarrow{AB}$ と $\overleftrightarrow{A'X}$ は平行であるので，パッシュの定理（定理 2.22）より $\overleftrightarrow{A'X}$ は BC と交わる．その交点を B' とする．

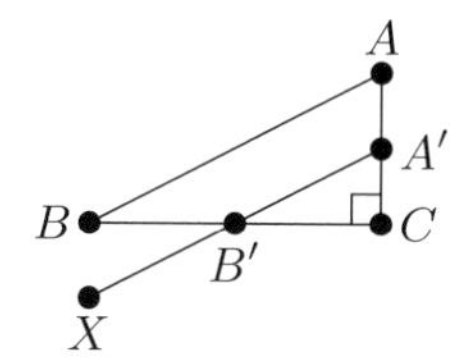

ASA より，$\triangle ADE \cong \triangle A'B'C$ であるので，$DE \cong B'C$ である．一方，$B'C < BC$ であるので，結論を得る．　□

命題 2.109（**Hil**）　$\triangle ABC$ は $AB \cong AC$ となる二等辺三角形とする．$A * B' * B$, $A * C' * C$, $AB' \cong AC'$ となる B' と C' を考える．BC の中点を M とする．クロスバー定理（定理 2.28）により，$\overrightarrow{AM}$ と $B'C'$ の交わりを M' とする．このとき，M' は $B'C'$ の中点である．さらに，$\overleftrightarrow{AM}$ は $\overleftrightarrow{BC}$ と $\overleftrightarrow{B'C'}$ と直交している．

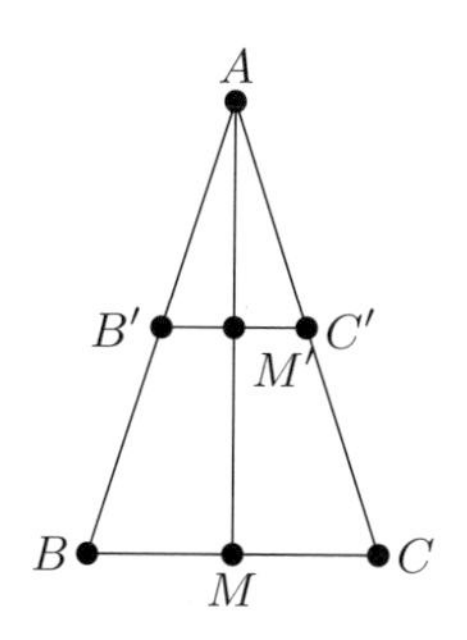

証明　SSS より $\triangle ABM \cong ACM$ ゆえ，$\overleftrightarrow{AM}$ は $\overleftrightarrow{BC}$ と直交し，

$$\angle BAM \cong \angle CAM$$

である．SAS より $\triangle AB'M' \cong AC'M'$ であるので，M' は $B'C'$ の中点であり，$\overleftrightarrow{AM}$ は $\overleftrightarrow{B'C'}$ と直交する．□

命題 2.110（**Hil**）　$AB \cong AC$ となる角 $\angle BAC$ を考える．P は $\overrightarrow{AB}$ 上の点，Q は $\overrightarrow{AC}$ 上の点とする．「$P = B$ または $A * B * P$」かつ「$Q = C$ または $A * C * Q$」であれば，

$$BC \leqq PQ$$

である．

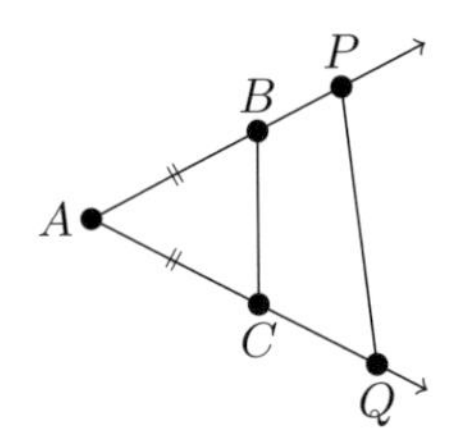

証明　$AP \leqq AQ$ と仮定しても一般性を失わない．$\overrightarrow{AC}$ 上に $AQ' \cong AP$ となる点 Q' をとる．

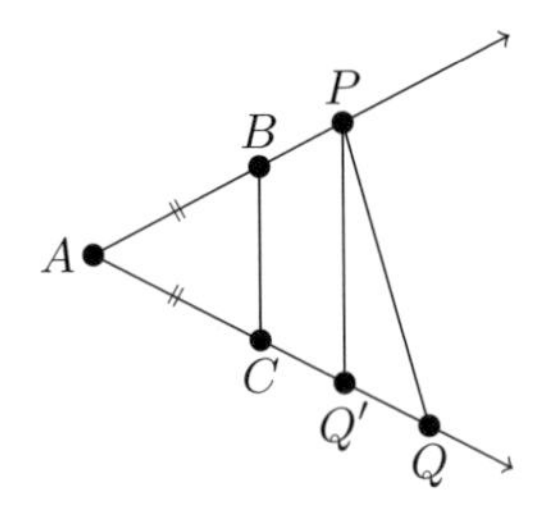

命題 2.108 と命題 2.109 から，$BC \leqq PQ'$ である．ゆえに，$PQ' \leqq PQ$ を示せばよい．$Q' = Q$ なら自明であるので，$Q' \neq Q$ と仮定する．$\overrightarrow{AP}$ 上に $AP' \cong AQ$ となる P' をとる．M は $P'Q$ の中点とし，M' は $\overrightarrow{AM}$ と PQ' の交点とする．PQ と $\overrightarrow{AM}$ との交点を D とする．

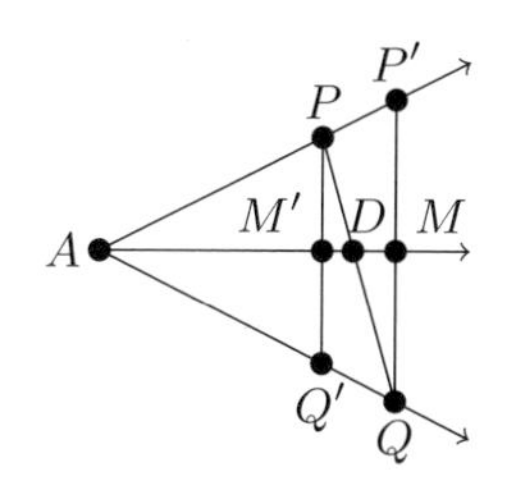

命題 2.109 より，AM と PQ'，AM と $P'Q$ は直交し，M' は PQ' の中点である．系 2.60 により，

$$PM' \leqq PD, \quad QM \leqq QD$$

である．さらに，命題 2.108 により，$PM' \leqq QM$ である．よって，

$$PQ' \cong PM' + PM' \leqq PD + QM \leqq PD + QD \cong PQ$$

となる．□

定理 2.107 の証明　H は A から l に下ろした垂線の足とする．$\angle BDC$ を $[\angle BDC] = \alpha$, $DB \cong AH$, $DC \cong AH$ となるようにとる．さらに，B' を $\overrightarrow{DB}$ 上に $DB' \cong AP$，C' を $\overrightarrow{DC}$ 上に $DC' \cong AQ$ となるようにとる．

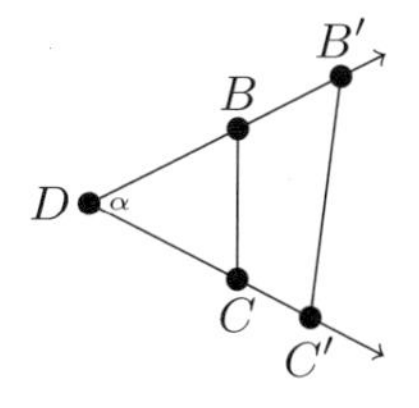

このとき，系 2.60 により，「$B' = B$ または $D * B * B'$」かつ「$C' = C$ または $D * C * C'$」である．よって，命題 2.110 により，$BC \leqq B'C'$ である．一方，SAS により，$B'C' \cong PQ$ であるので，定理がわかる．□

2.8.2　$\overline{\mathbb{S}}$ と $\overline{\mathbb{A}}$ のアルキメデス性とデデキント性

ここでは，アルキメデスの公理およびデデキントの公理から，$\overline{\mathbb{S}}$ と $\overline{\mathbb{A}}$ のアルキメデス性およびデデキント性を導くことを考える．この項は難しいので必読ではない．

定理 2.111 **(Hil + Arc)**　アルキメデスの公理を仮定する．このとき，$\overline{\mathbb{S}}$ と $\overline{\mathbb{A}}$ はアルキメデス的である．つまり，任意の $x \in \overline{\mathbb{S}} \setminus \{\mathbb{0}\}$ と $y \in \overline{\mathbb{S}}$ に対して，ある $n \in \mathbb{Z}_{>0}$ が存在して，$y < nx$ となる．同様に，任意の $\alpha \in \overline{\mathbb{A}} \setminus \{\angle \mathrm{N}\}$ と $\beta \in \overline{\mathbb{A}}$ に対して，ある $n \in \mathbb{Z}_{>0}$ が存在して，$\beta < n\alpha$ となる．

証明　(1) まず，$\overline{\mathbb{S}}$ の場合から考えよう．$y = 0$ の場合は自明であるので，$y \neq 0$ と仮定する．半直線 $\overrightarrow{AB}$ を $[AB] = y$ となるようにとる．さらに線分 CD を $[CD] = x$ となるようにとると，$\overrightarrow{AB}$ 上に，アルキメデスの公理における (a), (b), (c) をみたす n 点 $A_1, \ldots, A_n$ が存在する．(a) は $y < [AA_n]$ を示しており，(b) と (c) は $[AA_n] = nx$ を示しているので，題意が示せた．

(2) 次に $\overline{\mathbb{A}}$ の場合を考えよう．次の主張から示そう．

主張 2.111.1　$\alpha < \angle \mathrm{R}$ のとき，ある $n \in \mathbb{Z}_{>0}$ が存在して，$\angle \mathrm{R} < n\alpha$ となる．

証明　$[\angle ABC] = \angle \mathrm{R}$ となる角 $\angle ABC$ をとる．下図のように，$A = A_0$ から出発し，$[\angle A_{i-1}BA_i] = \alpha$ となるように順次 AC 上に A_i をとっていく．

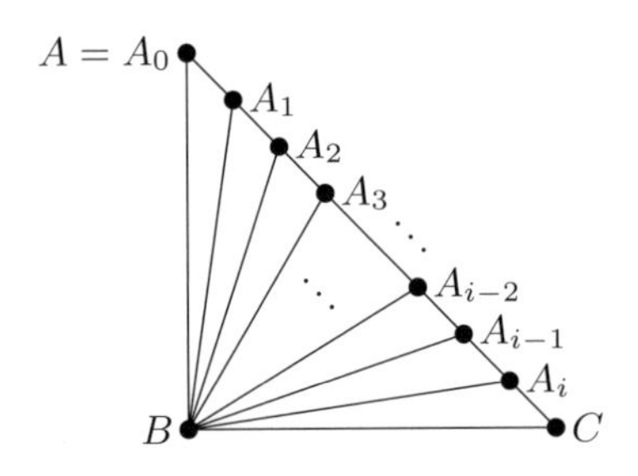

この操作は $\angle A_iBC \geqq \alpha$ なら繰り返すことができる．そこで，この操作が無限回できると仮定する．定理 2.107 より，ある線分 DE が存在して，$A_{n-1}A_n \geqq DE$ がすべての $n \geqslant 1$ で成り立つ．よって $AC \geqq AA_n \geqq nDE$ である．これは，アルキメデスの公理に反する．したがって，$\angle ABA_{n-1} \leqq \angle \mathrm{R}$ かつ $\angle A_{n-1}BC < \alpha$ となる $n \geqslant 1$ が存在する．つまり，$(n-1) \cdot \alpha \leqq \angle \mathrm{R} < n \cdot \alpha$ である．　□

$\beta = m \cdot \angle \mathrm{R} + \beta'$ $(m \in \mathbb{Z}_{\geqslant 0},\ \angle \mathrm{N} \leqq \beta' < \angle \mathrm{R})$ とおく．このとき，$\beta < (m+1) \cdot \angle \mathrm{R}$ である．したがって，$\alpha \geqq \angle \mathrm{R}$ の場合は自明であるので，

$\alpha < \angle\mathrm{R}$ と仮定する．前の主張を利用して，$\angle\mathrm{R} < n\cdot\alpha$ となる $n \in \mathbb{Z}_{>0}$ が存在する．一方，$\beta < (m+1)\cdot\angle\mathrm{R}$ であるので，

$$\beta < (m+1)\cdot\angle\mathrm{R} < (m+1)(n\cdot\alpha) = ((m+1)n)\cdot\alpha$$

となる． □

定理 2.112（Hil + Ded） デデキントの公理を仮定すると，全順序集合 $(\overline{\mathbb{S}}, \leqq)$ と $(\overline{\mathbb{A}}, \leqq)$ はデデキント的である（全順序集合のデデキント性は定義 A.4 を参照）．

証明 (1) $\overline{\mathbb{S}}$ の場合から考える．(I_1, I_2) を $\overline{\mathbb{S}}$ の切断とする．半直線 $\overrightarrow{OX}$ を固定する．$\overrightarrow{OX}$ とは反対方向の半直線を $\overrightarrow{OX'}$ とする．写像 $\varphi\colon \overrightarrow{OX} \to \overline{\mathbb{S}}$ を $\varphi(P) = [OP]$ と定める．公理 C-1 より，φ は全単射である．さらに，$O*P*Q$ ならば $\varphi(P) < \varphi(Q)$ である．ここで，$\Sigma_1 := \varphi^{-1}(I_1)\cup\overrightarrow{OX'}$, $\Sigma_2 := \varphi^{-1}(I_2)$ とおく．(Σ_1, Σ_2) はデデキントの公理の (a) と (b) をみたすことを示そう．(a) は明らかである．(b) を見るために，$A \in \Sigma_1$ で $B*A*C$ となる $B, C \in \Sigma_2$ が存在したと仮定する．$B, C \in \overrightarrow{OX}$ であるので，$A \in \overrightarrow{OX}$ である．$B*A*C$ であるので，「$\varphi(B) < \varphi(A) < \varphi(C)$」または「$\varphi(C) < \varphi(A) < \varphi(B)$」である．いずれの場合も，$\varphi(B), \varphi(C) \in I_2$ から $\varphi(A) \in I_2$ となり矛盾する．次に $D \in \Sigma_2$ で $E*D*F$ かつ $E, F \in \Sigma_1$ となる点 D, E, F が存在すると仮定する．$E*D*F$ かつ $D \in \overrightarrow{OX}$ であるので，「$E \in \overrightarrow{OX}$ かつ $\varphi(D) < \varphi(E)$」または「$F \in \overrightarrow{OX}$ かつ $\varphi(D) < \varphi(F)$」である．これは $E, F \in \Sigma_1$ であるので矛盾である．よって，デデキントの公理より，点 $B \in \overleftrightarrow{OX}$ と B から始まる半直線 r が存在して，$\Sigma_1 = r$ か $\Sigma_2 = r$ である．明らかに $B \in \overrightarrow{OX}$ である．よって，$b = [OB]$ が切断 (I_1, I_2) の境界を与える．

(2) 次に $\overline{\mathbb{A}}$ の場合を考える．まず，区間

$$[\angle\mathrm{N}, \angle\mathrm{R}[:= \{\alpha \in \overline{\mathbb{A}} \mid \angle\mathrm{N} \leqq \alpha < \angle\mathrm{R}\}$$

がデデキント的であることを見よう．(J_1, J_2) を $[\angle\mathrm{N}, \angle\mathrm{R}[$ の切断とする．$[\angle AOB] = \angle\mathrm{R}$ となる $\angle AOB$ を固定する．$\alpha < \angle\mathrm{R}$ となる α に対して $P \in AB$ で $[\angle AOP] = \alpha$ となる P をとることができる．ただし，$P \neq B$ である．

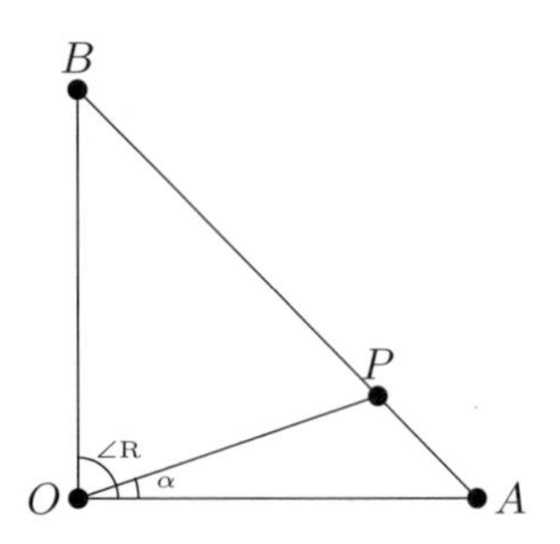

ここで，$\psi(\alpha) = [AP]$ によって，

$$\psi\colon [\angle\mathrm{N}, \angle\mathrm{R}[\to [\mathbb{0}, [AB][= \{x \in \overline{\mathbb{S}} \mid \mathbb{0} \leqq x < [AB]\}$$

を定める．ψ は全単射である．さらに，$\alpha < \alpha'$ ならば $\psi(\alpha) < \psi(\alpha')$ をみたしていることが確かめられる．よって，

$$I_1 = \psi(J_1), \quad I_2 = \psi(J_2)$$

とおくと，(I_1, I_2) は 区間 $[\mathbb{0}, [AB][$ の切断を与える．(1) と命題 A.5 により，その境界 b が存在する．そこで，$\psi(\gamma) = b$ となる $\gamma \in [\angle\mathrm{N}, \angle\mathrm{R}[$ を考えると γ は切断 (J_1, J_2) の境界である．

$n \in \mathbb{Z}_{\geqslant 0}$ に対して，区間 $[n\cdot\angle\mathrm{R}, (n+1)\cdot\angle\mathrm{R}[$ は，対応 $\alpha \mapsto \alpha + n\cdot\angle\mathrm{R}$ により，$[\angle\mathrm{N}, \angle\mathrm{R}[$ と順序集合として同型である．したがって，$[n\cdot\angle\mathrm{R}, (n+1)\cdot\angle\mathrm{R}[$ もデデキント的であるので，命題 A.5 により，$\overline{\mathbb{A}}$ はデデキント的である．□

2.8.3 計量可能定理とサッケーリ-ルジャンドルの定理

アルキメデスの公理から導き出せる最も重要な結果は，$\overline{\mathbb{S}}$ と $\overline{\mathbb{A}}$ の元を測る手段が与えられることである．すなわち，次の計量可能定理である．

定理 2.113（Hil + Arc, 計量可能定理）　アルキメデスの公理を仮定したヒルベルト平面を考える．$\mathbb{S}$ の合同類 $\mathbb{1}$ を固定すると，以下をみたす $l\colon \overline{\mathbb{S}} \to \mathbb{R}_{\geqslant 0}$ と $\vartheta\colon \overline{\mathbb{A}} \to \mathbb{R}_{\geqslant 0}$ が存在する．

(1) $l(\mathbb{0}) = 0, l(\mathbb{1}) = 1$.

(2) $\vartheta(\angle\mathrm{N}) = 0, \vartheta(\angle\mathrm{R}) = 1, \vartheta(\angle\mathrm{L}) = 2$.

(3) $\forall x, y \in \overline{\mathbb{S}}$ について，$l(x + y) = l(x) + l(y)$.

(4) $\forall x, y \in \overline{\mathbb{S}}$ について，$l(x) = l(y) \iff x = y$．特に l は単射．

(5) $\forall x, y \in \overline{\mathbb{S}}$ について，$l(x) < l(y) \iff x < y$．

(6) $\forall \alpha, \beta \in \overline{\mathbb{A}}$ について，$\vartheta(\alpha + \beta) = \vartheta(\alpha) + \vartheta(\beta)$．

(7) $\forall \alpha, \beta \in \overline{\mathbb{A}}$ について，$\vartheta(\alpha) = \vartheta(\beta) \iff \alpha = \beta$．特に ϑ は単射．

(8) $\forall \alpha, \beta \in \overline{\mathbb{A}}$ について，$\vartheta(\alpha) < \vartheta(\beta) \iff \alpha < \beta$．

さらにデデキントの公理をみたすとき，次が成立する．

(9) $l \colon \overline{\mathbb{S}} \to \mathbb{R}_{\geqslant 0}$ は全射．

(10) $\vartheta \colon \overline{\mathbb{A}} \to \mathbb{R}_{\geqslant 0}$ は全射．

したがって，デデキントの公理をみたすとき，l と ϑ は全単射である．

証明 これは，命題 2.78，命題 2.89，命題 2.95，定理 2.111，定理 2.112，定理 A.17 の結論である． □

アルキメデスの公理をみたすヒルベルト平面において，角度が通常の角度とあうように，$\theta(\alpha) = 90 \cdot \vartheta(\alpha)$ と定める．つまり，$\theta(\angle \mathrm{N}) = 0, \theta(\angle \mathrm{R}) = 90,$ $\theta(\angle \mathrm{L}) = 180$ である．角度を表す数の場合，90° のように，数の右上に $\circ$ を付けることにする．また，$(\pi/2) \cdot \vartheta(\alpha)$ を考えれば，ラジアン表示である．基本定理であるサッケーリールジャンドル（Saccheri-Legendre）の定理を考える．

定理 2.114（Hil + Arc, サッケーリールジャンドルの定理） アルキメデスの公理をみたすヒルベルト平面内の $\triangle ABC$ において，

$$[\angle A] + [\angle B] + [\angle C] \leqq \angle \mathrm{L}.$$

つまり，$\theta(\angle A) + \theta(\angle B) + \theta(\angle C) \leqslant 180^\circ$ である．

証明 まず，次の主張から示す．

主張 2.114.1 与えられた $\triangle ABC$ から以下をみたす新しい $\triangle A'B'C'$ が作れる．

(i) $\theta(\angle A) + \theta(\angle B) + \theta(\angle C) = \theta(\angle A') + \theta(\angle B') + \theta(\angle C')$．

(ii)　$\theta(\angle A') \leqslant \dfrac{1}{2}\theta(\angle A)$.

$\triangle A'B'C'$ を $\triangle ABC$ の基本変形とよぶことにする．

証明　D を線分 BC の中点とし，半直線 $\overrightarrow{AD}$ 上に $A*D*B'$ かつ $AD \cong DB'$ となるように B' をとる．$A' = A, C' = C$ とおく．さらに

$$\alpha = \theta(\angle B), \quad \beta = \theta(\angle B'), \quad \gamma = \theta(\angle A'), \quad \delta = \theta(\angle C)$$

とおく．

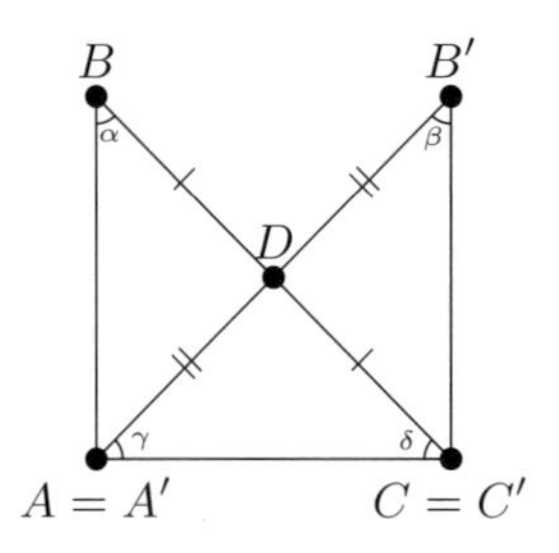

SAS より（対頂角が等しいことは系 2.39 から従う），$\triangle DBA \cong \triangle DCB'$ であるので，

$$\alpha = \theta(\angle B) = \theta(\angle DCB'), \quad \beta = \theta(\angle B') = \theta(\angle BAD)$$

である．よって，

$$\begin{aligned}\theta(\angle A') + \theta(\angle B') + \theta(\angle C') &= \gamma + \beta + (\alpha + \delta) = (\gamma + \beta) + \alpha + \delta \\ &= \theta(\angle A) + \theta(\angle B) + \theta(\angle C)\end{aligned}$$

である．一方，

$$\theta(\angle A') + \theta(\angle B') = \gamma + \beta = \theta(\angle A)$$

であるので，$\theta(\angle A') \leqslant \theta(\angle A)/2$ または $\theta(\angle B') \leqslant \theta(\angle A)/2$ である．$\theta(\angle A') \leqslant \theta(\angle A)/2$ の場合は，$\triangle A'B'C'$ が求める三角形である．$\theta(\angle B') \leqslant \theta(\angle A)/2$ の場合は，A' と B' のラベルを付け替えると求める三角形になる．　□

定理の証明にもどろう．三角形の列 $\{\triangle A_n B_n C_n\}_{n=1}^{\infty}$ を帰納的に以下のように定める．

(a) $\triangle A_1B_1C_1$ は $\triangle ABC$ である.

(b) $\triangle A_{n+1}B_{n+1}C_{n+1}$ は $\triangle A_nB_nC_n$ の基本変形である.

このとき,

$$\begin{cases}\theta(\angle A_{n+1})+\theta(\angle B_{n+1})+\theta(\angle C_{n+1})=\theta(\angle A_n)+\theta(\angle B_n)+\theta(\angle C_n),\\ \theta(\angle A_{n+1})\leqslant\theta(\angle A_n)/2\end{cases}$$

が成り立つので,

$$\begin{cases}\theta(\angle A_n)+\theta(\angle B_n)+\theta(\angle C_n)=\theta(\angle A)+\theta(\angle B)+\theta(\angle C),\\ \theta(\angle A_n)\leqslant\theta(\angle A)/2^{n-1}\end{cases}$$

となる. ゆえに, 系 2.90 より,

$$\begin{aligned}&\theta(\angle A)+\theta(\angle B)+\theta(\angle C)\\ &\quad=\theta(\angle A_n)+\theta(\angle B_n)+\theta(\angle C_n)<\theta(\angle A)/2^{n-1}+180^\circ\end{aligned}$$

であるので, $n\to\infty$ として, 定理を得る. □

系 2.115 (**Hil + Arc**) $\triangle ABC$ において, $[\angle A]+[\angle B]\leqq[\angle C$ の外角$]$.

証明 前の定理より, $\theta(\angle A)+\theta(\angle B)+\theta(\angle C)\leqslant 180^\circ$ であり, $\theta(\angle C$ の外角$)=180^\circ-\theta(\angle C)$ であるので系を得る. □

2.9 平行線の公理と三角形の内角の和

この節では, 命題 2.98 に較べてより本格的なアルキメデスの公理をみたすヒルベルト幾何における平行線の公理の特徴づけを考えよう. 次の定理はサッケーリールジャンドルの第二定理とよばれている.

定理 2.116 (**Hil + Arc, サッケーリールジャンドルの第二定理**) アルキメデスの公理をみたすヒルベルト平面において, 次は同値である.

(1) ヒルベルトの平行線の公理が成り立つ.

(2) すべての三角形の内角の角度の和は 180° である.

(3) 内角の角度の和が 180° となる三角形が存在する.

証明　(1) $\Longrightarrow$ (2) は，命題 2.99 である．公理 I-3 により，三角形は存在するので，(2) $\Longrightarrow$ (3) は明らかである．したがって，(2) $\Longrightarrow$ (1) と (3) $\Longrightarrow$ (2) を示せば十分である．□

(2) $\Longrightarrow$ (1) の証明：　まず，次の主張を示す．

主張 2.116.1　$\triangle ABC$ は $\angle B$ を直角とする直角三角形とする．BC を延長し，$CD \cong AC$ となるように D をとる．

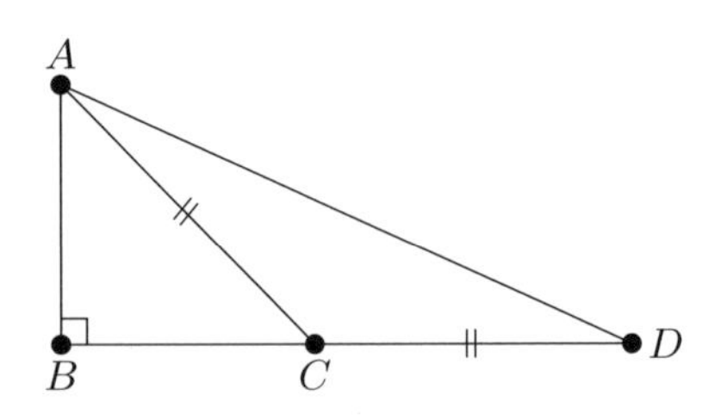

このとき，

$$\theta(\angle D) \leqslant \theta(\angle C)/2$$

である．

証明　$\triangle ACD$ は二等辺三角形であるので，命題 2.33 とサッケーリールジャンドルの定理より，

$$2\theta(\angle D) + \theta(\angle ACD) \leqslant 180^\circ$$

である．一方，

$$\theta(\angle C) + \theta(\angle ACD) = 180^\circ$$

である．これより，結論を得る．□

証明にもどる．点 P から直線 l へ下ろした垂線の足を B とする．P を通り $\overleftrightarrow{PB}$ と垂直に交わる直線を m とする．m と l は平行である．ここで，P を通る m 以外の l と平行な直線 m' が存在したと仮定する．m と m' の角度を θ とする．直線 l と m' は交わらないので l 上の点は B と m' に関して常に同じ側にある．主張 2.116.1 を何回も用いることにより，l 上の点 D が存在して，$\theta(\angle BDP) < \theta$ とできる．

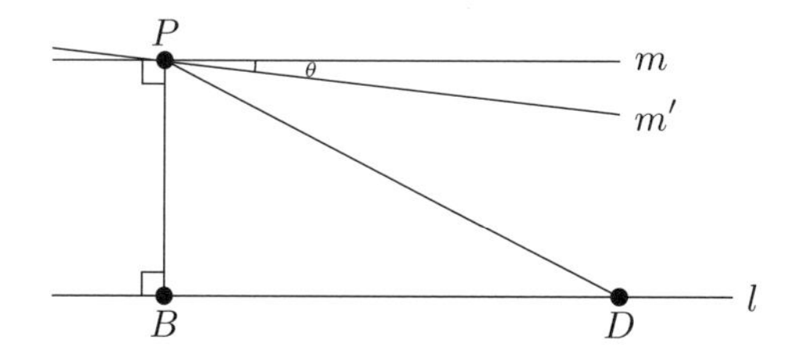

このとき，

$$\theta(\angle BPD) + \theta(\angle BDP) < \theta(\angle BPD) + \theta < 90^\circ$$

となり，内角の角度の和が 180° より小となる $\triangle BPD$ が見つかるので矛盾する． □

(3) $\Longrightarrow$ (2) の証明：　これが難しい．いくつかの準備が必要である．$\triangle ABC$ に対して，

$$\mathrm{defect}(\triangle ABC) = 180^\circ - (\theta(\angle A) + \theta(\angle B) + \theta(\angle C))$$

と定める．サッケーリ-ルジャンドルの定理より，

$$\mathrm{defect}(\triangle ABC) \geqslant 0^\circ \tag{2.1}$$

である．まず，次の主張を考えよう．

主張 2.116.2　$\triangle ABC$ と $B * D * C$ となる点 D を考える．

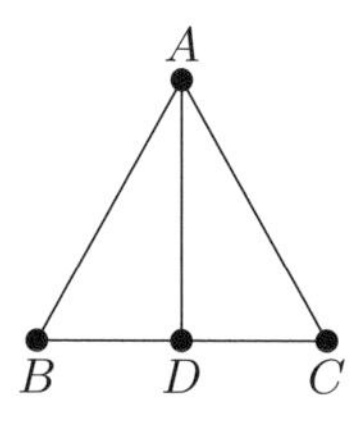

このとき，

$$\mathrm{defect}(\triangle ABC) = \mathrm{defect}(\triangle ABD) + \mathrm{defect}(\triangle ACD)$$

である．

証明　下図のように，角度 $\alpha', \alpha'', \beta, \gamma, \delta', \delta''$ を定める．

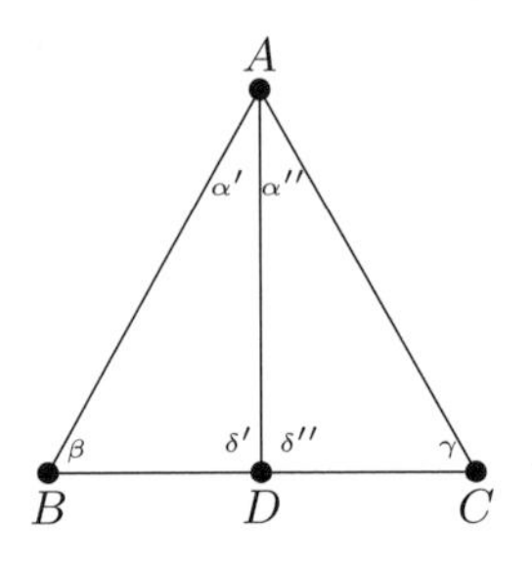

このとき，$\delta' + \delta'' = 180^\circ$ であるので，

$$\begin{aligned}\mathrm{defect}(\triangle ABC) &= 180^\circ - \left\{(\alpha' + \alpha'') + \beta + \gamma\right\} \\ &= 180^\circ - (\alpha' + \beta + \delta') + 180^\circ - (\alpha'' + \delta'' + \gamma) \\ &= \mathrm{defect}(\triangle ABD) + \mathrm{defect}(\triangle ACD)\end{aligned}$$

となる．　□

主張 2.116.3　内角の角度の和が 180° となる三角形が存在すると，内角の角度の和が 180° となる直角三角形が存在する，

証明　内角の角度の和が 180° となる三角形を $\triangle A'B'C'$ とする．このとき，ある 2 角が存在してその角度はともに 90° より小である（1 章の演習問題 問 3 を参照）．その 2 角を $\angle B'$ と $\angle C'$ とする．A' から $\overleftrightarrow{B'C'}$ に下ろした垂線の足を D' とする．系 2.62 により，$B' * D' * C'$ である．

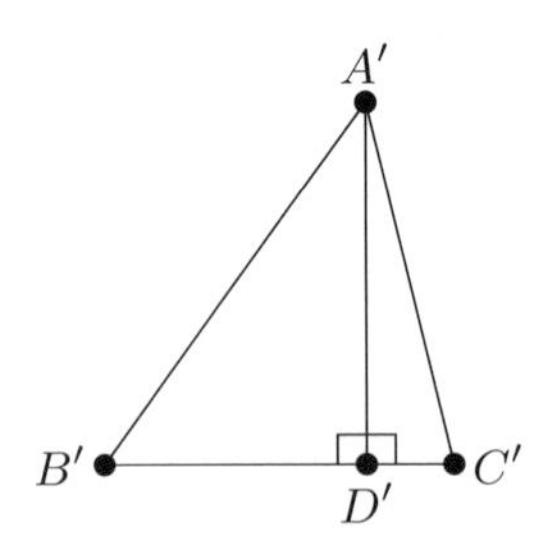

主張 2.116.2 を利用して，

$$\mathrm{defect}(\triangle A'B'C') = \mathrm{defect}(\triangle A'B'D') + \mathrm{defect}(\triangle A'C'D')$$

である．仮定と (2.1) より，$\mathrm{defect}(\triangle A'B'C') = 0^\circ$, $\mathrm{defect}(\triangle A'B'D') \geqslant 0^\circ$, $\mathrm{defect}(\triangle A'C'D') \geqslant 0^\circ$ であるので，

$$\mathrm{defect}(\triangle A'B'D') = \mathrm{defect}(\triangle A'C'D') = 0^\circ$$

を得る．したがって，主張が示せた． □

以後，内角の角度の和が 180° になる直角三角形を $\triangle DEF$ とする．$\angle E$ が直角とする．

主張 2.116.4　$\triangle A'B'C'$ は $\angle B'$ が直角で，内角の角度の和が 180° の直角三角形とする．$B'A'$ の A' の延長線上に $B'A' \cong A'A'_1$ となるように A'_1 をとる．さらに，$B'C'$ の C' の延長線上に $B'C' \cong C'C'_1$ となるように C'_1 をとる．このとき，$\triangle A'_1B'C'_1$ も内角の角度の和が 180° の直角三角形である．

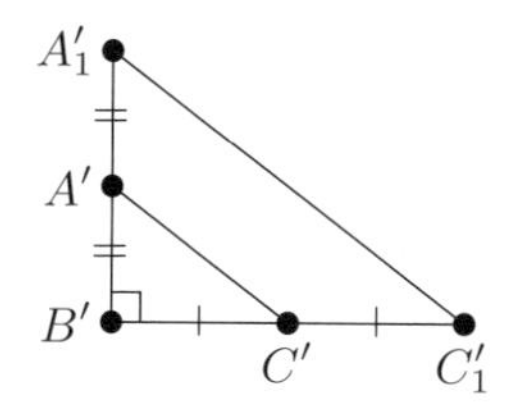

証明　A' を通る $\overleftrightarrow{A'B'}$ に垂直な直線上に $A'G \cong B'C'$ となるように G をとる．ただし，G は $\overleftrightarrow{A'B'}$ に関して C' と同じ側．$\alpha := \theta(\angle B'A'C')$, $\gamma := \theta(\angle B'C'A')$ とおく．

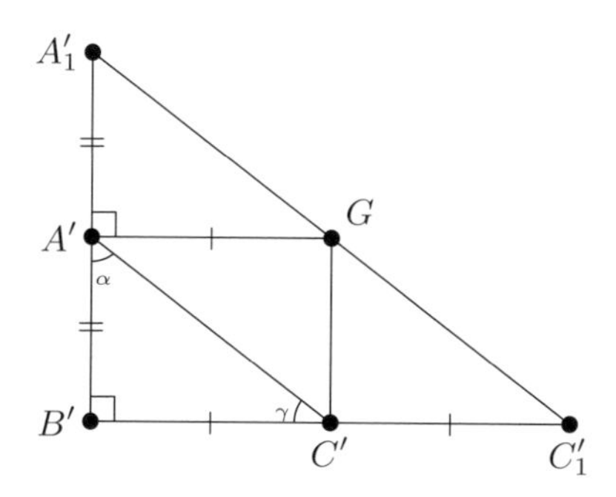

$\alpha + \gamma = 90^\circ$ ゆえ，$\theta(\angle GA'C') = \gamma$ である．よって，SAS より，$\triangle B'C'A' \cong$

$\triangle GA'C'$ となる．したがって $A'B' \cong GC'$ であり $\theta(\angle A'GC') = \theta(\angle A_1'A'G)$ $= \theta(\angle GC'C_1') = 90^\circ$ である．よって，SAS より，$\triangle A_1'A'G \cong \triangle A'B'C'$ $\cong \triangle GC'C_1'$ となる．ゆえに，

$$\theta(\angle A_1'GA') + \theta(\angle A'GC') + \theta(\angle C_1'GC') = \gamma + 90^\circ + \alpha = 180^\circ$$

となるので G は直線 $\overleftrightarrow{A_1'C_1'}$ 上にある．これは主張を示す． □

主張 2.116.5 すべての直角三角形の内角の角度の和は 180° である．

証明 $\angle B$ が直角の直角三角形 $\triangle ABC$ を考える．このとき，十分大きな正の整数 n が存在して，$2^n\ell(DE) > \ell(AB)$ かつ $2^n\ell(FE) > \ell(CB)$ となる．前の主張を n 回繰り返して，直角三角形 $\triangle D'E'F'$ が存在して，$\angle E'$ が直角で，内角の角度の和が 180° であり，さらに，$\ell(D'E') = 2^n\ell(DE)$ かつ $\ell(F'E') = 2^n\ell(FE)$ をみたす．このとき，$D'E'$ 上に 点 A' がとれて，$E'A' \cong BA$ となる．さらに，$F'E'$ 上に 点 C' がとれて，$E'C' \cong BC$ とできる．

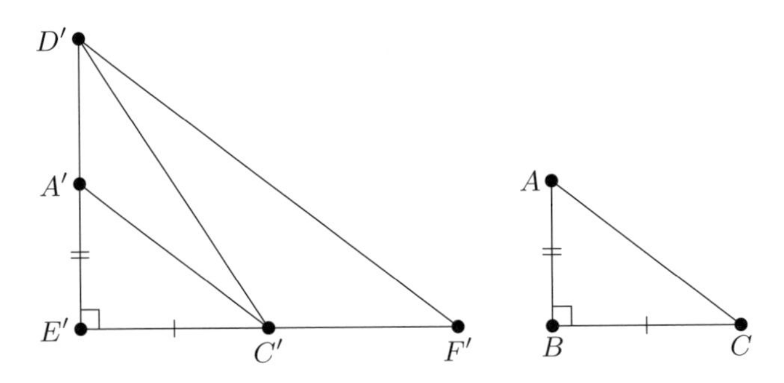

SAS より，$\triangle ABC \cong \triangle A'E'C'$ ゆえ，$\triangle A'E'C'$ の内角の角度の和が 180° であればよい．主張 2.116.2 を用いて，

$$0^\circ = \mathrm{defect}(\triangle D'E'F') = \mathrm{defect}(\triangle D'E'C') + \mathrm{defect}(\triangle D'C'F')$$

であるので，(2.1) を用いて $\mathrm{defect}(\triangle D'E'C') = 0^\circ$ である．さらに，

$$0^\circ = \mathrm{defect}(\triangle D'E'C') = \mathrm{defect}(\triangle A'D'C') + \mathrm{defect}(\triangle A'E'C')$$

であるので，(2.1) を用いて $\mathrm{defect}(\triangle A'E'C') = 0^\circ$ を得る． □

さて，任意の $\triangle ABC$ を考える．

$$\theta(\angle A) + \theta(\angle B) + \theta(\angle C) \leqslant 180^\circ$$

であるので，$\theta(\angle B), \theta(\angle C) < 90^\circ$ と仮定してよい．A から $\overleftrightarrow{BC}$ への垂線の足を D とすると，系 2.62 により，$B * D * C$ である．よって，

$$\text{defect}(\triangle ABC) = \text{defect}(\triangle ABD) + \text{defect}(\triangle ACD) = 0^\circ + 0^\circ = 0^\circ$$

であるので，(3) $\Longrightarrow$ (2) が証明できた． □

系 2.117（Hil + Arc） アルキメデスの公理をみたすが，平行線の公理をみたさないヒルベルト平面を考える．2 つの三角形 $\triangle ABC$ と $\triangle A'B'C'$ について $\angle A \cong \angle A'$ かつ $\angle B \cong \angle B'$ かつ $\angle C \cong \angle C'$ が成り立てば，$\triangle ABC \cong \triangle A'B'C'$（4 章の p. 165 の図参照）．

証明 $AB \cong A'B'$ なら ASA より，

$$\triangle ABC \cong \triangle A'B'C'$$

となるので，$AB \ncong A'B'$ と仮定してよい，つまり，$AB > A'B'$ または $AB < A'B'$ であるが，$AB > A'B'$ と仮定しても一般性を失わない．したがって，AB 上に $AB'' \cong A'B'$ となる点 B'' がとれる．さらに $\overrightarrow{AC}$ 上に $AC'' \cong A'C'$ となる点 C'' がとれる．

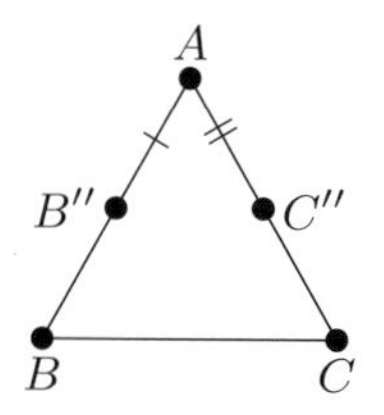

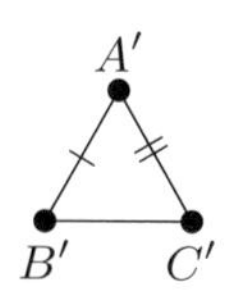

このとき，SAS より，

$$\triangle AB''C'' \cong \triangle A'B'C'$$

である．ここで，次の 3 つの場合が考えられる．

$$\text{(a) } C'' = C, \qquad \text{(b) } A * C * C'', \qquad \text{(c) } A * C'' * C.$$

(a) の場合：

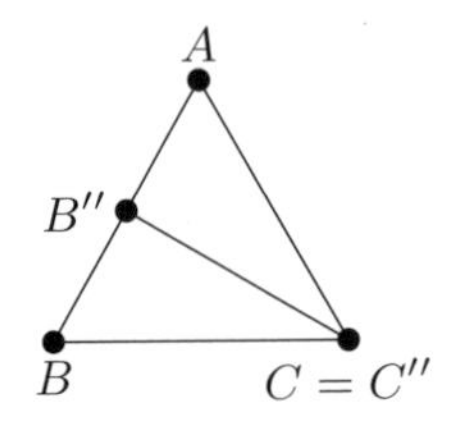

$\angle A'C'B' \cong \angle ACB'' < \angle ACB \cong \angle A'C'B'$ となり，矛盾する．

(b) の場合：

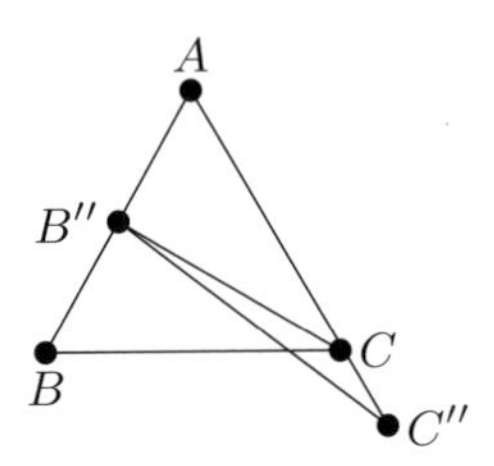

外角の定理（定理 2.58）を用いて，

$$\angle ACB > \angle ACB'' > \angle AC''B'' \cong \angle A'C'B' \cong \angle ACB$$

となり矛盾する．

(c) の場合：

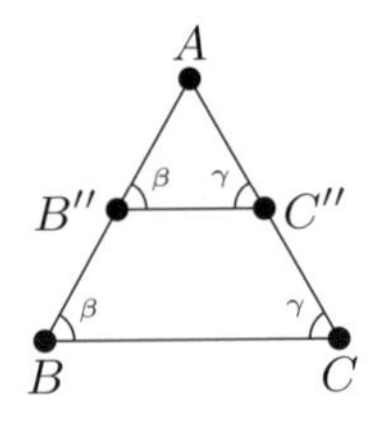

この場合，

$$(\triangle B''BC \text{ の内角の角度の和}) + (\triangle B''C''C \text{ の内角の角度の和})$$
$$= \beta + (180^\circ - \beta) + (180^\circ - \gamma) + \gamma = 360^\circ$$

であるので，

$$\begin{aligned}
&\mathrm{defect}(\triangle B''BC) + \mathrm{defect}(\triangle B''C''C) \\
&\quad = \left\{180^\circ - (\triangle B''BC \text{ の内角の角度の和})\right\} \\
&\qquad\qquad + \left\{180^\circ - (\triangle B''C''C \text{ の内角の角度の和})\right\} \\
&\quad = 360^\circ - 360^\circ = 0^\circ
\end{aligned}$$

となり，$\mathrm{defect}(\triangle B''BC) = \mathrm{defect}(\triangle B''C''C) = 0^\circ$ を得る．よって，定理 2.116 により，平行線の公理をみたす．これは矛盾である． □

注意 2.118　系 2.117 の三角形の合同条件は **Hil** + **Par** をみたす幾何においては相似条件（命題 3.22 を参照）である．つまり，平行線の公理を否定すると相似条件が合同条件になる．

2.10　ヒルベルトの公理系まとめ

この節では，ヒルベルトの公理系とそれに関連する公理をまとめておく．

I. **結合の公理系**（Incident Axiom）

- I-1. 2 点 A, B に対して，A と B を通る直線が一意的に存在する．
- I-2. 直線上には 2 点が存在する．
- I-3. 同一直線上にない 3 点が存在する．

B. **間の公理系**（Betweenness Axiom）

- B-1. 点 A, B, C について，$A * B * C$ であるなら，A, B, C は同一直線上にある 3 点であり，$C * B * A$ も成り立つ．
- B-2. 2 点 B, D に対して，$A * B * D, B * C * D, B * D * E$ となる直線 $\overleftrightarrow{BD}$ 上の点 A, C, E が存在する．
- B-3. 同一直線上の 3 点 A, B, C に対して，

$$B * A * C, \quad C * B * A, \quad A * C * B$$

のいずれか 1 つのみが成立する．

B-4. 直線 l と l 上にない点 A, B, C について，次が成り立つ．

(B-4-1) A と B が l に関して同じ側にあり，かつ，B と C が l に関して同じ側にあるならば，A と C が l に関して同じ側にある．

(B-4-2) A と B が l に関して反対側にあり，かつ，B と C が l に関して反対側にあるならば，A と C が l に関して同じ側にある．

C. **合同の公理系**（Congruence Axiom）

C-1. 2 点 A, B と点 A' を始点とする半直線 r に対して，r 上の点 B' が一意的に存在して，$AB \cong A'B'$ とできる．

C-2. 線分に関する合同関係 $\cong$ は同値関係である．

C-3. $A * B * C$ かつ $A' * B' * C'$ かつ $AB \cong A'B'$ かつ $BC \cong B'C'$ であるなら $AC \cong A'C'$．

C-4. $\angle BAC$ と半直線 $\overrightarrow{A'B'}$ が与えられているとき，直線 $\overleftrightarrow{A'B'}$ の与えられた側に一意的に半直線 $\overrightarrow{A'C'}$ が存在して，$\angle BAC \cong \angle B'A'C'$ が成り立つ．

C-5. 角に関する合同関係 $\cong$ は同値関係である．

C-6. **(SAS)** $\triangle ABC$ と $\triangle A'B'C'$ が与えられたとき，$AB \cong A'B'$，$AC \cong A'C'$ かつ $\angle A \cong \angle A'$ であるなら $\triangle ABC \cong \triangle A'B'C'$．

連続の公理（Continuity Axiom）

アルキメデスの公理（Arc） 線分 CD と半直線 $\overrightarrow{AB}$ があるとき，ある自然数 n と $\overrightarrow{AB}$ 上の n 点 $A_1, \ldots, A_n$ が存在して，以下をみたす．

(a) B は A と A_n の間にある．

(b) $A_0 = A$ とおく．$n \geqslant 2$ のとき，

$$A_0 * A_1 * A_2,\ A_1 * A_2 * A_3,\ \ldots,\ A_{n-2} * A_{n-1} * A_n$$

が成り立つ．

(c) $A_0A_1 \cong A_1A_2 \cong \cdots \cong A_{n-1}A_n \cong CD.$

デデキントの公理（Ded）　l は直線とし，Σ_1, Σ_2 を l の空集合でない部分集合で以下を満たしていると仮定する．

(a) $l = \Sigma_1 \cup \Sigma_2$, $\Sigma_1 \cap \Sigma_2 = \emptyset$.

(b) 任意の $A \in \Sigma_1$ に対して，$B{*}A{*}C$ となる $B, C \in \Sigma_2$ が存在しない．同様に，任意の $D \in \Sigma_2$ に対して，$E{*}D{*}F$ となる $E, F \in \Sigma_1$ が存在しない．

このとき，ある $O \in l$ と O から始まる半直線 r が存在して $\Sigma_1 = r$ が成り立つか $\Sigma_2 = r$ が成り立つ．

円と円の交差公理（Circle-circle Intersection Axiom）　2 つの円 γ と γ' について，γ の内部と外部に γ' の点が存在するなら，2 つの円は交わる．

直線と円の交差公理（Line-circular Intersection Axiom）　円の内部に直線上の点があるなら，円と直線は交わる．

平行線の公理（Par）（Parallelism Axiom）　直線 l と l 上にない点 P に対して，P を通り l に平行な直線は高々 1 つのみである．

平行線の公理の対極をなすのが，次の双曲公理である．

双曲公理（Hyp）（Hyperbolic Axiom）　任意の直線 l と l 上にない任意の点 P に対して，同一直線上にない P を始点とする 2 つの半直線 r と r' が存在し次をみたす．l は r と r' のなす角の内部にあり，さらに，その角の内部にある P から始まる半直線は l と交わる．

定義 2.119　結合の公理系，間の公理系，合同の公理系をみたす体系を**ヒルベルト幾何**，その平面を**ヒルベルト平面**とよぶ．記号としては **Hil** で表す．ヒルベルト幾何に，連続の公理を加えた体系を**中立幾何**（neutral geometry）とよぶ．また，ヒルベルト平面に，円と円の交差公理と平行線の公理を加えた平面を**ユークリッド平面**とよぶ．一方，ヒルベルト幾何に，双曲公理を加えた体系を**双曲幾何**，その平面を**双曲平面**とよぶ．平行線の公理を否定した中立幾何（**非ユークリッド幾何**）は，双曲幾何になることが知られている（注意 4.27 を参照）．

注意 2.120　B-4 は次の**パッシュの定理**（公理）に置き換えることができる．

> A, B, C は同一直線上にない 3 点であり，l は A, B, C いずれも通らない直線とする．もし l が線分 AB と交わるなら，l は線分 AC と交わるか，または，線分 BC と交わる．

演　習　問　題

問 1　例 2.2 を示せ．

問 2　例 2.3 を示せ．

問 3　公理 B-4 以外の結合の公理と間の公理を仮定したとき，命題 2.20 は公理 B-4 を導くことを示せ．

問 4　命題 2.23 を示せ．

問 5　命題 2.29 を示せ．

問 6　1 点 A を共有する 2 つの直線 l と m を考える．B と C は l 上の点で，D と E は m 上の点で，$A * B * C$ かつ $A * D * E$ をみたしていると仮定する．このとき，線分 BE と線分 CD は交わることを示せ．

問 7　$\triangle ABC$ を考える．$\triangle ABC$ の内部の点であるとは，$\angle A$ の内点であり，かつ，$\angle B$ の内点であり，かつ，$\angle C$ の内点であると定義する．$\triangle ABC$ の内部の点全体を $\triangle ABC$ の内部とよぶ．$\angle A$ の内点であり，かつ，$\angle B$ の内点であるならば，$\triangle ABC$ の内部の点であることを示せ．また，内部の点が存在することを示せ．

問 8　$\triangle ABC$ の内部に含まれる直線は存在しないことを示せ．

問 9 ヒルベルト平面において，三角形の内部は凸であることを示せ．ヒルベルト平面において，凸でない部分集合をあげよ．

問 10 $\triangle ABC$ の外部の点とは，$\triangle ABC$ の内部の点でなく，かつ，$\triangle ABC$ の辺の点でもないことを意味する．D が $\triangle ABC$ の外部の点であるとき，D を通る直線 l で，l のすべての点が $\triangle ABC$ の外部の点であるような直線が存在することを示せ．

問 11 系 2.62 を示せ．

問 12 ヒルベルト幾何において，異なる 4 点 A, B, C, D を考える．$A*B*C$ であり，$\overleftrightarrow{AC}$ と $\overleftrightarrow{DC}$ は垂直に交わっていると仮定する．このとき，$AD > BD > CD$ を示せ．

問 13 ヒルベルト平面には無限個の点と直線が存在することを示せ．さらに $\overline{\mathbb{S}}$ と $\widetilde{\mathbb{A}}$ も無限集合であることを示せ．

問 14 ヒルベルト平面において，$r \in \mathbb{S}$ と点 O を固定する．円 $\gamma = \{P \in \Pi \mid [OP] = r\}$ を考える．γ 上の点，γ の内部の点，γ の外部の点が無限個存在することを示せ．

問 15 ヒルベルト平面において，前の問題と同様の円 γ を考える．このとき，

$$\{P \in \Pi \mid OP < r\} \quad と \quad \{P \in \Pi \mid OP \leqq r\}$$

は凸であることを示せ．

問 16 ヒルベルト平面で，中心が O の円を考える．円周上に 2 点 A と B をとる．AB の中点を M とすると $\overleftrightarrow{OM}$ は $\overleftrightarrow{AB}$ と垂直に交わることを示せ．さらに，AB の垂直二等分線は O を通ることを示せ．

問 17 ヒルベルト平面で，円の内部に含まれる直線は存在しないことを示せ．

問 18 主張 2.66.1 を示せ．

問 19 中心が O で半径が $r \in \mathbb{S}$ の円 γ と直線 l を考える．H は O から l に下ろした垂線の足とする．このとき，直線と円の交差公理のもとで，以下を示せ．

$$\begin{cases} \text{交点が 2 点} & \iff & [OH] < r, \\ \text{交点が 1 点} & \iff & [OH] = r, \\ \text{交点がなし} & \iff & [OH] > r. \end{cases}$$

問20　中心が O で半径が $r \in \mathbb{S}$ の円 γ と中心が O' で半径が $r' \in \mathbb{S}$ の円 γ' を考える．円と円の交差公理の仮定のもとで，γ と γ' の交点の数と $[OO']$, r, r' の関係を論じろ．例えば，「$[OO'] > r + r'$ あるならば，γ と γ' は交わらない」等である．

問21　命題 2.78 の (7) と補題 2.83 の (5) を証明せよ（ヒント：命題 2.44）．

問22　補題 2.86 を示せ（ヒント：補題 2.83 の (5)）．

問23　**（中点連結定理）**　平行線の公理を仮定したヒルベルト平面を考える．$\triangle ABC$ において，D, E はそれぞれ AB, AC の中点とする．

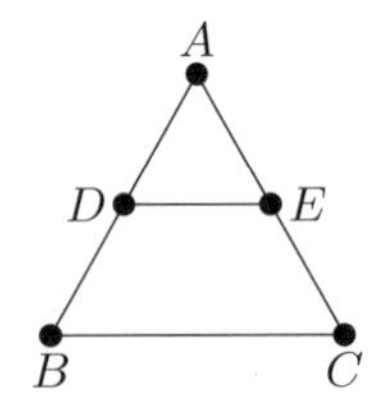

このとき，$\overrightarrow{DE}$ と $\overrightarrow{BC}$ は平行であり，$2 \cdot [DE] = [BC]$ であることを示せ．

問24　**（垂心の存在）**　平行線の公理を仮定したヒルベルト平面を考える．$\triangle ABC$ において，A から $\overleftrightarrow{BC}$ に下ろした垂線，B から $\overleftrightarrow{CA}$ に下ろした垂線，C から $\overleftrightarrow{AB}$ に下ろした垂線は一点（垂心）で交わることを示せ．

問25　定理 2.107 において，$\Sigma \neq \emptyset$ を示せ．

問26　ヒルベルト平面 Π における写像 $T\colon \Pi \to \Pi$ が**合同変換**であるとは以下をみたすときにいう．

(i) T は全単射．

(ii) $A * B * C$ ならば $T(A) * T(B) * T(C)$．

(iii) $AB \cong T(A)T(B)$．

(iv) $\angle ABC \cong \angle T(A)T(B)T(C)$．

Π の直線 l を固定する．P を l 上の点でないとする．P から l に下ろした垂線の足を H とし，線分 PH を l に関して P がある側と反対側に延長し，$QH \cong PH$ となる点 Q をとる．Q を P の l に関する**鏡像**（**対称変換**）とよび，$T_l(P)$ で表す．さらに $P \in l$ の場合は，$T_l(P) = P$ と定める．このとき，

$T\colon \Pi \to \Pi$ が合同変換になることを次の手順で示せ.

(1) $T_l \circ T_l = \mathrm{id}_\Pi$ であることを示し, T_l が全単射であることを示せ.

(2) $AB \cong T_l(A)T_l(B)$ を示せ.

(3) A, B, C が三角形をなすとき, $T_l(A), T_l(B), T_l(C)$ も三角形をなすことを示せ（ヒント：(2) と三角不等式）. これから, m が直線ならば, $T_l(m) := \{T(A) \mid A \in m\}$ も直線であることを示せ.

(4) $A * B * C$ ならば $T_l(A) * T_l(B) * T_l(C)$ を示せ（ヒント：命題 2.29）.

(5) $\triangle ABC \cong \triangle T_l(A)T_l(B)T_l(C)$ を示せ.

(6) $\angle ABC \cong \angle T_l(A)T_l(B)T_l(C)$ を示せ.

問 27 ヒルベルト平面において, デデキントの公理はアルキメデスの公理を導くことを示せ（ヒント：命題 A.14 の証明を参考にせよ）.

問 28 アルキメデスの公理をみたすヒルベルト平面を考える. 直線 l と l 上にない点 P が存在して, P を通り l と平行な直線が高々一つであると仮定する. このとき, ヒルベルトの平行線の公理が成り立つことを示せ（ヒント：定理 2.116）.

問 29 アルキメデスの公理をみたすがヒルベルトの平行線の公理をみたさないヒルベルト平面を考える. 直線 l と l 上にない点 P について, P から l に下ろした垂線の足を H とし, $\overrightarrow{PX}$ は PH と垂直に交わる半直線とする. このとき, $\angle XPH$ の内部にある点 Y が存在して, $\overrightarrow{PY}$ は l と交わらない.

第 3 章

平行線の公理を仮定したヒルベルト平面再論

この章では，平行線の公理を仮定したヒルベルト平面の構造定理（定理 3.38）を考える．まずはピタゴラス的順序体（定義 A.34 を参照）上のデカルト平面を考えよう．

3.1 体上のデカルト平面

この節では簡単な線形代数の知識を仮定する．四則演算ができる数学的構造を体とよぶ．詳しくは付録を参照．

F は体とし，$F^2 = \{(x, y) \mid x, y \in F\}$ を Π_F で表す．Π_F を F 上の**デカルト平面**という．$ex + fy + g$（$e, f, g \in F$ かつ $(e, f) \neq (0, 0)$）の形の 1 次式を**非自明な 1 次式**という．Π_F の直線を非自明な 1 次式 $ex + fy + g$ の零点集合と定める．つまり，Π_F の直線とは，

$$\left\{(x, y) \in \Pi_F \;\middle|\; ex + fy + g = 0\right\}$$

と表せる Π_F の部分集合である．別の非自明な 1 次式 $e'x + f'y + g'$ があって，

$$(e', f', g') = \lambda(e, f, g) \quad (\lambda \in F^{\times})$$

であるとき，$ex + fy + g$ で定まる直線と $e'x + f'y + g'$ で定まる直線は等しい．

命題 3.1 Π_F の直線上には 2 点が存在する．つまり，公理 I-2 をみたす．

証明 直線の定義 1 次式を $ex + fy + g$ とする．$f \neq 0$ の場合，定義 1 次式は，$-1/f$ をかけることで，$e'x - y + g'$ の形になる．よって $(0, g')$ と $(1, e' + g')$ は直線上の 2 点である．$f = 0$ の場合，$e \neq 0$ であるので，$-1/e$ をかけるこ

とで，定義1次式は $-x+g'$ の形になる．よって，$(g',0)$ と $(g',1)$ は直線上の2点である． □

今後，Π_F の点とベクトルを区別するため，(α,β) $(\alpha,\beta\in F)$ がベクトルを表すとき，$\binom{\alpha}{\beta}$ で記す．$A=(a_1,a_2)$, $B=(b_1,b_2)\in\Pi_F$ に対して，

$$\overrightarrow{AB} := \begin{pmatrix} b_1 \\ b_2 \end{pmatrix} - \begin{pmatrix} a_1 \\ a_2 \end{pmatrix}$$

と定める．$\overrightarrow{AB}$ は半直線を表しているので，ベクトル AB を表現するため，$\rightarrow$ の代わりに $\rightharpoonup$ を利用することにする．さらに，

$$\left\langle \begin{pmatrix} a_1 \\ a_2 \end{pmatrix}, \begin{pmatrix} b_1 \\ b_2 \end{pmatrix} \right\rangle = a_1b_1 + a_2b_2$$

と定める．$\overrightharpoon{a}$, $\overrightharpoon{a'}$, $\overrightharpoon{b}\in F^2$, $\lambda\in F$ に対して，

$$\begin{cases} \langle\overrightharpoon{a}, \overrightharpoon{b}\rangle = \langle\overrightharpoon{b}, \overrightharpoon{a}\rangle \\ \langle\overrightharpoon{a}+\overrightharpoon{a'}, \overrightharpoon{b}\rangle = \langle\overrightharpoon{a}, \overrightharpoon{b}\rangle + \langle\overrightharpoon{a'}, \overrightharpoon{b}\rangle \\ \langle\lambda\overrightharpoon{a}, \overrightharpoon{b}\rangle = \lambda\langle\overrightharpoon{a}, \overrightharpoon{b}\rangle \end{cases} \tag{3.1}$$

が成り立つことが容易にわかる（演習問題 問1とする）．まずは次の補題から考える．

補題 3.2 $\binom{\alpha}{\beta}\neq\binom{0}{0}$ のとき，

$$\left\langle \begin{pmatrix} \alpha \\ \beta \end{pmatrix}, \begin{pmatrix} a \\ b \end{pmatrix} \right\rangle = 0 \quad\Longleftrightarrow\quad \exists t\in F \ \begin{pmatrix} a \\ b \end{pmatrix} = t\begin{pmatrix} \beta \\ -\alpha \end{pmatrix}.$$

証明 $\Longleftarrow$ は自明であるので，$\Longrightarrow$ を考える．$a\alpha+b\beta=0$ である．$\beta=0$ のとき，$\alpha\neq 0$ であるので，$a=0$ となり結論は自明である．$\beta\neq 0$ のとき，$t=a/\beta$ とおくと，$a=t\beta$ であり，

$$b = -a\alpha/\beta = t(-\alpha)$$

となる．これは主張を示す． □

公理 I-1 から考えよう．

命題 3.3 $(a,b),(c,d)\in\Pi_F$ で $(a,b)\neq(c,d)$ とする．

$$H_0(x,y):=\left\langle\begin{pmatrix}d-b\\-(c-a)\end{pmatrix},\begin{pmatrix}x-a\\y-b\end{pmatrix}\right\rangle=\left\langle\begin{pmatrix}d-b\\a-c\end{pmatrix},\begin{pmatrix}x-a\\y-b\end{pmatrix}\right\rangle$$

とおくと $H_0(x,y)$ は (a,b) と (c,d) を通る直線を定める．$H(x,y)=ex+fy+g$ とおく．もし $H(a,b)=H(c,d)=0$ なら，ある $\lambda\in F$ が存在して，$H(x,y)=\lambda H_0(x,y)$ である．特に，Π_F は公理 I-1 をみたす．

証明 $H_0(x,y)$ は非自明な 1 次式であり，

$$H_0(a,b)=H_0(c,d)=0$$

であるので前半は自明である．

$H(a,b)=0$ より，$g=-(ea+fb)$ である．ゆえに，

$$\left\langle\begin{pmatrix}e\\f\end{pmatrix},\begin{pmatrix}x-a\\y-b\end{pmatrix}\right\rangle=e(x-a)+f(y-b)=H(x,y)$$

となる．よって，

$$0=H(c,d)=\left\langle\begin{pmatrix}e\\f\end{pmatrix},\begin{pmatrix}c-a\\d-b\end{pmatrix}\right\rangle.$$

ゆえに，補題 3.2 より，ある $\lambda\in F$ が存在して，$\binom{e}{f}=\lambda\binom{d-b}{a-c}$ となるので，$H(x,y)=\lambda H_0(x,y)$ となる． □

直線の特徴付けを考えよう．

命題 3.4 l は Π_F の部分集合とする．このとき以下は同値である．

(1) l は直線である．

(2) ある $(a,b),(c,d)\in\Pi_F$ が存在して，$(a,b)\neq(c,d)$ であり，

$$l=\bigl\{(1-t)(a,b)+t(c,d)\bigm| t\in F\bigr\}.$$

(3) ある $\binom{\alpha}{\beta}\in F^2\setminus\{\binom{0}{0}\}$ と $(a,b)\in\Pi_F$ が存在して，

$$l=\bigl\{t(\alpha,\beta)+(a,b)\bigm| t\in F\bigr\}.$$

証明 (1) $\Longrightarrow$ (2)：命題 3.1 より，l 上の異なる 2 点 (a,b), (c,d) が存在する．命題 3.3 より，l は

$$\left\langle \begin{pmatrix} d-b \\ a-c \end{pmatrix}, \begin{pmatrix} x-a \\ y-b \end{pmatrix} \right\rangle$$

で定義されている．よって，

$$\begin{aligned}
(x,y) \in l &\Longleftrightarrow \left\langle \begin{pmatrix} d-b \\ a-c \end{pmatrix}, \begin{pmatrix} x-a \\ x-b \end{pmatrix} \right\rangle = 0 \\
&\Longleftrightarrow \exists t \in F \begin{pmatrix} x-a \\ x-b \end{pmatrix} = t \begin{pmatrix} c-a \\ d-b \end{pmatrix} \qquad (\because \text{補題 3.2}) \\
&\Longleftrightarrow (x,y) \in \left\{ (1-t)(a,b) + t(c,d) \;\middle|\; t \in F \right\}
\end{aligned}$$

となる．

(2) $\Longrightarrow$ (3)：$(1-t)(a,b)+t(c,d) = t(c-a,d-b)+(a,b)$ であるので，自明である．

(3) $\Longrightarrow$ (1)：実際，

$$\begin{aligned}
(x,y) \in l &\Longleftrightarrow \exists t \in F \begin{pmatrix} x-a \\ x-b \end{pmatrix} = t \begin{pmatrix} \alpha \\ \beta \end{pmatrix} \\
&\Longleftrightarrow \left\langle \begin{pmatrix} x-a \\ x-b \end{pmatrix}, \begin{pmatrix} \beta \\ -\alpha \end{pmatrix} \right\rangle = 0 \qquad (\because \text{補題 3.2})
\end{aligned}$$

である．$\left\langle \left(\begin{smallmatrix} x-a \\ x-b \end{smallmatrix}\right), \left(\begin{smallmatrix} \beta \\ -\alpha \end{smallmatrix}\right) \right\rangle$ は非自明な 1 次式であるので，l は直線である． □

注意 3.5 直線 l が命題 3.4 の (3) で与えられたとき，$\left(\begin{smallmatrix} \alpha \\ \beta \end{smallmatrix}\right)$ を l の**方向ベクトル**，$\left(\begin{smallmatrix} \beta \\ -\alpha \end{smallmatrix}\right)$ を l の**法線ベクトル**とよぶ．このとき，この直線を定める 1 次式は $\left\langle \left(\begin{smallmatrix} x-a \\ x-b \end{smallmatrix}\right), \left(\begin{smallmatrix} \beta \\ -\alpha \end{smallmatrix}\right) \right\rangle$ である．

公理 I-3 と平行線の公理を考える．

命題 3.6 Π_F は公理 I-3 と平行線の公理をみたす．

証明 公理 I-3：$A=(0,0)$, $B=(1,0)$, $C=(0,1)$ とする．もし，これらの点を通る直線が存在すると仮定し，その定義 1 次式を $ex+fy+g$ とすると，

$e = f = g = 0$ となることがわかる．これは公理 I-3 を示す．

平行線の公理：l の定義1次式を $ex + fy + g$ とし（つまり，l の方向ベクトルは $\left(\begin{smallmatrix} f \\ -e \end{smallmatrix}\right)$），$P = (a, b)$ とおく．P を通る直線 m は，その方向ベクトルを $\left(\begin{smallmatrix} \alpha \\ \beta \end{smallmatrix}\right)$ とすると，命題 3.4 より，

$$m = \left\{ t(\alpha, \beta) + (a, b) \mid t \in F \right\}$$

と表せる．$P \notin l$ ゆえ，$ea + fb + g \neq 0$ である．したがって，

$$\begin{aligned} l \cap m = \emptyset &\iff \forall t \in F\ [e(t\alpha + a) + f(t\beta + b) + g \neq 0] \\ &\iff \forall t \in F\ [t(e\alpha + f\beta) + ea + fb + g \neq 0] \\ &\iff e\alpha + f\beta = 0 \\ &\iff \left\langle \begin{pmatrix} \alpha \\ \beta \end{pmatrix}, \begin{pmatrix} e \\ f \end{pmatrix} \right\rangle = 0 \\ &\iff \exists \lambda \in F^{\times}\ \begin{pmatrix} \alpha \\ \beta \end{pmatrix} = \lambda \begin{pmatrix} f \\ -e \end{pmatrix} \end{aligned}$$

である，これは平行線の公理を示している．　□

以後，F は順序体とする．順序体については付録を参照．Π_F の直線 l を考える．l 上の3点 A, B, C の間の関係 $A * B * C$ を定義したい．そのために

$$l = \left\{ t(\alpha, \beta) + (a, b) \mid t \in F \right\}$$

($\alpha, \beta, a, b \in F$ で，$\alpha \neq 0$ または $\beta \neq 0$) と表示する．$A = t_A(\alpha, \beta) + (a, b)$, $B = t_B(\alpha, \beta) + (a, b)$, $C = t_C(\alpha, \beta) + (a, b)$ とおく．$A * B * C$ を「$t_A < t_B < t_C$ または $t_C < t_B < t_A$」が成り立つことと定めたいが,「$t_A < t_B < t_C$ または $t_C < t_B < t_A$」は l の表示方法に依る可能性がある．しかし次の補題により，この定義には問題がないことがわかる．数学の方言で，このことを well-defined という．

補題 3.7　l の別の表示

$$l = \left\{ t'(\alpha', \beta') + (a', b') \mid t' \in F \right\}$$

($\alpha', \beta', a', b' \in F$ で $(\alpha', \beta') \neq (0, 0)$) を考えて，$A = t'_A(\alpha', \beta') + (a', b')$,

$B = t'_B(\alpha', \beta') + (a', b')$, $C = t'_C(\alpha', \beta') + (a', b')$ とおく．このとき，

$$「t_A < t_B < t_C \text{ または } t_C < t_B < t_A」$$
$$\iff 「t'_A < t'_B < t'_C \text{ または } t'_C < t'_B < t'_A」$$

である．

証明 まず，ある $t_0 \in F^\times$ が存在して，$\binom{\alpha'}{\beta'} = t_0 \binom{\alpha}{\beta}$．さらに，ある $t_1 \in F$ が存在して，$(a', b') = t_1(\alpha, \beta) + (a, b)$ である．ゆえに，

$$t'(\alpha', \beta') + (a', b') = (t_0 t' + t_1)(\alpha, \beta) + (a, b)$$

であるので $t(\alpha, \beta) + (a, b) = t'(\alpha', \beta') + (a', b')$ ならば $t = t_0 t' + t_1$ $(t_0 \neq 0)$ となる．よって補題は成立する． □

次に，公理 B-1，公理 B-2，公理 B-3 を考える．

命題 3.8 関係 $A * B * C$ は公理 B-1，公理 B-2，公理 B-3 をみたす．

証明 公理 B-1 は自明である．

公理 B-2，公理 B-3 を考えるために，$\overleftrightarrow{AB} = \{t(\alpha, \beta) + (a, b) \mid t \in F\}$ とおく．

公理 B-2：$A = t_A(\alpha, \beta) + (a, b)$, $B = t_B(\alpha, \beta) + (a, b)$ とおく．$t_B < t_A$ の場合は $\binom{\alpha}{\beta}$ を $\binom{-\alpha}{-\beta}$ に置き換えることにより，$t_A < t_B$ にできるので，$t_A < t_B$ と仮定しても一般性を失わない．このとき，$t_C < t_A < t_D < t_B < t_E$ となる $t_C, t_D, t_E \in F$ が存在するので（例えば，$t_C = t_A - 1$, $t_D = (t_A + t_B)/2$, $t_E = t_B + 1$），$C = t_C(\alpha, \beta) + (a, b)$, $D = t_D(\alpha, \beta) + (a, b)$, $E = t_E(\alpha, \beta) + (a, b)$ とおけばよい．

公理 B-3：$A = t_A(\alpha, \beta) + (a, b)$, $B = t_B(\alpha, \beta) + (a, b)$, $C = t_C(\alpha, \beta) + (a, b)$ とおく．このとき，$(F, \leqq)$ は全順序であるので，t_A が t_B, t_C の間にくるか，または，t_B が t_A, t_C の間にくるか，または，t_C が t_A, t_B の間にくるかのいずれかで，同時に成立することはない．これは公理 B-3 を示す． □

直線と半直線の表示方法を考える．

補題 3.9 A と B は異なる2点で，$A=(a_1,a_2)$, $B=(b_1,b_2)$ とおく．さらに，

$$\overleftrightarrow{AB}=\{(1-t)(a_1,a_2)+t(b_1,b_2) \mid t\in F\}$$

とおく．このとき，

$$\begin{cases} AB=\{(1-t)(a_1,a_2)+t(b_1,b_2) \mid 0\leqq t\leqq 1\}, \\ \overrightarrow{AB}=\{(1-t)(a_1,a_2)+t(b_1,b_2) \mid 0\leqq t\} \end{cases}$$

である．

証明 $P(t)=(1-t)(a_1,a_2)+t(b_1,b_2)$ とおく．$P(0)=A$, $P(1)=B$ である．さらに，$P(t)=t\big((b_1,b_2)-(a_1,a_2)\big)+(a_1,a_2)$ である．よって，

$$A*P(t)*B \iff 0<t<1$$

である．これは最初の式を示す．また，

$$A*B*P(t) \iff 1<t$$

であるので，2番目の式もわかる． □

l に関して同じ側にある点の判定方法を考える．

補題 3.10 直線 l の定義1次式を $H(x,y)=ex+fy+g$ とする．$A=(a_1,a_2)$ と $B=(b_1,b_2)$ は l 上にない点とする．このとき，

$H(a_1,a_2)$ と $H(b_1,b_2)$ は同符号 $\iff$ A と B は l について同じ側にある．

証明 必要なら (e,f,g) を $(-e,-f,-g)$ に置き換えることで，$H(a_1,a_2)>0$ と仮定してよい．簡単な計算により，

$$H\big((1-t)(a_1,a_2)+t(b_1,b_2)\big)=(1-t)H(a_1,a_2)+tH(b_1,b_2) \tag{3.2}$$

である．

まず

$H(b_1,b_2)>0 \implies A$ と B は l について同じ側にある

を示そう．(3.2) より，$0\leqq t\leqq 1$ のとき，

$$H\big((1-t)(a_1,a_2)+t(b_1,b_2)\big)>0$$

であるので，AB と l は交わらない．つまり，A と B は l について同じ側にある．

次に

$$H(b_1,b_2)<0 \implies A \text{ と } B \text{ は } l \text{ について反対側にある}$$

を示そう．(3.2) より，$F(t):=H((1-t)(a_1,a_2)+t(b_1,b_2))$ は 1 次式である．さらに $F(0)>0$ かつ $F(1)<0$ である．よって，付録にある補題 A.27 により，$F(t_0)=0$ となる $0<t_0<1$ が存在する．つまり，$AB\cap l\neq\emptyset$ であるので，A と B は l に関して反対側にある． □

さて，公理 B-4 を考える．

命題 3.11 Π_F は公理 B-4 をみたす．

証明 l の定義 1 次式を $H(x,y)=ex+fy+g$ とする．$A=(a_1,a_2)$, $B=(b_1,b_2)$, $C=(c_1,c_2)$ とおく．$H(a_1,a_2)>0$ と仮定してもよい．

B-4 の (1)：補題 3.10 より，$H(b_1,b_2)>0$ である．よって，補題 3.10 より，$H(c_1,c_2)>0$ となる．ゆえに，A と C は l に関して同じ側にある．

B-4 の (2)：補題 3.10 より，$H(b_1,b_2)<0$ である．つまり $-H(b_1,b_2)>0$ である．よって，補題 3.10 より，$-H(c_1,c_2)<0$，つまり $H(c_1,c_2)>0$ となる．ゆえに，A と C は l に関して同じ側にある． □

以後，F はピタゴラス的な順序体とする．ピタゴラス的な順序体については定義 A.34 を参照のこと．$\binom{a_1}{a_2}, \binom{b_1}{b_2}\in F^2$ に対して，

$$\left\|\begin{pmatrix}a_1\\a_2\end{pmatrix}\right\|=\sqrt{\left\langle\begin{pmatrix}a_1\\a_2\end{pmatrix},\begin{pmatrix}a_1\\a_2\end{pmatrix}\right\rangle}=\sqrt{a_1^2+a_2^2},$$

$$I\left(\begin{pmatrix}a_1\\a_2\end{pmatrix},\begin{pmatrix}b_1\\b_2\end{pmatrix}\right)=\frac{\left\langle\begin{pmatrix}a_1\\a_2\end{pmatrix},\begin{pmatrix}b_1\\b_2\end{pmatrix}\right\rangle}{\left\|\begin{pmatrix}a_1\\a_2\end{pmatrix}\right\|\cdot\left\|\begin{pmatrix}b_1\\b_2\end{pmatrix}\right\|}$$

と定める (2番目の式において，$\binom{a_1}{a_2}, \binom{b_1}{b_2} \in F^2 \setminus \{\binom{0}{0}\}$ である)．$\lambda, \mu \in F_{>0}$ に対して，容易に

$$I\left(\lambda\begin{pmatrix}a_1\\a_2\end{pmatrix}, \mu\begin{pmatrix}b_1\\b_2\end{pmatrix}\right) = I\left(\begin{pmatrix}a_1\\a_2\end{pmatrix}, \begin{pmatrix}b_1\\b_2\end{pmatrix}\right)$$

が確かめられる．

線分 AB と $A'B'$ について，

$$AB \cong A'B' \overset{\text{def}}{\iff} \|\overrightarrow{AB}\| = \|\overrightarrow{A'B'}\|$$

と定める．さらに，角 $\angle BAC$ と $\angle B'A'C'$ について，

$$\angle BAC \cong \angle B'A'C' \overset{\text{def}}{\iff} I(\overrightarrow{AB}, \overrightarrow{AC}) = I(\overrightarrow{A'B'}, \overrightarrow{A'C'})$$

と定める．最後に，公理 C-1 〜 公理 C-6 について考える．

定理 3.12　Π_F は公理 C-1，公理 C-2，公理 C-3，公理 C-4，公理 C-5，公理 C-6 をみたす．

証明　公理 C-4 以外の公理 C-1，公理 C-2，公理 C-3，公理 C-5，公理 C-6 は演習問題 問2とする．

公理 C-4：$A = (a_1, a_2)$，$A' = (a_1', a_2')$，$\overrightarrow{AB} = \binom{\alpha}{\beta}$，$\overrightarrow{A'B'} = \binom{\alpha'}{\beta'}$ とおく．$\|\binom{\alpha}{\beta}\| = \|\binom{\alpha'}{\beta'}\| = 1$ と仮定してよい．$D = (a_1, a_2) + (\beta, -\alpha)$，$D' = (a_1', a_2') + (\beta', -\alpha')$ とおく．このとき，

$$\begin{cases} \langle\overrightarrow{AB}, \overrightarrow{AB}\rangle = \langle\overrightarrow{AD}, \overrightarrow{AD}\rangle = 1, \quad \langle\overrightarrow{AB}, \overrightarrow{AD}\rangle = 0, \\ \langle\overrightarrow{A'B'}, \overrightarrow{A'B'}\rangle = \langle\overrightarrow{A'D'}, \overrightarrow{A'D'}\rangle = 1, \quad \langle\overrightarrow{A'B'}, \overrightarrow{A'D'}\rangle = 0 \end{cases}$$

が成り立つ．$\overrightarrow{AB}$ と $\overrightarrow{AD}$ は1次独立ゆえ，$\overrightarrow{AC} = s\overrightarrow{AB} + t\overrightarrow{AD}$ とおける．ここで，

$$\begin{cases} \langle\overrightarrow{AB}, \overrightarrow{AC}\rangle = s, \\ \langle\overrightarrow{AC}, \overrightarrow{AC}\rangle = s^2 + t^2, \\ \langle\overrightarrow{AB}, \overrightarrow{AB}\rangle = 1 \end{cases}$$

である．$H'(E) = \langle\overrightarrow{A'E}, \overrightarrow{A'D'}\rangle$ は $\overleftrightarrow{A'B'}$ の定義1次式を与える．ここで，

$$\overrightarrow{A'C'} = \begin{cases} s\overrightarrow{A'B'} + |t|\overrightarrow{A'D'} & \text{もし与えられた側が } H' > 0, \\ s\overrightarrow{A'B'} - |t|\overrightarrow{A'D'} & \text{もし与えられた側が } H' < 0 \end{cases}$$

とおくと，

$$H'(C') = \begin{cases} |t| & \text{もし与えられた側が } H' > 0, \\ -|t| & \text{もし与えられた側が } H' < 0 \end{cases}$$

であるので，C' は与えられた側にある．さらに，

$$\begin{cases} \langle \overrightarrow{A'B'}, \overrightarrow{A'C'} \rangle = s, \\ \langle \overrightarrow{A'C'}, \overrightarrow{A'C'} \rangle = s^2 + t^2, \\ \langle \overrightarrow{A'B'}, \overrightarrow{A'B'} \rangle = 1 \end{cases}$$

であるので，

$$I(\angle BAC) = I(\angle B'A'C')$$

である． □

以上のことをまとめると以下の定理になる．

定理 3.13　F はピタゴラス的な順序体とすると，Π_F はヒルベルト平面になる．

以下の命題 3.14，定理 3.15，定理 3.16 は，比較的易しいのですべて演習問題（問 3，問 4，問 5）とする．最初のものは，Π_F における円と円の交差公理と直線と円の交差公理の同値性である．

命題 3.14　Π_F において，次は同値である．

(1) 円と円の交差公理が成り立つ．

(2) 直線と円の交差公理が成り立つ．

(3) F がユークリッド的である（ユークリッド的順序体については定義 A.34 を参照）．

証明　演習問題 問 3 とする． □

次の2つは，アルキメデスの公理，デデキントの公理と順序体 F の性質についての定理である．

定理 3.15　F はピタゴラス的な順序体とする．以下は同値．

(1) Π_F はアルキメデスの公理をみたす．

(2) F はアルキメデス的である（アルキメデス的順序体については定義 A.32 を参照）．

証明　演習問題 問4とする．□

定理 3.16　F はピタゴラス的な順序体とする．以下は同値．

(1) Π_F はデデキントの公理をみたす．

(2) F はデデキント的である（デデキント的順序体については定義 A.32 を参照）．

証明　演習問題 問5とする．□

3.2　平行線の公理を仮定したヒルベルト平面の構造定理

この節では平行線の公理をみたすヒルベルト平面を考える．最終目標は，平行線の公理をみたすヒルベルト平面はピタゴラス的な順序体上のデカルト平面と同型であるという構造定理（定理 3.38）を証明することである．難易度は高いがヒルベルト平面の基本定理である．平行線の公理をみたすヒルベルト平面からいかにして体の構造が導きだされるかは実に面白いところである．本節で用いる方法論は [2] によるところが大きい．

まず，ある条件をもった直角三角形の存在から始めよう．

命題 3.17　**(Hil + Par)**　(1) 与えられた $x, y \in \mathbb{S}$ に対して，$[AB] = x$, $[BC] = y$ となり，$\angle B$ を直角とする直角三角形 $\triangle ABC$ が存在する．さらにその存在は合同類の意味で一意的である．

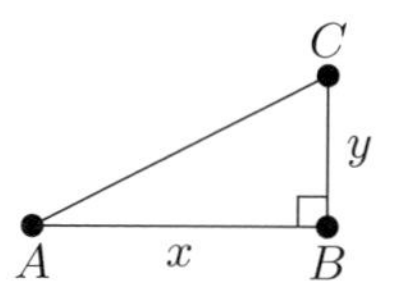

(2) 与えられた $x \in \mathbb{S}$ と $\alpha \in \mathbb{A}$（ただし，$\alpha < \angle\mathrm{R}$）に対して，$[AB] = x$, $[\angle A] = \alpha$ となり，$\angle B$ を直角とする直角三角形 $\triangle ABC$ が存在する．さらにその存在は合同類の意味で一意的である．

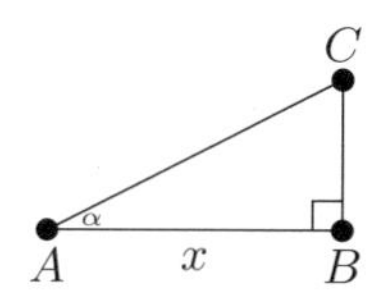

証明　(1) $[AB] = x$ となる線分 AB に対して，B を通り，$\overleftrightarrow{AB}$ と垂直に交わる直線上に $[BC] = y$ となる C をとればよい．一意性は SAS から従う．

(2) $[AB] = x$ となる線分 AB をとる．A を通り $\overleftrightarrow{AB}$ となす角が α となる直線 l を考える．B を通り，$\overleftrightarrow{AB}$ と垂直に交わる直線を m とする．l と m が平行であれば，命題 2.98 により，$\alpha = \angle\mathrm{R}$ となるので，l と m は平行でない．その交点を C とすれば求める三角形が作れる．一意性は ASA から従う．　□

$\mathbb{S}$ の中に 1 つの線分を固定する．それを $\mathbb{1}$ と表す．$x \in \mathbb{S}$ に対して，(1) により，

$$[A_x B_x] = \mathbb{1} \text{ かつ } [B_x C_x] = x \text{ かつ } [\angle B_x] = \angle\mathrm{R}$$

となる直角三角形 $\triangle A_x B_x C_x$ が作れる．

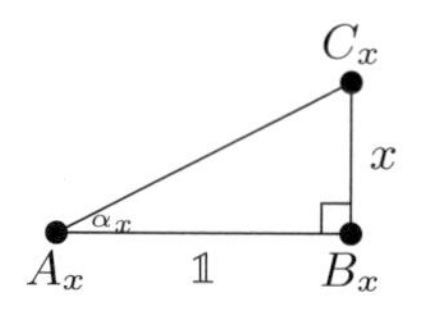

この三角形 $\triangle A_x B_x C_x$ を **x から作られる直角三角形**とよぶ．また，$\angle A_x$ を **x から作られる角**とよび，その合同類を α_x とかく．さらに，$y \in \mathbb{S}$ に対して，(2) により，

$$[\angle D] = \alpha_x \text{ かつ } [DE] = y \text{ かつ } [\angle E] = \angle \mathrm{R}$$

となる直角三角形 $\triangle DEF$ が作れる．感覚的には $\triangle A_x B_x C_x$ を y-倍したものである．

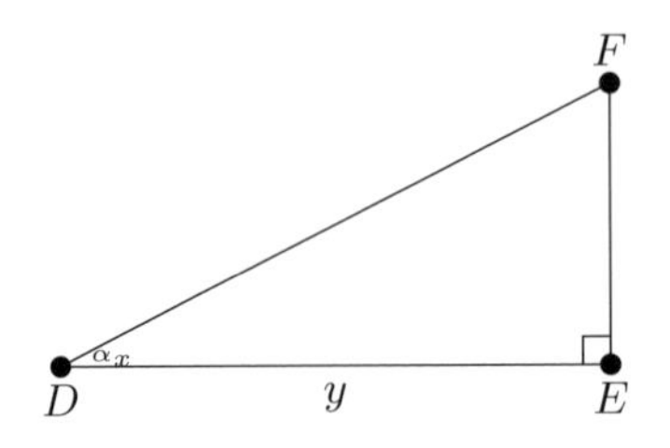

$x \cdot y$ を EF の合同類として定義したい．この定義の妥当性は，命題 3.17 による $\triangle A_x B_x C_x$ と $\triangle DEF$ の合同類の意味での一意性から保証されている．

さらに，

$$\mathbb{0} \cdot x = x \cdot \mathbb{0} = \mathbb{0}$$

と定める．$\mathbb{0}$ から作られる直角三角形（三角形でないが）を $\mathbb{1}$ を表す線分だと理解すると，それは x-倍しても線分なので，$\mathbb{0} \cdot x = \mathbb{0}$ は自然である．また，$\triangle DEF$ で $y = \mathbb{0}$ の場合は $D = E = F$ であると理解すると，$x \cdot \mathbb{0} = \mathbb{0}$ も自然である．

以上のように定義された積は自然な性質をもっていることを示そう．鍵になるのは円周角の定理とその逆である．

定理 3.18（Hil + Par） 次の性質をみたす．

(1) $x \cdot \mathbb{1} = x \quad (\forall x \in \overline{\mathbb{S}})$.

(2) $x \cdot y = y \cdot x \quad (\forall x, y \in \overline{\mathbb{S}})$.

(3) $x \cdot (y \cdot z) = (x \cdot y) \cdot z \quad (\forall x, y, z \in \overline{\mathbb{S}})$.

(4) 任意の $x \in \mathbb{S}$ に対して，$y \in \mathbb{S}$ が一意的に存在して $x \cdot y = \mathbb{1}$ となる．

(5) $x \cdot (y + z) = x \cdot y + x \cdot z \quad (\forall x, y, z \in \overline{\mathbb{S}})$.

(6) $x, y \in \overline{\mathbb{S}}$ ならば $x + y, x \cdot y \in \overline{\mathbb{S}}$.

証明　(6) は自明である．(1), (2), (3), (4), (5) を証明するためには，$x, y, z \in \mathbb{S}$ と仮定してよいことから見る．つまり，$x = \mathbb{0}$ または $y = \mathbb{0}$ または $z = \mathbb{0}$ のとき，(1), (2), (3), (4), (5) が成り立つことを調べよう．(1) と (2) は自明である．(3) も容易である．(5) については，$x = \mathbb{0}$ のときは明らかである．$y = \mathbb{0}$ の場合は，両辺ともに $x \cdot z$ である．さらに，$z = \mathbb{0}$ の場合は，両辺ともに $x \cdot y$ である．以上より，$x, y, z \in \mathbb{S}$ と仮定して (1), (2), (3), (4), (5) の証明を進める．

x, y, z から作られる直角三角形を

$$\triangle A_x B_x C_x,\ \triangle A_y B_y C_y,\ \triangle A_z B_z C_z$$

とし，x, y, z から作られる角の合同類を α, β, γ とする．

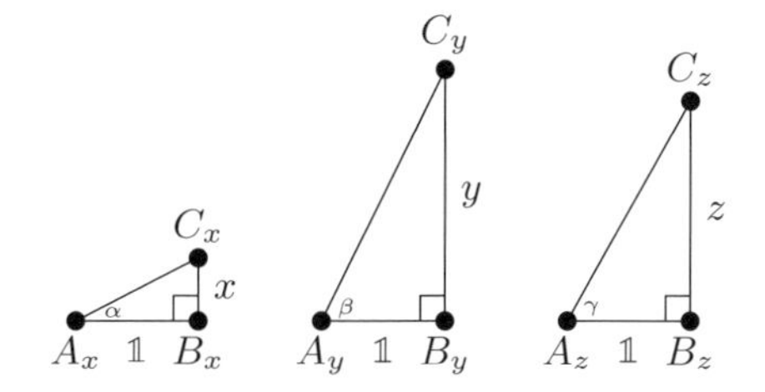

(1) ここで，

$$[\angle D] = \alpha \text{ かつ } [DE] = \mathbb{1} \text{ かつ } [\angle E] = \angle \mathrm{R}$$

をみたす直角三角形 $\triangle DEF$ を考える．ASA より，$\triangle A_x B_x C_x \cong \triangle DEF$ であるので，

$$x = [B_x C_x] = [EF] = x \cdot \mathbb{1}$$

である．

(2) $A = A_x$, $B = B_x$, $C = C_x$ とおく．$\overleftrightarrow{BC}$ 上に $\overrightarrow{BC}$ とは反対方向に $[BD] = y$ となる D をとる．角 α を，直線 $\overleftrightarrow{CD}$ に関して A とは反対側に移し，α を作る 2 つの半直線のうち，$\overrightarrow{DC}$ でないもう 1 つの半直線と直線 $\overleftrightarrow{AB}$ との交点を E とする．交わりが存在することは $\alpha < \angle \mathrm{R}$ より従う．

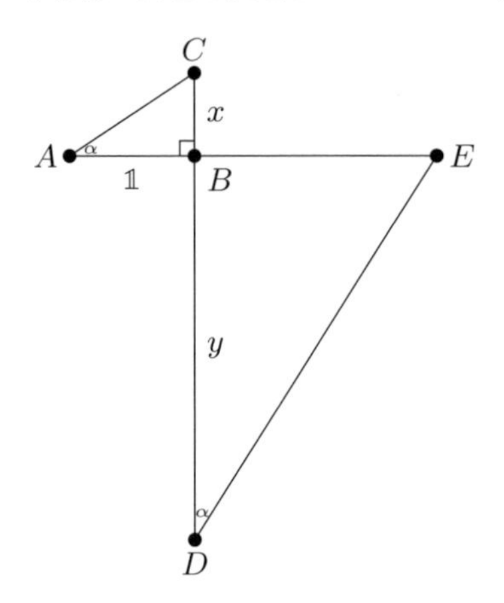

このとき，$\angle CAE \cong \angle CDE$ である．さらに，A と B は $\overleftrightarrow{CE}$ について同じ側にあり，D と B も $\overleftrightarrow{CE}$ について同じ側にあるので，A と D は $\overleftrightarrow{CE}$ について同じ側にある．よって，円周角の定理の逆（定理 2.106）より，A, D, E, C は円周上にある．一方，$[\angle BAD] = \beta$ である．円周角の定理（定理 2.104）より，$[\angle ECB] = \beta$ である．

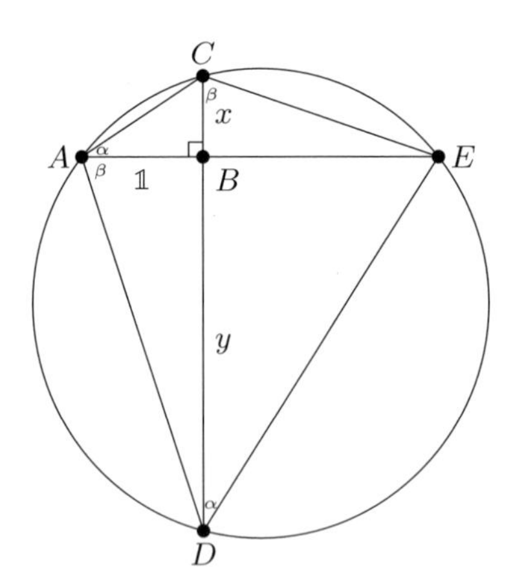

$\triangle DBE$ に注目すると $[BE] = x \cdot y$ を示し，$\triangle CBE$ に注目すると $[BE] = y \cdot x$ を示す．よって，$x \cdot y = y \cdot x$ である．

(3) 直角三角形 $\triangle ABC$ を

$$[\angle A] = \alpha \text{ かつ } [AB] = y \text{ かつ } [\angle B] = \angle \mathrm{R}$$

をみたすものとする．このとき，$[BC] = x \cdot y$ である．

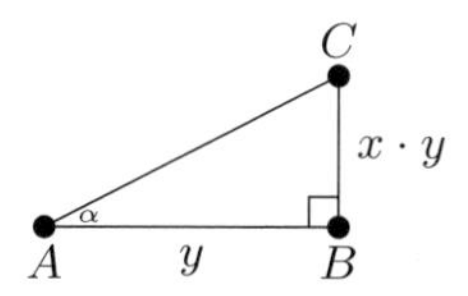

直線 $\overleftrightarrow{BC}$ 上の半直線 $\overrightarrow{BC}$ とは反対方向に，$[\angle BAD] = \gamma$ となるように D をとる．このとき，$[BD] = z \cdot y$ である．直線 $\overleftrightarrow{BA}$ 上の半直線 $\overrightarrow{BA}$ とは反対方向に，$[\angle BDE] = \alpha$ となるように E をとる．このとき，$[BE] = x \cdot (z \cdot y)$ である．

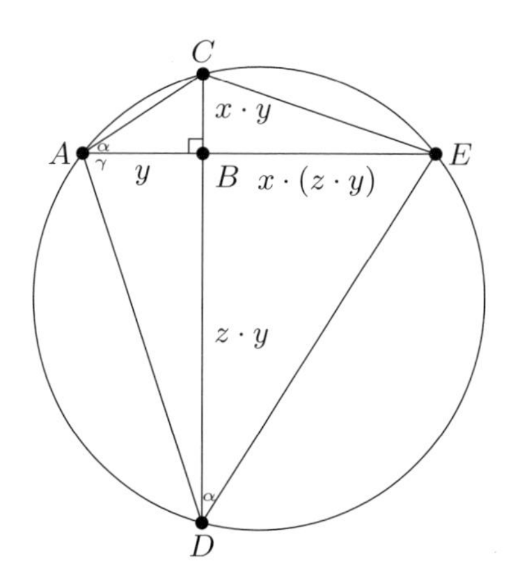

$\angle CAE \cong \angle CDE$ であるので, 前と同様にして, 円周角の定理の逆 (定理 2.106) により，A, D, E, C は円周上にある．ゆえに，円周角の定理（定理 2.104）より，$[\angle ECB] = \gamma$ である．よって，$\triangle CBE$ に注目すると，$[BE] = z \cdot (x \cdot y)$ である．ゆえに，

$$x \cdot (z \cdot y) = z \cdot (x \cdot y)$$

であるので，(2) を用いると $x \cdot (y \cdot z) = (x \cdot y) \cdot z$ を得る．

(4) $A = A_x$, $B = B_x$, $C = C_x$ とする．$\delta = [\angle C]$ とおく．ここで，

$$[DE] = \mathbb{1} \text{ かつ } [\angle D] = \delta \text{ かつ } [\angle E] = \angle \mathrm{R}$$

となる直角三角形 $\triangle DEF$ を作る．$w = [EF]$ とおく．

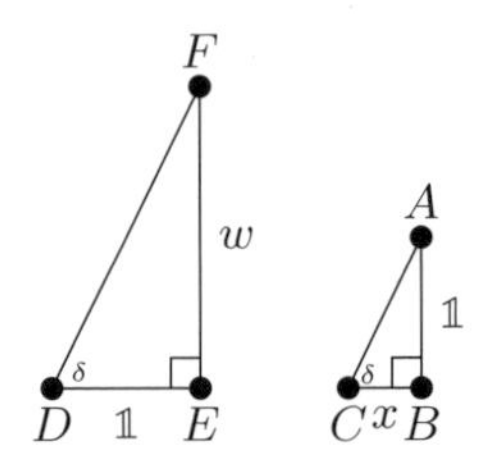

これは，$w \cdot x = \mathbb{1}$ を示す．

次に $x \cdot y = \mathbb{1}$ となる y の一意性について考える．$x \cdot y = x \cdot y' = \mathbb{1}$ となる $y, y' \in \mathbb{S}$ が存在したと仮定する．このとき，(1), (2), (3) を用いて，

$$y' = y' \cdot \mathbb{1} = y' \cdot (x \cdot y) = (y' \cdot x) \cdot y = (x \cdot y') \cdot y = \mathbb{1} \cdot y = y \cdot \mathbb{1} = y$$

となる．

(5) まず，

$$[\angle A] = \alpha \text{ かつ } [AB] = y \text{ かつ } [\angle B] = \angle \mathrm{R}$$

となる $\triangle ABC$ をとる．$[BC] = x \cdot y$ である．

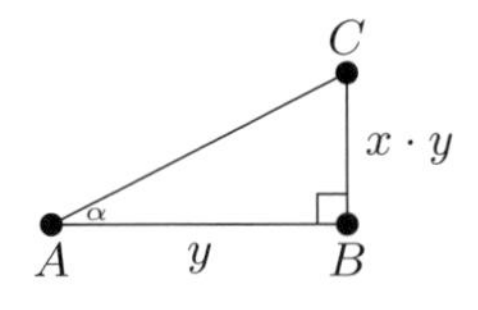

$\overleftrightarrow{AB}$ 上に $\overrightarrow{BA}$ とは反対方向に $[BD] = z$ となるように D をとる．D を通り $\overleftrightarrow{AB}$ と垂直に交わる直線と $\overleftrightarrow{AC}$ との交点を E とする．$[AD] = y + z$ であるので，

$$[DE] = x \cdot (y + z)$$

である．

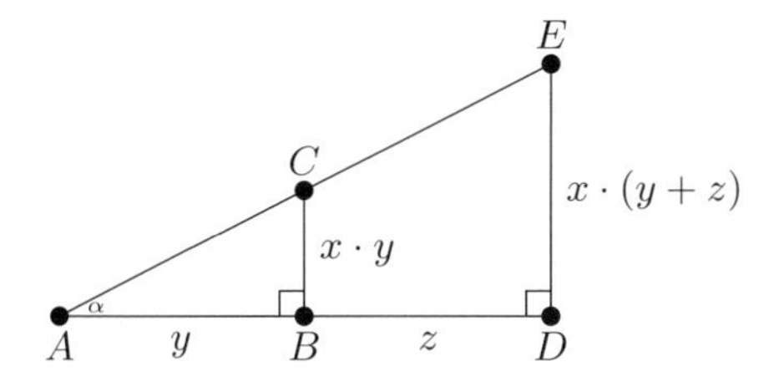

C から $\overleftrightarrow{DE}$ に下ろした垂線の足を F とする．系 2.62 より，$D*F*E$ である．

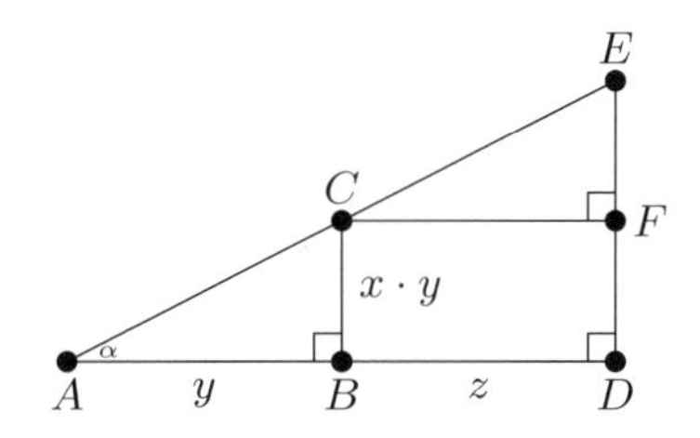

$\triangle CFD$ と $\triangle DBC$ を考える．まず $CD\cong DC$ である．錯角の定理（命題 2.98）を用いて，$\angle FCD\cong\angle BDC$ かつ $\angle FDC\cong\angle BCD$ であるので，ASA より，$\triangle CFD\cong\triangle DBC$ となる．ゆえに，$[DF]=x\cdot y$ かつ $[CF]=z$ となる．さらに，$[\angle ECF]=\alpha$ であるので，$[FE]=x\cdot z$ となる．

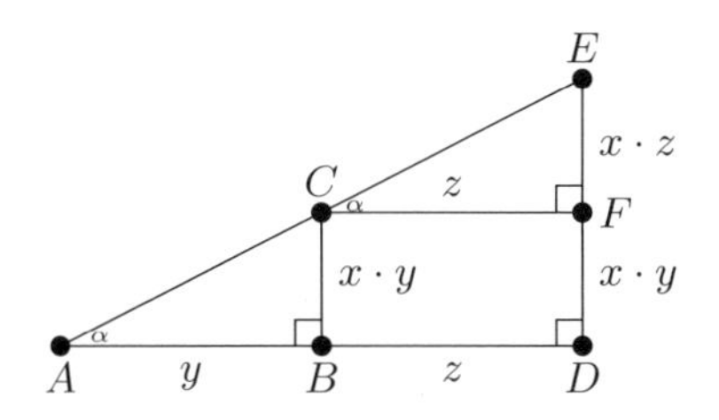

よって，$[DE]=x\cdot y+x\cdot z$ となる．したがって，$x\cdot(y+z)=x\cdot y+x\cdot z$ である．□

定義 3.19　$x\in\mathbb{S}$ に対して，$x\cdot y=\mathbb{1}$ となる $y\in\mathbb{S}$ を x の逆元といい，x^{-1} とかく．さらに，$a\in\overline{\mathbb{S}}$ と $b\in\mathbb{S}$ に対して，$a\cdot b^{-1}$ を a/b または $\dfrac{a}{b}$ とかく．

積について簡単な性質をみてみよう．

命題 3.20（**Hil + Par**）(1) $x, x', y, y' \in \overline{\mathbb{S}}$ について，$x < x'$ かつ $y < y'$ ならば $x \cdot y < x' \cdot y'$ である．

(2) $x, y \in \overline{\mathbb{S}}$ について，「$x = y$」 $\Longleftrightarrow$ 「$x^2 = y^2$」ただし，$x^2 := x \cdot x$.

証明　(1) $x' = x + a$, $y' = y + b$ となる $a, b \in \mathbb{S}$ が存在する．このとき，定理 3.18 を用いて，$x' \cdot y' = x \cdot y + (a \cdot b + a \cdot y + b \cdot x)$ であり，$a \cdot b + a \cdot y + b \cdot x \in \mathbb{S}$ であるので，$x \cdot y < x' \cdot y'$ である．

(2) "$\Longrightarrow$" は自明である．"$\Longleftarrow$" について，$x \neq y$ と仮定する．このとき，$x < y$ または $x > y$ である．$x < y$ と仮定しても一般性を失わない．よって，(1) より，$x^2 < y^2$ となり，矛盾する．　□

三角形の相似について考えよう．

定義 3.21（**Hil + Par**）$\triangle ABC$ と $\triangle A'B'C'$ が**相似**であるとは

$$\begin{cases} \angle A \cong \angle A',\ \angle B \cong \angle B',\ \angle C \cong \angle C' \\ \dfrac{[AB]}{[A'B']} = \dfrac{[BC]}{[B'C']} = \dfrac{[CA]}{[C'A']} \end{cases}$$

が成り立つときにいう．

以下では，3つの三角形の相似判定法 SimAAA, SimSSS, SimSAS を考えよう．

命題 3.22（**Hil + Par, SimAAA**）$\triangle ABC$ と $\triangle A'B'C'$ を考える．

$$\angle A \cong \angle A',\ \angle B \cong \angle B',\ \angle C \cong \angle C'$$

ならば $\triangle ABC$ と $\triangle A'B'C'$ は相似になる．

証明　$\triangle ABC, \triangle A'B'C'$ の内心を I, I' とする（存在については命題 2.102 を参照）．I から BC, CA, AB へ下ろした垂線の足をそれぞれ D, E, F，同様に，I' から $B'C', C'A', A'B'$ へ下ろした垂線の足をそれぞれ D', E', F' とする．命題 2.102 により，

$$ID \cong IE \cong IF, \quad I'D' \cong I'E' \cong I'F'$$

である．$h := [ID]$, $h' := [I'D']$ とおく．さらに，$\alpha := [(\angle A)/2]$, $\beta := [(\angle B)/2]$, $\gamma := [(\angle C)/2]$ とおく．条件から，

$$\alpha = [(\angle A')/2], \quad \beta = [(\angle B')/2], \quad \gamma = [(\angle C')/2]$$

である．SAS により，$\triangle AEI \cong \triangle AFI$ であるので，

$$AE \cong AF$$

である．同様に $BF \cong BD$, $CD \cong CE$ である．そこで $x := [AE]$, $y := [BF]$, $z := [CD]$ とおくと，

$$\begin{cases} x = [AE] = [AF], \\ y = [BF] = [BD], \\ z = [CD] = [CE], \\ [AB] = x + y,\ [BC] = y + z,\ [CA] = z + x \end{cases}$$

である．

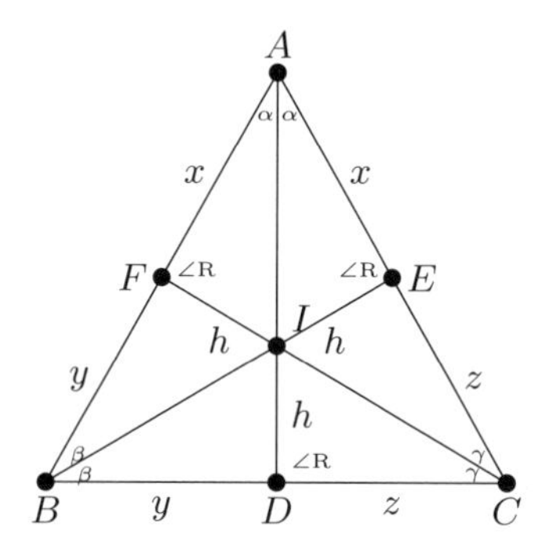

同様に，$x' := [A'E']$, $y' := [B'F']$, $z' := [C'D']$ とおくと，

$$\begin{cases} x' = [A'E'] = [A'F'], \\ y' = [B'F'] = [B'D'], \\ z' = [C'D'] = [C'E'], \\ [A'B'] = x' + y',\ [B'C'] = y' + z',\ [C'A'] = z' + x' \end{cases}$$

である．

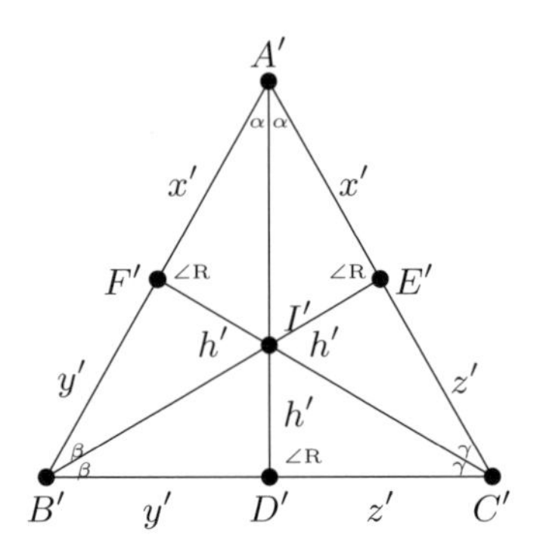

下図のような直角三角形を考える．

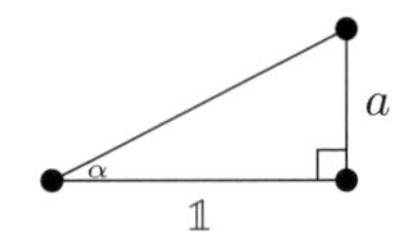

このとき，$h = ax$ である．同様に，$h' = ax'$ となるので，$x'/x = h'/h$ となる．同様にして，$y'/y = h'/h$, $z'/z = h'/h$ である．したがって，$h'/h = \lambda$ とおくと，

$$x' = \lambda x,\ y' = \lambda y,\ z' = \lambda z$$

となる．ゆえに，

$$\begin{cases} [A'B'] = x' + y' = \lambda(x+y) = \lambda[AB], \\ [B'C'] = y' + z' = \lambda(y+z) = \lambda[BC], \\ [C'A'] = z' + x' = \lambda(z+x) = \lambda[CA] \end{cases}$$

であるので

$$\frac{[AB]}{[A'B']} = \frac{[BC]}{[B'C']} = \frac{[CA]}{[C'A']}$$

となる． □

命題 3.23 **(Hil + Par, SimSSS)** $\triangle ABC$ と $\triangle A'B'C'$ を考える．

$$\frac{[AB]}{[A'B']} = \frac{[BC]}{[B'C']} = \frac{[CA]}{[C'A']}$$

ならば $\triangle ABC$ と $\triangle A'B'C'$ は相似になる.

証明 $[AB] = [A'B']$ ならば, $[BC] = [B'C']$ かつ $[CA] = [C'A']$ となるので, SSS より $\triangle ABC \cong \triangle A'B'C'$ となり, 特に, 相似である. よって, $AB < A'B'$ または $AB > A'B'$ であるが, $AB < A'B'$ と仮定しても一般性を失わない. そこで, $A' * D * B'$ かつ $A'D \cong AB$ となる D をとり, D を通り, $\overleftrightarrow{B'C'}$ と平行な直線 l を考える. パッシュの定理 (定理 2.22) より, l は $A'C'$ または $B'C'$ と交わるが, l が $\overleftrightarrow{B'C'}$ と平行であることより, l は $A'C'$ と交わる. 交点を E とする. $E \neq C'$ であるので, $A' * E * C'$ である.

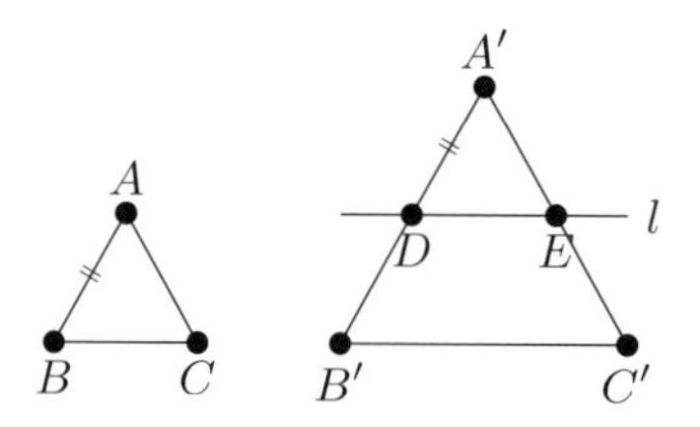

命題 2.98 より, $\triangle A'B'C'$ と $\triangle A'DE$ の対応する角は等しい. よって, 命題 3.22 により, $\triangle A'B'C'$ と $\triangle A'DE$ は相似である. ゆえに,

$$\frac{[A'B']}{[A'D]} = \frac{[B'C']}{[DE]} = \frac{[C'A']}{[EA']}$$

である. したがって, 仮定 $[AB]/[A'B'] = [BC]/[B'C'] = [CA]/[C'A']$ を用いて,

$$\frac{[AB]}{[A'B']} \cdot \frac{[A'B']}{[A'D]} = \frac{[BC]}{[B'C']} \cdot \frac{[B'C']}{[DE]} = \frac{[CA]}{[C'A']} \cdot \frac{[C'A']}{[EA']}$$

つまり,

$$\frac{[AB]}{[A'D]} = \frac{[BC]}{[DE]} = \frac{[CA]}{[EA']}$$

である. ここで, $[AB] = [A'D]$ であるので, $[BC] = [DE]$ かつ $[CA] = [EA']$ を得るので, SSS により, $\triangle ABC \cong \triangle A'DE$ となる. よって, $\triangle ABC$ と $\triangle A'B'C'$ の対応する角は合同になるので, 命題 3.22 により, $\triangle ABC$ と $\triangle A'B'C'$ は相似になる. □

命題 3.24 **(Hil + Par, SimSAS)** $\triangle ABC$ と $\triangle A'B'C'$ を考える. $\dfrac{[AB]}{[A'B']}$

$= \dfrac{[AC]}{[A'C']}$ かつ $\angle BAC \cong \angle B'A'C'$ なら $\triangle ABC$ と $\triangle A'B'C'$ は相似になる.

証明　演習問題 問10とする. □

応用として, いわゆるピタゴラスの定理を証明する.

定理 3.25（**Hil + Par, ピタゴラスの定理**）　$\triangle ABC$ は角 B が直角の直角三角形とする. このとき $[AC]^2 = [AB]^2 + [BC]^2$ である.

証明　$z := [AC], y := [AB], x := [BC]$ とおく. $\alpha := [\angle A], \beta := [\angle C]$ とおく. B から $\overleftrightarrow{AC}$ に下ろした垂線の足を H とする. 系 2.62 より, $A * H * C$ である. $[\angle CBH] = \alpha, [\angle ABH] = \beta$ である. また, $z' := [AH], z'' := [HC]$ とおく. $z = z' + z''$ である.

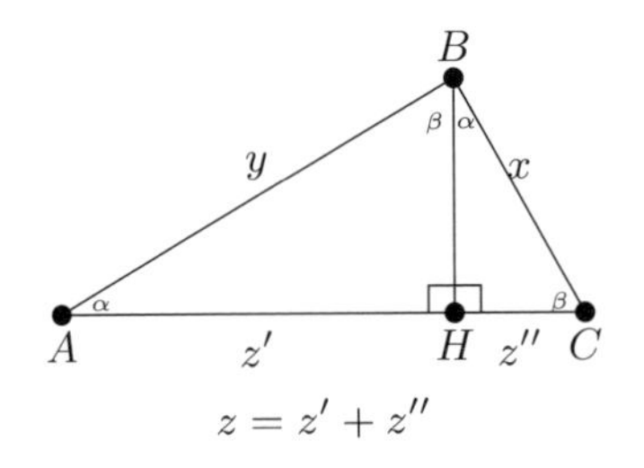

対応する角が合同であるので, 命題 3.22 より, $\triangle ABC, \triangle AHB, \triangle BHC$ は相似である. ゆえに

$$\frac{[AB]}{[AC]} = \frac{[AH]}{[AB]}, \quad \frac{[CB]}{[CA]} = \frac{[CH]}{[CB]}$$

つまり,

$$\frac{y}{z} = \frac{z'}{y}, \quad \frac{x}{z} = \frac{z''}{x}$$

となる. ゆえに, $y^2 = z'z$ かつ $x^2 = z''z$ である. よって,

$$x^2 + y^2 = z'' \cdot z + z' \cdot z = (z' + z'') \cdot z = z^2$$

となり, 示された. □

別の基準とする線分を選んだ場合, 積がどのように変わるか調べよう.

命題 3.26（**Hil + Par**）　別の $\mathbb{1}' \in \mathbb{S}$ を固定して, 積 $\cdot'$ を構成すると,

$$x \cdot' y = \frac{x \cdot y}{\mathbb{1}'} \quad (\forall x, y \in \overline{\mathbb{S}})$$

となる．さらに，$\iota \colon \overline{\mathbb{S}} \to \overline{\mathbb{S}}$ を $\iota(x) = \mathbb{1}' \cdot x$ で定義すると，

$$\begin{cases} \iota(x+y) = \iota(x) + \iota(y), \\ \iota(x \cdot y) = \iota(x) \cdot' \iota(y), \\ x < y \quad \Longrightarrow \quad \iota(x) < \iota(y) \end{cases}$$

が成立する．

証明　$x = \mathbb{0}$ または $y = \mathbb{0}$ の場合は自明である．そこで，$x, y \in \mathbb{S}$ と仮定する．

$$[AB] = \mathbb{1}' \text{ かつ } [BC] = x \text{ かつ } [\angle B] = \angle \mathrm{R}$$

となる直角三角形 $\triangle ABC$ を作り，$\alpha = [\angle A]$ をおく．さらに，

$$[\angle D] = \alpha \text{ かつ } [DE] = y \text{ かつ } [\angle E] = \angle \mathrm{R}$$

となる直角三角形 $\triangle DEF$ を作る．

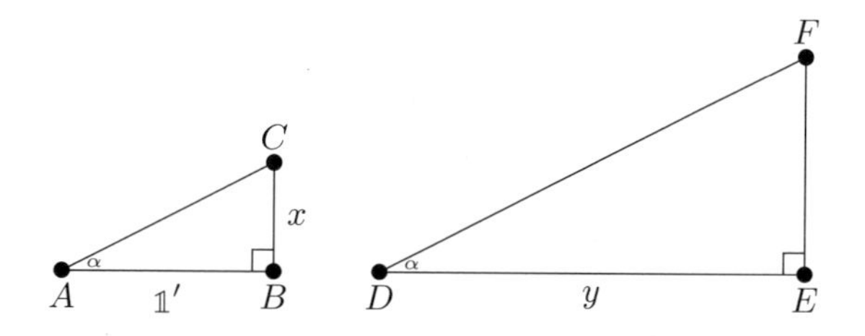

このとき，$[EF] = x \cdot' y$ である．ここで，

$$[A'B'] = \mathbb{1} \text{ かつ } [B'C'] = x/\mathbb{1}' \text{ かつ } [\angle B'] = \angle \mathrm{R}$$

となる直角三角形 $\triangle A'B'C'$ を考える．

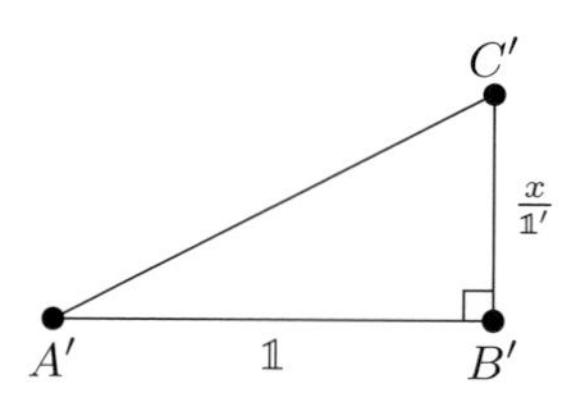

このとき，

$$[A'B'] = [AB] \cdot \frac{\mathbb{1}}{\mathbb{1}'}, \quad [B'C'] = [BC] \cdot \frac{\mathbb{1}}{\mathbb{1}'}$$

となる．ピタゴラスの定理（定理 3.25）より，

$$[A'C']^2 = [A'B']^2 + [B'C']^2 = \left(\frac{\mathbb{1}}{\mathbb{1}'}\right)^2 ([AB]^2 + [BC]^2) = \left(\frac{\mathbb{1}}{\mathbb{1}'}\right)^2 [AC]^2$$

となるので，命題 3.20 を用いて，

$$[A'C'] = \frac{\mathbb{1}}{\mathbb{1}'}[AC]$$

を得る．よって，命題 3.23 より，$\triangle ABC$ は $\triangle A'B'C'$ は相似である．特に，$[\angle A'] = \alpha$ である．これは，$[EF] = (x/\mathbb{1}') \cdot y$ を意味する．よって，結論を得る．

後半を示す．1 番目の等式と 3 番目の不等式は自明である．また，

$$\iota(x \cdot y) = \mathbb{1}' \cdot (x \cdot y) = \frac{(\mathbb{1}' \cdot x) \cdot (\mathbb{1}' \cdot y)}{\mathbb{1}'} = \frac{\iota(x) \cdot \iota(y)}{\mathbb{1}'} = \iota(x) \cdot' \iota(y)$$

となる．□

$\overline{\mathbb{S}}$ の和，積，順序の構造が，順序体に拡張することを示そう．

定理 3.27 **(Hil + Par)**　次をみたす順序体 $(\mathbb{F}, \leqq)$ と単射写像 $\varphi\colon \overline{\mathbb{S}} \to \mathbb{F}$ が存在する．

(1) $\varphi(x + y) = \varphi(x) + \varphi(y) \quad (\forall x, y \in \overline{\mathbb{S}})$.

(2) $\varphi(x \cdot y) = \varphi(x) \cdot \varphi(y) \quad (\forall x, y \in \overline{\mathbb{S}})$.

(3) $x < y \implies \varphi(x) < \varphi(y) \quad (\forall x, y \in \overline{\mathbb{S}})$.

(4) $\varphi(\overline{\mathbb{S}}) = \{\alpha \in F \mid \alpha \geqq 0\}$.

さらに順序体 $(\mathbb{F}, \leqq)$ はピタゴラス的である．

証明　(1), (2), (3), (4) は，定理 A.19，系 A.30，系 A.21 の結論である．最後の主張は演習問題 問 6 とする．□

命題 3.28 **(Hil + Par)**　別の $\mathbb{1}' \in \mathbb{S}$ を固定してできる順序体 $\mathbb{F}'$ は $\mathbb{F}$ と順序体として同型である．

証明　前の定理 3.27 の構成方法を詳しく見ると，$\mathbb{F}$ を作るためには，$\mathbb{S}$ の和構造のみを利用している．したがって，自然に和に関するアーベル群として，$\mathbb{F} = \mathbb{F}'$ である．順序については $\mathbb{S}$ を利用しているので，同じものである．異なるものは積構造である．任意の $x \in \mathbb{F}$ の元は $x = x' - x''$ $(x', x'' \in \overline{\mathbb{S}})$ と表せるので，命題 3.26 にある式

$$x \cdot' y = \frac{x \cdot y}{\mathbb{1}'}$$

は任意の $x, y \in \mathbb{F}$ で成り立つ．よって，$\iota\colon \mathbb{F} \to \mathbb{F}$ を

$$\iota(x) = \mathbb{1}' \cdot x$$

で定義すると，

$$\begin{cases} \iota(x+y) = \iota(x) + \iota(y), \\ \iota(x \cdot y) = \iota(x) \cdot' \iota(y), \\ x < y \quad \Longrightarrow \quad \iota(x) < \iota(y) \end{cases}$$

が成立する．したがって，$\mathbb{F}$ と $\mathbb{F}'$ は順序体として同型になる．　□

注意 3.29　3.1 節にあるように，Π_F をピタゴラス的順序体 F 上に定義されたデカルト平面とすると，x-軸を考えることで，Π_F が作る体 $\mathbb{F}$ は F に同型であることが容易にわかる．

定義 3.30　**(Hil + Par)**　今後は $\mathbb{1}$ を固定し，$\varphi\colon \overline{\mathbb{S}} \to \mathbb{F}$ を包含写像であると理解する．

$$\begin{cases} \mathbb{F}_{>0} := \{x \in \mathbb{F} \mid x > 0\}, \\ \mathbb{F}_{\geqq 0} := \{x \in \mathbb{F} \mid x \geqq 0\}, \\ \mathbb{F}_{<0} := \{x \in \mathbb{F} \mid x < 0\} \end{cases}$$

と定める．このとき，自然に $\mathbb{S} = \mathbb{F}_{>0}, \overline{\mathbb{S}} = \mathbb{F}_{\geqq 0}$ である．

$\mathbb{F}$ の負の元の幾何学的な取り扱いを考えよう．アイデアは反対方向の半直線を考えることである．

命題 3.31　**(Hil + Par)**　直線 l 上に点 O と l 上の O を始点とする半直線 r を固定する．r とは反対向きの半直線を r' とする．

$l_{\geqq 0} := r, l_{<0} := r' \setminus \{O\}$ とおくと，$l = l_{\geqq 0} \cup l_{<0}$ で，$l_{\geqq 0} \cap l_{<0} = \emptyset$ である．そこで，写像 $\xi\colon l \to \mathbb{F}$ を

$$\xi(A) = \begin{cases} [OA] & \text{もし } A \in l_{\geqq 0}, \\ -[OA] & \text{もし } A \in l_{<0} \end{cases}$$

と定めると ξ は全単射である．さらに，以下が成立する．

(1) $A, B \in l$ に対して，$[AB] = |\xi(A) - \xi(B)|$ が成り立つ．

(2) 異なる l 上の 3 点 A, B, C について，次は同値である．

(2-1) $A * B * C$.

(2-2) $\xi(A) < \xi(B) < \xi(C)$ または $\xi(C) < \xi(B) < \xi(A)$ が成立する．

(2-3) $0 < \dfrac{\xi(B) - \xi(A)}{\xi(C) - \xi(A)} < 1$ かつ $0 < \dfrac{\xi(B) - \xi(C)}{\xi(A) - \xi(C)} < 1$.

証明　$l = l_{\geqq 0} \cup l_{<0}$ および $l_{\geqq 0} \cap l_{<0} = \emptyset$ は自明である．

ξ の単射性から考える．$\xi(A) = \xi(A')$ と仮定する．$\xi(A) = \xi(A') \geqq 0$ とすると，$A, A' \in l_{\geqq 0}$ かつ $[OA] = [OA']$ であるので，$A = A'$ を得る．$\xi(A) = \xi(A') < 0$ とすると，$A, A' \in l_{<0}$ かつ $[OA] = [OA']$ であるので，$A = A'$ を得る．

次に ξ の全射性を考える．$x \in \mathbb{F}$ とする．このとき，$x \geqq 0$ または $x < 0$ である．

$x \geqq 0$ の場合，$[OA] = x$ となる $A \in l_{\geqq 0}$ をとることができる．つまり $\xi(A) = x$.

$x < 0$ の場合，$[OA'] = -x$ となる $A' \in l_{<0}$ をとることができる．このとき，

$$\xi(A') = -[OA'] = -(-x) = x$$

となる．

(1) $A = O$ または $B = O$ なら，定義から明らかである．また $A = B$ のときも自明である．したがって，O, A, B は異なる 3 点と仮定してよい．公理 B-3 より，$A * O * B$ または $O * A * B$ または $O * B * A$ の 3 つの場合が考えられる．$O * A * B$ と $O * B * A$ は同様であるので，$A * O * B$ または $O * A * B$ の 2 つの場合を考えればよい．

$A * O * B$ の場合：

B　O　A　　　　A　O　B

$A \in l_{\geqq 0}$ であるなら $B \in l_{<0}$ である．よって，

$$\left|\xi(A) - \xi(B)\right| = \left|[OA] - (-[OB])\right| = [BO] + [OA] = [AB]$$

となり成立する．$A \in l_{<0}$ であるなら $B \in l_{\geqq 0}$ である．よって，

$$\left|\xi(A) - \xi(B)\right| = \left|-[OA] - [OB]\right| = [AO] + [OB] = [AB]$$

となり成立する．

$O * A * B$ の場合：

$A \in l_{\geqq 0}$ であるとき，$0 \leqq \xi(A) < \xi(B)$ であるので，

$$\left|\xi(A) - \xi(B)\right| = \left|[OA] - [OB]\right| = [OB] - [OA] = [AB]$$

である．さらに，$A \in l_{<0}$ であるとき，$\xi(B) < \xi(A) < 0$ であるので，

$$\left|\xi(A) - \xi(B)\right| = \left|-[OA] - (-[OB])\right| = [OB] - [OA] = [AB]$$

である．

(2) (2-1) $\Longrightarrow$ (2-2)：$A \neq C$ であるので，$\xi(A) < \xi(C)$ または $\xi(C) < \xi(A)$ である．

$\xi(A) < \xi(C)$ の場合：次の 3 種類のケースが考えられる：

$$\begin{cases} \text{(i) } \xi(B) < \xi(A) < \xi(C), \\ \text{(ii) } \xi(A) < \xi(B) < \xi(C), \\ \text{(iii) } \xi(A) < \xi(C) < \xi(B). \end{cases}$$

(i) を仮定する．$A * B * C$ であるので，

$$[AB] + [BC] = [AC]$$

となる．これは，(1) を用いると，

$$\bigl(\xi(A) - \xi(B)\bigr) + \bigl(\xi(C) - \xi(B)\bigr) = \xi(C) - \xi(A)$$

を意味する．したがって，$\xi(A) = \xi(B)$ となり，矛盾する．

(iii) を仮定する．$[AB] + [BC] = [AC]$ は，(1) より，

$$\bigl(\xi(B) - \xi(A)\bigr) + \bigl(\xi(B) - \xi(C)\bigr) = \xi(C) - \xi(A)$$

を得る．$\xi(B) = \xi(C)$ となるので矛盾である．以上より，(ii) の場合がおこる．

$\xi(C) < \xi(A)$ の場合も同様である．

(2-2) $\Longrightarrow$ (2-3)：もし $\xi(A) < \xi(B) < \xi(C)$ ならば，$0 < \xi(B) - \xi(A) < \xi(C) - \xi(A)$ であるので

$$0 < \frac{\xi(B) - \xi(A)}{\xi(C) - \xi(A)} < 1$$

を得る．さらに，もし $\xi(C) < \xi(B) < \xi(A)$ ならば，$0 < \xi(A) - \xi(B) < \xi(A) - \xi(C)$ であるので，

$$0 < \frac{\xi(A) - \xi(B)}{\xi(A) - \xi(C)} < 1$$

となり，

$$\frac{\xi(A) - \xi(B)}{\xi(A) - \xi(C)} = \frac{\xi(B) - \xi(A)}{\xi(C) - \xi(A)}$$

であるので結論を得る．もう1つの不等式は

$$\frac{\xi(B) - \xi(A)}{\xi(C) - \xi(A)} + \frac{\xi(B) - \xi(C)}{\xi(A) - \xi(C)} = 1$$

から従う．

(2-3) $\Longrightarrow$ (2-1)：もし $B*A*C$ なら，「(2-1) $\Longrightarrow$ (2-2)」が成り立つことがわかっているので，

$$\xi(B)<\xi(A)<\xi(C) \text{ または } \xi(C)<\xi(A)<\xi(B)$$

である．$\xi(B)<\xi(A)<\xi(C)$ の場合，$\xi(B)-\xi(A)<0$ かつ $\xi(C)-\xi(A)>0$ であるので矛盾する．$\xi(C)<\xi(A)<\xi(B)$ の場合，$\xi(B)-\xi(A)>0$ かつ $\xi(C)-\xi(A)<0$ であるので矛盾する．

もし $A*C*B$ なら，同様にして，

$$\xi(A)<\xi(C)<\xi(B) \text{ または } \xi(B)<\xi(C)<\xi(A)$$

である．

$$0<\frac{\xi(B)-\xi(C)}{\xi(A)-\xi(C)}<1$$

であるので，$\xi(A)<\xi(C)<\xi(B)$ の場合，$\xi(B)-\xi(C)>0$ かつ $\xi(A)-\xi(C)<0$ となり矛盾する．$\xi(B)<\xi(C)<\xi(A)$ の場合，$\xi(B)-\xi(C)<0$ かつ $\xi(A)-\xi(C)>0$ となり矛盾する．

以上より，$A*B*C$ である．□

定義 3.32 **(Hil + Par)**　l は直線とする．点 A に対して，A を通り l と垂直に交わる直線と l との交点を $p_l(A)$ とかき，A の l への**直交射影**とよぶ．

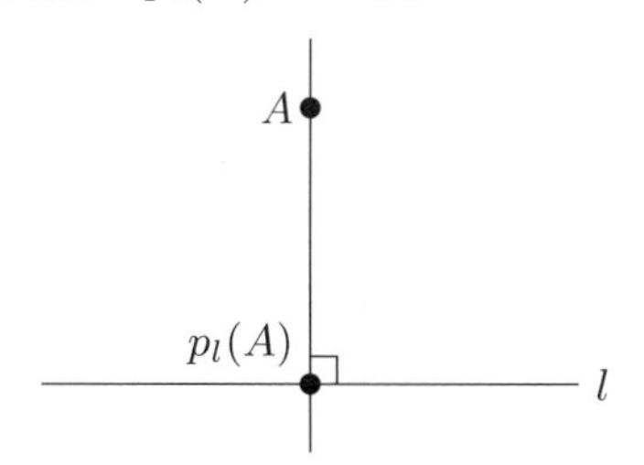

座標系を導入するための基本事実を考えよう．

命題 3.33 **(Hil + Par)**　m は l と異なる直線とする．

(1) m が l と垂直に交わるとし，その交点を H とする．このとき，任意の $A\in m$ について，$p_l(A)=H$ である．

(2) m と l は垂直に交わらないと仮定する．$A, B, C \in m$ で $A * B * C$ なら $p_l(A) * p_l(B) * p_l(C)$ が成り立つ．

証明　(1) は自明である．A を通り l に垂直な直線を n_1，B を通り l に垂直な直線を n_2，C を通り l に垂直な直線を n_3 とすると，n_1, n_2, n_3 は互いに平行である．よって，(2) は命題 2.29 からわかる．□

定義 3.34 (**Hil + Par**)　点 O で交わり直交する直線 l_x と l_y を固定する．さらに，O から始まり l_x 上にある半直線 r_x と O から始まり l_y 上にある半直線 r_y を固定する．l_x を ***x*-軸**，l_y を ***y*-軸**とよぶ．

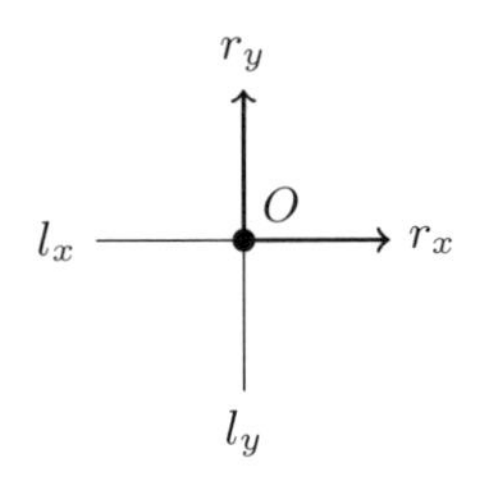

命題 3.31 にあるように，r_x および r_y から生じる全単射 $l_x \to \mathbb{F}$ と $l_y \to \mathbb{F}$ をそれぞれ ξ_x，ξ_y で表す．さらに，$p_x\colon \Pi \to l_x, p_y\colon \Pi \to l_y$ を定義 3.32 にある l_x，l_y への直交射影とする．ここで，$A \in \Pi$ に対して，

$$
\begin{cases}
x(A) := \xi_x(p_x(A)), \\
y(A) := \xi_y(p_y(A))
\end{cases}
$$

と定め，それぞれ A の ***x*-座標**，A の ***y*-座標**とよぶ．今後，$p_x(A)$ と $x(A)$，$p_y(A)$ と $y(A)$ は同一視することが多い．

ピタゴラスの定理を用いることで，線分の合同類 $[AB]$ の座標による表示方法を考えよう．

命題 3.35 (**Hil + Par**)　点 A, B に関して，

$$
[AB] = \sqrt{|x(B) - x(A)|^2 + |y(B) - y(A)|^2}.
$$

証明　A を通り x-軸と平行な直線と B を通り y-軸と平行な直線の交点を C とする．

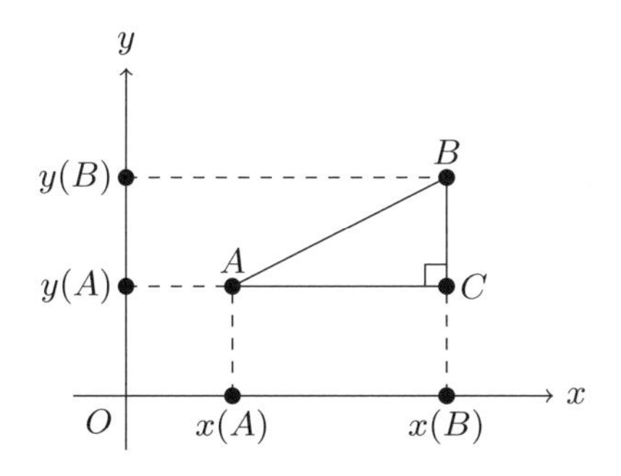

命題 2.100 により，$AC \cong p_x(A)p_x(B)$, $BC \cong p_y(B)p_y(A)$ である．したがって，ピタゴラスの定理（定理 3.25）と命題 3.31 の (1) より，

$$\begin{aligned}[AB] &= \sqrt{[AC]^2 + [BC]^2} \\ &= \sqrt{[p_x(A)p_x(B)]^2 + [p_y(B)p_y(A)]^2} \\ &= \sqrt{|x(B) - x(A)|^2 + |y(B) - y(A)|^2}\end{aligned}$$

である．　□

定義 3.36（**Hil + Par**）　$\varphi\colon \Pi \to \mathbb{F}^2$ を $\varphi(A) = (x(A), y(A))$ と定める．$\mathbb{F}^2$ には 3.1 節で与えられたヒルベルト平面の構造を考える．

上で導入された φ は間の関係を保つことを示す．

命題 3.37（**Hil + Par**）　相異なる 3 点 A, B, C に関して，以下は同値である．

(1) $A * B * C$.

(2) $\varphi(A) * \varphi(B) * \varphi(C)$.

(3) ある $\lambda \in \mathbb{F}$ が存在して，$0 < \lambda < 1$ かつ

$$\begin{pmatrix} x(B) - x(A) \\ y(B) - y(A) \end{pmatrix} = \lambda \begin{pmatrix} x(C) - x(A) \\ y(C) - y(A) \end{pmatrix}$$

をみたす．

証明　(2) と (3) の同値性は $\mathbb{F}^2$ のヒルベルト平面としての構造から明らかであるので，(1) と (3) の同値性について考える．

(1) $\Longrightarrow$ (3)：A, B, C が通る直線を l とする．

l が x-軸に平行なとき，$y(A) = y(B) = y(C)$ であり，l は x-軸と直交しないので，命題 3.33 の (2) より，$x(A) * x(B) * x(C)$ となる．命題 3.31 の (2) より，

$$\lambda = \frac{x(B) - x(C)}{x(A) - x(C)}$$

とおくと，$0 < \lambda < 1$ である．よって，(3) が成立する．

l が y-軸に平行なとき，前と同様にして，$x(A) = x(B) = x(C)$ であり，

$$\mu = \frac{y(B) - y(C)}{y(A) - y(C)}$$

とおくと，$0 < \mu < 1$ である．よって，(3) が成立する．

したがって，l は x-軸に平行でなく，y-軸にも平行でないと仮定してよい．このとき，命題 3.33 の (2) より，$x(A) * x(B) * x(C)$ かつ $y(A) * y(B) * y(C)$ となる．

$$\lambda = \frac{x(B) - x(C)}{x(A) - x(C)}, \quad \mu = \frac{y(B) - y(C)}{y(A) - y(C)}$$

とおくと，$0 < \lambda < 1$ かつ $0 < \mu < 1$ である．

$$\begin{cases} D\colon A \text{ を通り } x\text{-軸と平行な直線と } B \text{ を通り } y\text{-軸と平行な直線との交点}, \\ E\colon B \text{ を通り } x\text{-軸と平行な直線と } C \text{ を通り } y\text{-軸と平行な直線との交点}, \\ F\colon A \text{ を通り } x\text{-軸と平行な直線と } C \text{ を通り } y\text{-軸と平行な直線との交点} \end{cases}$$

とおく．

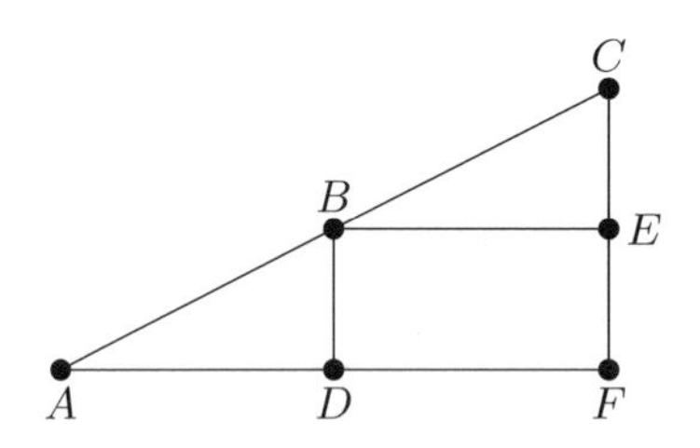

このとき，

$$\begin{cases} [AD] = [x(A)x(B)],\ [AF] = [x(A)x(C)], \\ [BD] = [y(B)y(A)],\ [CF] = [y(C)y(A)] \end{cases}$$

である．$\triangle ACF$ と $\triangle ABD$ は相似であるので，

$$\frac{[AD]}{[AF]} = \frac{[BD]}{[CF]}$$

となる．つまり，

$$\frac{|x(A) - x(B)|}{|x(C) - x(A)|} = \frac{|y(B) - y(C)|}{|y(C) - y(A)|}$$

である．これは $\lambda = \mu$ を意味する．したがって，(3) が成り立つ．

(3) $\Longrightarrow$ (1)：$x(A) = x(C)$ のとき，$x(A) = x(B)$ であるので，A, B, C は y-軸に平行な直線上にある．このとき，

$$0 < \frac{y(B) - y(C)}{y(C) - y(A)} < 1$$

であるので，命題 3.31 の (2) により，$y(A) * y(B) * y(C)$ である．したがって，$A * B * C$ である．

$y(A) = y(C)$ のときは，$y(A) = y(B)$ になるので x-軸の平行な直線上にある．前の場合と同様にして，$A * B * C$ がわかる．

よって，$x(A) \neq x(C)$ かつ $y(A) \neq y(C)$ と仮定してよい．仮定より，命題 3.33 の (2) を用いて，$x(A) * x(B) * x(C)$ かつ $y(A) * y(B) * y(C)$ となる．前と同様に，

$$\begin{cases} D\text{: } A \text{ を通り } x\text{-軸と平行な直線と } B \text{ を通り } y\text{-軸と平行な直線との交点,} \\ E\text{: } B \text{ を通り } x\text{-軸と平行な直線と } C \text{ を通り } y\text{-軸と平行な直線との交点,} \\ F\text{: } A \text{ を通り } x\text{-軸と平行な直線と } C \text{ を通り } y\text{-軸と平行な直線との交点} \end{cases}$$

とおくと，$A * D * F$ かつ $C * E * F$ である．

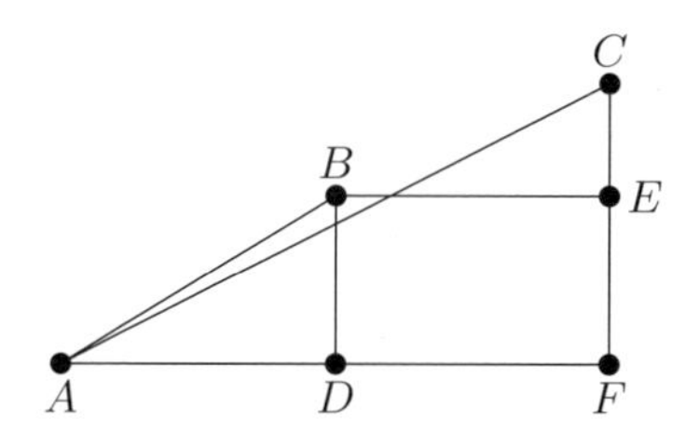

仮定より，

$$\frac{[AD]}{[AF]} = \frac{[BD]}{[CF]}$$

であるので，ピタゴラスの定理（定理 3.25）より，

$$\frac{[AD]}{[AF]} = \frac{[BD]}{[CF]} = \frac{[AB]}{[AC]}$$

となる．つまり，命題 3.23 より，$\triangle ACF$ と $\triangle ABD$ は相似である．特に $\angle CAF \cong \angle BAD$ となる．つまり，B は AC 上にある．よって $A * B * C$ である．□

この節の目標である平行線の公理をみたすヒルベルト平面の構造定理を考えよう．

定理 3.38（Hil + Par, 平行線の公理をみたすヒルベルト平面の構造定理） 平行線の公理をみたすヒルベルト平面 Π は $\mathbb{F}$ 上のデカルト平面と同型である．すなわち，定義 3.36 で与えられる $\varphi\colon \Pi \to \mathbb{F}^2$ は以下をみたす．

(1) φ は全単射である．

(2) l が Π の部分集合のとき，

$$l \text{ は } \Pi \text{ の直線} \iff \varphi(l) \text{ は } \mathbb{F}^2 \text{ の直線}.$$

(3) Π の点 A, B, C に関して，

$$A * B * C \iff \varphi(A) * \varphi(B) * \varphi(C).$$

(4) Π の点 A, B, A', B' に関して，

$$AB \cong A'B' \iff \varphi(A)\varphi(B) \cong \varphi(A')\varphi(B').$$

(5) Π の角 $\angle BAC$ と $\angle B'A'C'$ に関して，

$$\angle BAC \cong \angle B'A'C' \iff \angle\varphi(B)\varphi(A)\varphi(C) \cong \angle\varphi(B')\varphi(A')\varphi(C').$$

証明　(1) $(x, y) \in \mathbb{F}^2$ に対して，$x = \xi_x(P_x)$, $y = \xi_y(P_y)$ となる $P_x \in l_x$, $P_y \in l_y$ をとる．P_x を通り y-軸に平行な直線と P_y を通り x-軸に平行な直線

の交点を $\psi(x,y)$ で表す．このとき，明らかに，$\psi(\varphi(A))=A$, $\varphi(\psi(x,y))=(x,y)$ が成り立つ．よって，(1) が得られた．

(2) まず，次の主張から考える．

主張 3.38.1　A, B を Π の異なる点とし，m を A, B を通る直線，m' を $\varphi(A)$, $\varphi(B)$ を通る直線とする．このとき，

$$P \in m \iff \varphi(P) \in m'.$$

証明　命題 3.37 より，

$$\begin{aligned}
P \in m &\iff \begin{cases} P \in \{A, B\} \text{ または } P * A * B \text{ または} \\ A * P * B \text{ または } A * B * P \end{cases} \\
&\iff \begin{cases} \varphi(P) \in \{\varphi(A), \varphi(B)\} \text{ または } \varphi(P) * \varphi(A) * \varphi(B) \text{ または} \\ \varphi(A) * \varphi(P) * \varphi(B) \text{ または } \varphi(A) * \varphi(B) * \varphi(P) \end{cases} \\
&\iff \varphi(P) \in m'
\end{aligned}$$

である．□

まず l を直線であるとする．l 上の異なる 2 点 A, B を固定する．l' を $\varphi(A)$ と $\varphi(B)$ を通る直線とする．このとき，主張 3.38.1 より，

$$\varphi(P) \in l' \iff P \in l \iff \varphi(P) \in \varphi(l).$$

つまり，$l' = \varphi(l)$ であるので，$\varphi(l)$ は直線である．

次に，$\varphi(l)$ が直線であると仮定する．$\varphi(A)$, $\varphi(B)$ を $\varphi(l)$ の異なる 2 点とする．A, B を通る直線を m とする．このとき，主張 3.38.1 より，

$$P \in m \iff \varphi(P) \in \varphi(l) \iff P \in l.$$

つまり，$m = l$ であるので，l は直線である．

(3) は命題 3.37 の結論である．

(4) 命題 3.35 より，

$$AB \cong A'B' \iff \bigl(x(A) - x(B)\bigr)^2 + \bigl(y(A) - y(B)\bigr)^2$$

$$= \big(x(A') - x(B')\big)^2 + \big(y(A') - y(B)'\big)^2$$
$$\iff \varphi(A)\varphi(B) \cong \varphi(A')\varphi(B')$$

となる．

(5) $AB \cong A'B'$ かつ $AC \cong A'C'$ と仮定してよい．(4) より，$\varphi(A)\varphi(B) \cong \varphi(A')\varphi(B')$ かつ $\varphi(A)\varphi(C) \cong \varphi(A')\varphi(C')$ である．よって，SAS と SSS により，

$$\begin{aligned} \angle BAC \cong \angle B'A'C' &\iff BC \cong B'C' \\ &\iff \varphi(B)\varphi(C) \cong \varphi(B')\varphi(C') \\ &\iff \angle\varphi(B)\varphi(A)\varphi(C) \cong \angle\varphi(B')\varphi(A')\varphi(C') \end{aligned}$$

となる．　□

最後に構造定理の系を考えよう．

系 3.39（Hil + Par）　Π がヒルベルト平面で，連続の公理（アルキメデスの公理とデデキントの公理）と平行線の公理をみたすなら，Π は $\mathbb{R}^2$ と同型である．

証明　定理 3.38 より，Π は $\mathbb{F}^2$ と同型である．定理 3.15 と定理 3.16 より，$\mathbb{F}$ はアルキメデス的かつデデキント的である．よって，定理 A.33 から，$\mathbb{F}$ は $\mathbb{R}$ と順序体として同型である．　□

次の系は座標（デカルト平面）なしで証明するのは難しい．

系 3.40（Hil + Par）　次は同値である．

(1) 円と円の交差公理が成り立つ．

(2) 直線と円の交差公理が成り立つ．

(3) $\mathbb{F}$ がユークリッド的である．

証明　命題 3.14 と定理 3.38 の結論である．　□

演 習 問 題

問 1 (3.1) を証明せよ．

問 2 定理 3.12 において公理 C-4 以外の公理 C-1，公理 C-2，公理 C-3，公理 C-5，公理 C-6 を示せ．

問 3 命題 3.14 を証明せよ（ヒント：円束を用いよ）．

問 4 定理 3.15 を証明せよ．

問 5 定理 3.16 を証明せよ（ヒント：命題 A.3）．

問 6 定理 3.27 の「順序体 $(\mathbb{F}, \leqq)$ はピタゴラス的」を示せ（ヒント：定理 3.25）．

問 7 注意 3.29 を確かめよ．

問 8 （中線定理）平行線の公理をみたすヒルベルト平面上の $\triangle ABC$ において，BC の中点を M とすると，

$$[AB]^2 + [AC]^2 = 2 \cdot \left([AM]^2 + [BM]^2\right)$$

を示せ．

問 9 (1) 平行線の公理をみたすヒルベルト平面で三角形の重心の存在を示せ．つまり，$\triangle ABC$ において，D, E, F はそれぞれ AB, AC, BC の中点とすると，BE, CD, AF は一点 G で交わることを示せ．

(2) AG と GF は $2:1$ であることを示せ．

(3) 座標系をとって，A, B, C の座標がそれぞれ $(a_1, a_2), (b_1, b_2), (c_1, c_2)$ とすると，G の座標は

$$\left(\frac{a_1 + b_1 + c_1}{3}, \frac{a_2 + b_2 + c_2}{3}\right)$$

であることを示せ．

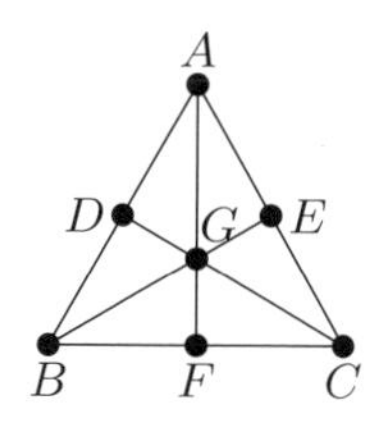

問 10 命題 3.24（SimSAS）を示せ．

問 11 平行線の公理をみたすヒルベルト平面で**方べきの定理**を示せ.

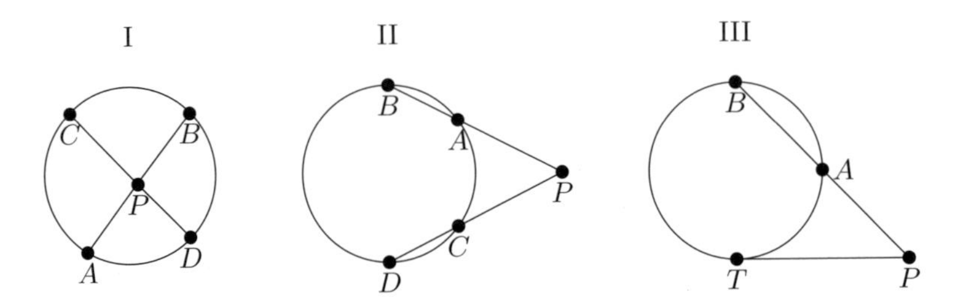

つまり, 上図で, I の場合は $PA \cdot PB = PC \cdot PD$, II の場合は $PA \cdot PB = PC \cdot PD$, III の場合は $PT^2 = PA \cdot PB$ を示せ.

問 12 平行線の公理をみたすヒルベルト平面で**メネラウスの定理**を示せ.

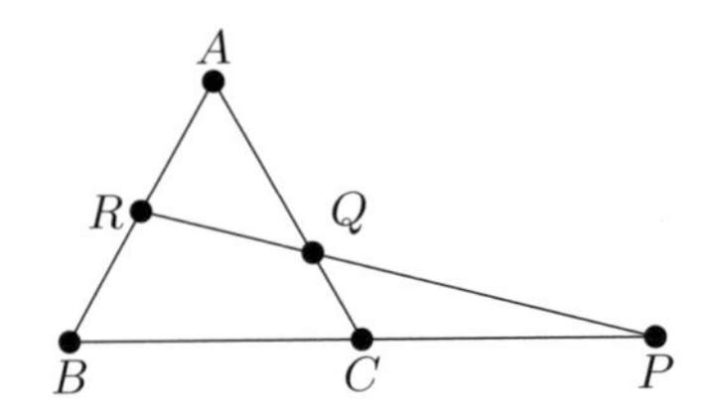

つまり, 上図で,

$$\frac{BP}{PC}\frac{CQ}{QA}\frac{AR}{RB} = 1$$

であることを示せ.

問 13 平行線の公理をみたすヒルベルト平面で**チェバの定理**を示せ.

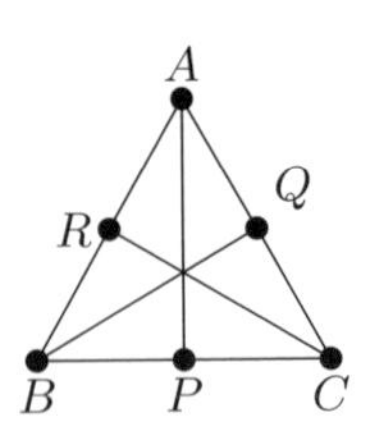

つまり, 上図で,

$$\frac{BP}{PC}\frac{CQ}{QA}\frac{AR}{RB} = 1$$

であることを示せ.

問 14 平行線の公理をみたすヒルベルト平面で**トレミーの定理**を示せ.

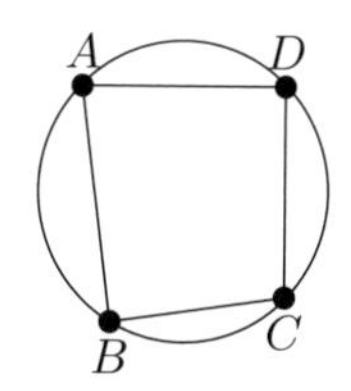

つまり，上図のように，A, B, C, D が円周上にあるとき，

$$AB \cdot CD + BC \cdot DA = AC \cdot BD$$

であることを示せ.

第4章

双曲平面：順序体上のポアンカレモデル

この章では，さらに進んだ読者のために，双曲平面について考える．抽象的な議論でも可能だが，将来関連する数学を学ぶことも考えて，ポアンカレモデルを通して議論を進める．ただし，ここでは，ユークリッド的な順序体上のポアンカレ上半平面モデルについて考察する．順序体が $\mathbb{R}$ の場合は，通常のものであるが，扱うのは拡張したものである．このような形でポアンカレ上半モデルを扱っている本はめずらしいと思う．体論に慣れない読者は順序体を $\mathbb{R}$ と考えて読んでもらってもよい．ただし，この章では，線形代数と代数学の基礎知識を仮定する．

4.1　ユークリッド的体上のガウス平面

$(F, \leqq)$ は順序体とし，F はユークリッド的であるとする．すなわち，任意の $a \in F_{\geqq 0}$ に対して，$\sqrt{a}$ が存在すると仮定する．任意の a に対して，$a^2 \geqq 0$ であるので，x^2+1 は $F[x]$ で既約である．よって，$F[x]/(x^2+1)$ は体である．x の剰余類を i とかき，$F[x]/(x^2+1)$ を $\mathbb{C}_F$ と表す．つまり，$\mathbb{C}_F = \{a + ib \mid a, b \in F\}$ であり，

$$\begin{cases} (a+ib) + (a'+ib') = (a+a') + i(b+b'), \\ (a+ib) \cdot (a'+ib') = (aa'-bb') + i(ab'+ba') \end{cases}$$

によって加法と乗法が定まる．$F = \mathbb{R}$ の場合は，$\mathbb{C}_F$ は複素数体である．複素数と同様に，$z = a + ib \in \mathbb{C}_F$ に対して，a を $\mathrm{Re}(z)$，b を $\mathrm{Im}(z)$ で表す．それぞれ，**実部**，**虚部**とよぶ．さらに，$a - ib$ を $\overline{z}$ で表し，z の**共役数**という．また，$|z| := \sqrt{a^2+b^2}$ と定義する．このとき以下が成り立つことがわかる．

命題 4.1　(1) $\overline{z+w}=\overline{z}+\overline{w}$,　$\overline{zw}=\overline{z}\,\overline{w}$,　$|z|^2=z\overline{z}$,　$|zw|=|z||w|$　($\forall z, w\in\mathbb{C}_F$).

(2) $\mathrm{Re}(z)=\dfrac{z+\overline{z}}{2}$,　$\mathrm{Im}(z)=\dfrac{z-\overline{z}}{2i}$.

(3) 任意の $z\in\mathbb{C}_F$ に対して, $e\in\{\zeta\in\mathbb{C}_F\mid|\zeta|=1\}$ が存在して, $z=|z|e$.

証明　(1) と (2) は, 計算で容易に確かめられる. (3) を見よう. $z=0$ のとき, $e=1$ とおけばよい. $z\neq 0$ とする. このとき, $|z|\neq 0$ であるので, $e=z/|z|$ とおけば, $|e|=1$ であり, $z=|z|e$ となる. □

$\mathbb{C}_F$ の元 $a+ib$ と平面の点 $(a,b)\in F^2$ を対応させることによって, $\mathbb{C}_F$ と F^2 は自然に同一視できる. 今後, $\mathbb{C}_F$ と F^2 は同じものと思う. この意味で, $\mathbb{C}_F$ はデカルト平面であり, $\mathbb{C}_F$ は ***F* 上のガウス平面**とよぶ. 複素平面（$\mathbb{R}$ 上のガウス平面）と同様に $\{a+ib\in\mathbb{C}_F\mid b=0\}$ を**実軸**, $\{a+ib\in\mathbb{C}_F\mid a=0\}$ を**虚軸**とよぶ.

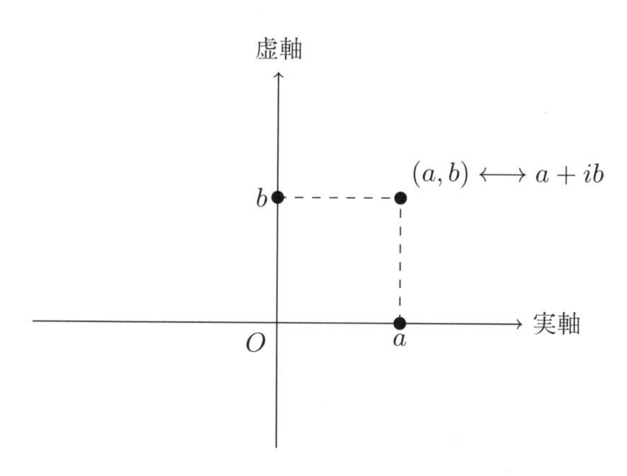

$\mathbb{C}_F$ の元の内積 $\langle\ ,\ \rangle$ を F^2 の元としての内積として定義する. すなわち, $z=a+ib$, $w=c+id$ のとき, $\langle z,w\rangle=ac+bd$ である. 容易に,

$$\langle z,w\rangle=\mathrm{Re}(z\overline{w}) \tag{4.1}$$

であることが確かめられる.

4.2 メビウス変換

分数関数による変換を考えるとき，分母がゼロとなる点は無限大をとるが，そのことを扱うために，無機質的に無限遠点 ∞ を導入するのでなく，射影空間の枠組みで無限遠点を導入しよう．

$(z,w)\in\mathbb{C}_F^2\setminus\{(0,0)\}$ に対して，その比を $[z:w]$ と表す．例えば，$[1:2]=[1/2:1]=[i:2i]$ である．つまり，$(z,w),(z',w')\in\mathbb{C}_F^2\setminus\{(0,0)\}$ に対して，$[z:w]=[z':w']$ とは，ある $t\in\mathbb{C}_F\setminus\{0\}$ が存在して $(z,w)=(tz',tw')$ となることである．そこで，

$$\mathbb{P}^1(\mathbb{C}_F):=\left\{[z:w]\;\middle|\;(z,w)\in\mathbb{C}_F^2\setminus\{(0,0)\}\right\}$$

とおく．$\mathbb{C}_F$ は，z に $[z:1]$ を対応させることで，自然に $\mathbb{P}^1(\mathbb{C}_F)$ の部分集合と見なすことができる．このとき，$\mathbb{P}^1(\mathbb{C}_F)\setminus\mathbb{C}_F=\{[1:0]\}$ である．$[1:0]$ を ∞ で表し，**無限遠点**とよぶ．

$\mathbb{C}_F$ を成分とする，行列式が 0 でない 2×2 の行列全体を $\mathrm{GL}_2(\mathbb{C}_F)$ で表す．すなわち，

$$\mathrm{GL}_2(\mathbb{C}_F):=\left\{A=\begin{pmatrix}a & b\\ c & d\end{pmatrix}\;\middle|\;a,b,c,d\in\mathbb{C}_F,\ \det(A):=ad-bc\neq 0\right\}$$

である．このとき，

$$A,B\in\mathrm{GL}_2(\mathbb{C}_F)\quad\Longrightarrow\quad AB\in\mathrm{GL}_2(\mathbb{C}_F) \tag{4.2}$$

$$A\in\mathrm{GL}_2(\mathbb{C}_F)\quad\Longrightarrow\quad A^{-1}\in\mathrm{GL}_2(\mathbb{C}_F) \tag{4.3}$$

であることが容易に確かめられる．

$A=\left(\begin{smallmatrix}a & b\\ c & d\end{smallmatrix}\right)\in\mathrm{GL}_2(\mathbb{C}_F)$ に対して，

$$T_A([z:w]):=[az+bw:cz+dw]$$

と定めると，写像 $T_A\colon\mathbb{P}^1(\mathbb{C}_F)\to\mathbb{P}^1(\mathbb{C}_F)$ が得られる．$cz+d\neq 0$ のとき，

$$T_A([z:1])=[az+b:cz+d]=\left[\frac{az+b}{cz+d}:1\right]$$

であるので，$\mathbb{C}_F$ 上では

$$z\mapsto\frac{az+b}{cz+d}$$

となる分数関数である．この T_A を A による**メビウス変換**とよぶ．$cz+d=0$ のときは，$T_A([z:1])=[1:0]=\infty$ である．また $T_A(\infty)=T_A([1:0])=[a:c]$ である．

簡単な計算で，$A,B\in \mathrm{GL}_2(\mathbb{C}_F)$ に対して，

$$T_A\circ T_B=T_{AB} \tag{4.4}$$

であることがわかる．特に，$T_A\circ T_{A^{-1}}=T_{A^{-1}}\circ T_A=\mathrm{id}$ であるので，T_A は全単射である．ただし，id は恒等写像とする．

補題 4.2 $T_A(z)\neq\infty$ のとき，

$$\lim_{t\to 0}\frac{T_A(t\alpha+z)-T_A(z)}{t}=\frac{\alpha\det(A)}{(cz+d)^2}$$

である．上を $\nabla_\alpha(T_A)(z)$ とかく．順序体における極限は定義 A.31 を参照．

証明 簡単な計算で，

$$T_A(t\alpha+z)-T_A(z)=\frac{t\alpha\det(A)}{(c(t\alpha+z)+d)(cz+d)}$$

であることがわかる．したがって，結論を得る． □

4.3 $\mathbb{C}_F$ における円と直線

H は $\mathbb{C}_F$ の元からなる 2×2 の**エルミート行列**とする．すなわち，ある $e,f\in F$ と $\alpha\in\mathbb{C}_F$ が存在して，

$$H=\begin{pmatrix} e & \alpha \\ \overline{\alpha} & f\end{pmatrix}$$

とかける行列である．別の言葉でいうと，${}^t\overline{H}=H$ をみたす 2×2 の $\mathbb{C}_F$ を成分とする行列である．今後，単にエルミート行列とよぶ．H の i 行 j 列の成分を $H(i,j)$ で表す．すなわち，

$$H(1,1)=e,\quad H(1,2)=\alpha,\quad H(2,1)=\overline{\alpha},\quad H(2,2)=f$$

である．$\det H=ef-|\alpha|^2<0$ と仮定する．

$$Q_H(z,w):=(\overline{z},\overline{w})\begin{pmatrix} e & \alpha \\ \overline{\alpha} & f\end{pmatrix}\begin{pmatrix} z \\ w\end{pmatrix}=e|z|^2+\overline{\alpha}z\overline{w}+\alpha\overline{z}w+f|w|^2$$

と定める．さらに，

$$\begin{cases} \gamma_H^0 := \{[z:w] \in \mathbb{P}^1(\mathbb{C}_F) \mid Q_H(z,w) = 0\}, \\ \gamma_H^+ := \{[z:w] \in \mathbb{P}^1(\mathbb{C}_F) \mid Q_H(z,w) > 0\}, \\ \gamma_H^- := \{[z:w] \in \mathbb{P}^1(\mathbb{C}_F) \mid Q_H(z,w) < 0\} \end{cases}$$

とおく．$Q_H(tz,tw) = |t|^2 Q_H(z,w)$ であるので上の定義に問題はない．$\mathbb{C}_F$ 上では，$Q_H(z)$ は

$$Q_H(z) := (\overline{z}, 1)\begin{pmatrix} e & \alpha \\ \overline{\alpha} & f \end{pmatrix}\begin{pmatrix} z \\ 1 \end{pmatrix} = ez\overline{z} + \overline{\alpha}z + \alpha\overline{z} + f$$

である．$z = x + iy$, $\alpha = a + ib$ とおくと

$$Q_H(z) = e(x^2 + y^2) + 2ax + 2by + f \tag{4.5}$$

となる．

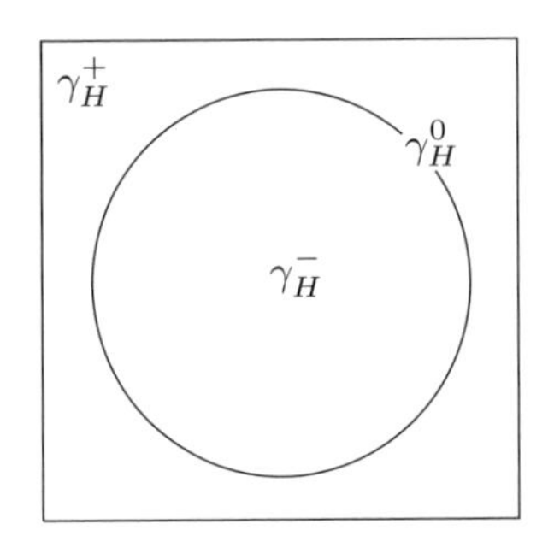

γ_H^0 に関する基本的な2つの命題を証明しよう．

命題 4.3　H は $\det H < 0$ となる 2×2 のエルミート行列とする．

(1) $\mathbb{C}_F$ 上で，γ_H^0 は円または直線である．

(2) 次は同値である．

(2.1) $\mathbb{C}_F$ 上で γ_H^0 は直線である．

(2.2) $H(1,1) = 0$.

(2.3) $\infty = [1:0] \in \gamma_H^0$.

証明　(1) $H = \left(\begin{smallmatrix} e & \alpha \\ \overline{\alpha} & f \end{smallmatrix}\right)$ $(e, f \in F,\ \alpha \in \mathbb{C}_F,\ ef < |\alpha|^2)$ とおく．$e = 0$ のときは，仮定より，$\alpha \neq 0$ である．よって，上記の式 (4.5) より，γ_H^0 は直線になる．$e \neq 0$ のとき，

$$\left|z + \frac{\alpha}{e}\right|^2 = z\overline{z} + \frac{\overline{\alpha}z}{e} + \frac{\alpha\overline{z}}{e} + \frac{|\alpha|^2}{e^2} = \frac{ez\overline{z} + \overline{\alpha}z + \alpha\overline{z} + f}{e} + \frac{|\alpha|^2 - ef}{e^2}$$

であるので，

$$\gamma_H^0 = \left\{ z \in \mathbb{C}_F \;\middle|\; \left|z + \frac{\alpha}{e}\right|^2 = \frac{|\alpha|^2 - ef}{e^2} \right\}$$

となる．よって，γ_H^0 は，中心を $-\alpha/e$，半径を $\sqrt{(|\alpha|^2 - ef)/e^2}$ とする円である．

(2) (4.5) より，γ_H^0 が $\mathbb{C}_F$ 上で直線であるための必要十分条件は $e = 0$ である．$e = H(1,1)$ であるので，(2.1) と (2.2) は同値である．一方，

$$Q_H(1,0) = e$$

であるので，(2.2) と (2.3) は同値である．□

命題 4.4　(1) $\mathbb{C}_F$ 上の任意の直線 l に対して，$H'(1,1) = 0$ かつ $\det H' < 0$ となる 2×2 のエルミート行列 H' が存在して，$l = \gamma_{H'}^0$ となる．

(2) $\mathbb{C}_F$ 上の任意の円 γ に対して，$H''(1,1) = 1$ かつ $\det H'' < 0$ となる 2×2 のエルミート行列 H'' が存在して，$\gamma = \gamma_{H''}^0$ となる．

証明　(1) は，(4.5) より，容易である．

(2) γ の中心を $\alpha' \in \mathbb{C}_F$ とし，半径を $r > 0$ とすると

$$\begin{aligned}\gamma &= \{z \in \mathbb{C}_F \mid |z - \alpha'| = r\} \\ &= \{z \in \mathbb{C}_F \mid z\overline{z} - \overline{\alpha'}z - \alpha'\overline{z} + |\alpha'|^2 - r^2 = 0\}\end{aligned}$$

である．つまり，$H'' = \left(\begin{smallmatrix} 1 & -\alpha' \\ -\overline{\alpha'} & |\alpha'|^2 - r^2 \end{smallmatrix}\right)$ とおくと，$\gamma = \gamma_{H''}^0$ である．さらに，$r > 0$ であるので，

$$\det H'' = \left(|\alpha'|^2 - r^2\right) - |\alpha'|^2 = -r^2 < 0$$

となる．□

メビウス変換と γ_H^0 の基本的関係は，次の命題に整理できる．

命題 4.5　H を $\det H < 0$ となる 2×2 のエルミート行列とする．エルミート行列 H' を，$\begin{pmatrix} d & -b \\ -c & a \end{pmatrix} \in \mathrm{GL}_2(\mathbb{C}_F)$ を用いて，

$$H' := \begin{pmatrix} \overline{d} & -\overline{c} \\ -\overline{b} & \overline{a} \end{pmatrix} H \begin{pmatrix} d & -b \\ -c & a \end{pmatrix} \tag{4.6}$$

で定める．ここで，$\begin{pmatrix} \overline{d} & -\overline{c} \\ -\overline{b} & \overline{a} \end{pmatrix}$ は $\overline{\begin{pmatrix} d & -b \\ -c & a \end{pmatrix}}$ の転置行列であることに注意．このとき，次が成り立つ．

(1) $\det H' = |ad-bc|^2 \det H$ である．特に，$\det H' < 0$ である．

(2) $A = \begin{pmatrix} a & b \\ c & d \end{pmatrix}$ とおくと，以下が成り立つ：

$$T_A(\gamma_H^0) = \gamma_{H'}^0, \quad T_A(\gamma_H^+) = \gamma_{H'}^+, \quad T_A(\gamma_H^-) = \gamma_{H'}^-.$$

証明　(1) は，(4.6) の行列式をとることで得られる．

(2) $(z', w') = T_A(z, w)$ とすると，$(z, w) = (\det A)^{-1}(dz' - bw', -cz + aw')$ であるので，

$$\begin{aligned}
Q_H(z:w) &= (\overline{z}, \overline{w}) H \begin{pmatrix} z \\ w \end{pmatrix} \\
&= |\det A|^{-2} \left(\overline{d}\,\overline{z}' - \overline{b}\,\overline{w}', -\overline{c}\,\overline{z}' + \overline{a}\,\overline{w}'\right) H \begin{pmatrix} dz' - bw' \\ -cz' + aw' \end{pmatrix} \\
&= |\det A|^{-2} (\overline{z}', \overline{w}') \begin{pmatrix} \overline{d} & -\overline{c} \\ -\overline{b} & \overline{a} \end{pmatrix} H \begin{pmatrix} d & -b \\ -c & a \end{pmatrix} \begin{pmatrix} z' \\ w' \end{pmatrix} \\
&= |\det A|^{-2} (\overline{z}', \overline{w}') H' \begin{pmatrix} z' \\ w' \end{pmatrix} = |\det A|^{-2} Q_{H'}(z', w')
\end{aligned}$$

を得る．したがって，(2) がわかる．　□

定義 4.6　γ は直線，または，円とする．点 P の γ **に関する反転** P' とは，以下のように定める．γ が直線の場合，P' は γ に関して，線対称の点である．γ が円の場合，つまり，円の中心を O，半径を r とした場合，O を始点とする半直線上に O, P, P' はあり，$\|\overrightarrow{OP}\|\|\overrightarrow{OP'}\| = r^2$ をみたす点 P' を意味する．

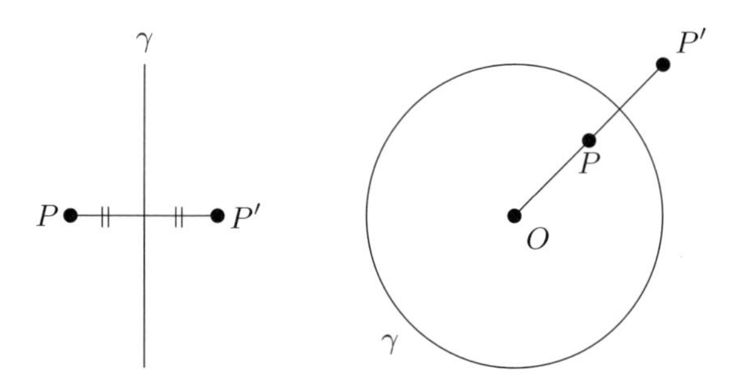

明らかに，反転の反転はもとにもどる．

反転に関する基本的な命題は以下のようになる．

命題 4.7 $H = \left(\begin{smallmatrix} e & \alpha \\ \overline{\alpha} & f \end{smallmatrix}\right)$ は，$\det H < 0$ となる 2×2 のエルミート行列とする．つまり，$e, f \in F$ で $|\alpha|^2 - ef > 0$ である．$\gamma = \gamma_H^0$ とおき，

$$T_\gamma := T_{\left(\begin{smallmatrix} -\alpha & -f \\ e & \overline{\alpha} \end{smallmatrix}\right)} \circ F_\infty = T_{\left(\begin{smallmatrix} \alpha & -f \\ -e & \overline{\alpha} \end{smallmatrix}\right)} \circ G_\infty$$

と定める．ここで，$F_\infty(z) = \overline{z}, G_\infty(z) = -\overline{z}$ である．すなわち，

$$T_\gamma(z) = \frac{-\alpha\overline{z} - f}{e\overline{z} + \overline{\alpha}}$$

である．このとき，$T_\gamma(z)$ は z の γ に関する反転であり，以下をみたす．

$$\begin{cases} T_\gamma(T_\gamma(z)) = z, \\ T_\gamma(z) = z - \dfrac{Q_H(z)}{e\overline{z} + \overline{\alpha}}, \\ Q_H(T_\gamma(z)) = \dfrac{(\det H)Q_H(z)}{|ez + \alpha|^2}. \end{cases}$$

証明 $e = 0$ の場合，γ は方向ベクトルが $i\alpha$ の直線であるので，簡単な計算で確かめられる．$e \neq 0$ の場合，γ は，中心を $-\alpha/e$，半径を $\sqrt{|\alpha|^2 - ef}/|e|$ とする円であるので，次の式を示せば十分である．

$$\begin{cases} T_\gamma(z) - (-\alpha/e) = \dfrac{-\det H}{|ez + \alpha|^2}\big(z - (-\alpha/e)\big), \\ \big|T_\gamma(z) - (-\alpha/e)\big|\big|z - (-\alpha/e)\big| = \big(|\alpha|^2 - ef\big)/e^2. \end{cases}$$

これらは，簡単な計算である．

命題の最初の2つの式は簡単な計算である．最後の式は，

$$\begin{pmatrix} -\overline{\alpha} & e \\ -f & \alpha \end{pmatrix} H \begin{pmatrix} -\alpha & -f \\ e & \overline{\alpha} \end{pmatrix} = (\det H)H$$

であるので，

$$\begin{aligned}(\overline{T_\gamma(z)}, 1)H\begin{pmatrix} T_\gamma(z) \\ 1 \end{pmatrix} &= \frac{1}{|ez+\alpha|^2}(-\overline{\alpha}z - f, ez+\alpha)H\begin{pmatrix} -\alpha\overline{z} - f \\ e\overline{z} + \overline{\alpha} \end{pmatrix} \\ &= \frac{1}{|ez+\alpha|^2}(z,1)\begin{pmatrix} -\overline{\alpha} & e \\ -f & \alpha \end{pmatrix} H \begin{pmatrix} -\alpha & -f \\ e & \overline{\alpha} \end{pmatrix}\begin{pmatrix} \overline{z} \\ 1 \end{pmatrix} \\ &= \frac{\det H}{|ez+\alpha|^2} Q_H(z)\end{aligned}$$

となる．　□

4.4 ポアンカレ上半平面モデル

F 上の**上半平面**を $\mathbb{H}_F$ で表す．つまり，

$$\mathbb{H}_F := \{z \in \mathbb{C}_F \mid \operatorname{Im}(z) > 0\}.$$

また，実軸を δ_F で表す．すなわち，$\delta_F := \{z \in \mathbb{C}_F \mid \operatorname{Im}(z) = 0\}$ である．さらに，$\overline{\delta}_F = \delta_F \cup \{\infty\}$, $\overline{\mathbb{H}}_F = \mathbb{H}_F \cup \overline{\delta}_F$ とおく．簡単な命題から始めよう．

命題 4.8　H を $\det H < 0$ となる 2×2 のエルミート行列とする．$\gamma := \gamma_H^0$ とおく．このとき，以下は同値である．

(1) γ と δ_F は直交する．これを $\gamma \perp \delta_F$ とかく．

(2) $H(1,2) \in F$.

さらに，γ が $\mathbb{C}_F$ で円のとき，上記の条件と円の中心が実軸にあることと同値．

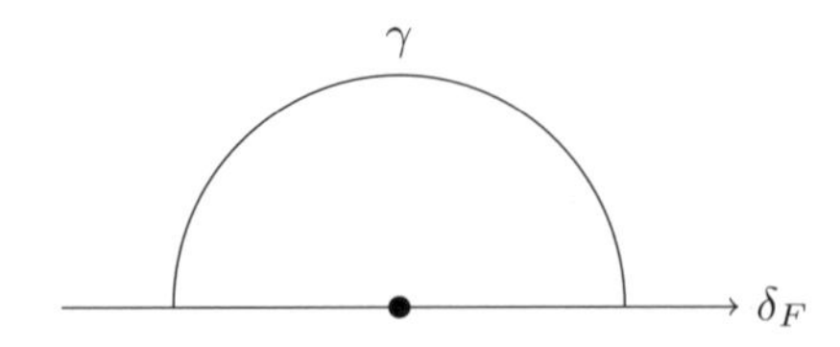

証明

$$H = \begin{pmatrix} e & \alpha \\ \overline{\alpha} & f \end{pmatrix} \quad (e, f \in F,\ \alpha \in \mathbb{C}_F)$$

とおくと，$|\alpha|^2 > ef$, $\alpha = H(1,2)$ である．さらに，$\alpha = a + ib$ とおくと，(4.5) より，

$$\gamma = \left\{x + iy \mid e(x^2 + y^2) + 2ax + 2by + f = 0\right\}$$

となる．よって，$e = 0$ のとき，γ は $2ax + 2by + f = 0$ で表される直線である．したがって，

$$\gamma \perp \delta_F \iff \text{実軸と直交} \iff b = 0 \iff \alpha \in \delta_F.$$

$e \neq 0$ と仮定する．このとき，γ は中心を $-\alpha/e$ である円であるので，

$$\gamma \perp \delta_F \iff \text{中心が実軸上} \iff \alpha \in F$$

となる． □

次の命題は，ポアンカレ上半平面モデルにとって基本的事実になる．

命題 4.9　$z, w \in \overline{\mathbb{H}}_F$ で $z \neq w$ と仮定する．このとき，δ_F に直交し，かつ，z と w を通る円または直線 γ が一意的に存在する．

証明　$z = \infty$ または $w = \infty$ の場合から考える．$z = \infty$ としても一般性を失わない．$w = a + ib$ $(a, b \in F)$ とおく．このとき，$\gamma = \{z \in \mathbb{C}_F \mid \mathrm{Re}(z) = a\}$ とおけば，命題 4.3 より，$\infty, w \in \gamma$ で，γ は δ_F に直交する．別の γ' が存在したと仮定すると，命題 4.3 より，γ' は虚軸に平行な直線である．$w \in \gamma'$ であるので，$\gamma' = \gamma$ となる．以後，$z, w \neq \infty$ と仮定する．

$\mathrm{Re}(z) = \mathrm{Re}(w)$ の場合から考える．このとき，$\gamma = \{x + iy \mid x = \mathrm{Re}(z)\}$ とおけば，$z, w \in \gamma$ で γ は δ_F に直交する．γ' を別の $z, w \in \gamma'$ で $\gamma' \perp \delta_F$ となる円また直線とする．γ' を円すると，γ' と $\gamma \cap (\overline{\mathbb{H}}_F \setminus \{\infty\})$ の交点は高々 1 点であるので矛盾する．よって，γ' は直線であるが，この場合は $\gamma' = \gamma$ である．

最後に，$\mathrm{Re}(z) \neq \mathrm{Re}(w)$ の場合を考える．線分 zw の直交二等分線 l を考える．l は δ_F と平行でないので，その交点を a $(a \in F)$ とする．

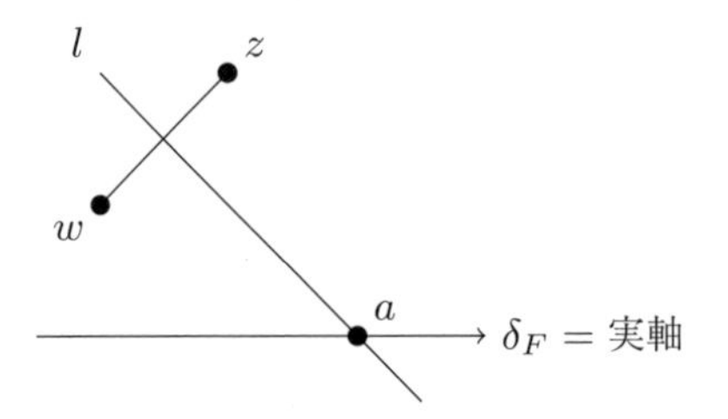

$|a-z| = |a-w|$ であるので，a を中心とし，半径を $|a-z|$ とする円を γ とすると，$z, w \in \gamma$ で $\gamma \perp \delta_F$ である．さて，γ' を $z, w \in \gamma'$ で $\gamma' \perp \delta_F$ となる円または直線とする．$\mathrm{Re}(z) \neq \mathrm{Re}(w)$ であるので，γ' は円である．したがって，l は γ' の中心を通る．$\gamma' \perp \delta_F$ であるのでその中心は実軸上にある．よって，$\gamma' = \gamma$ である．□

ここで，

$$\mathrm{GL}_2^+(F) := \left\{ A \in \mathrm{GL}_2(F) \;\middle|\; \det(A) > 0 \right\}$$

とおく．簡単な計算により，

$$\mathrm{Im}(T_A(z)) = \frac{\det(A)\,\mathrm{Im}(z)}{|cz+d|^2} \tag{4.7}$$

であることがわかる．ポアンカレ上半平面は $\mathrm{GL}_2^+(F)$ で保たれることをみよう．

補題 4.10　(1) $A \in \mathrm{GL}_2(F)$ のとき，

$$z \in \overline{\delta}_F \iff T_A(z) \in \overline{\delta}_F.$$

(2) $A \in \mathrm{GL}_2^+(F)$ のとき，

$$z \in \mathbb{H}_F \iff T_A(z) \in \mathbb{H}_F.$$

証明　(1), (2) ともに，$T_{A^{-1}}$ を考えることで，'$\Longrightarrow$' のみを示せば十分である．$A = \left(\begin{smallmatrix} a & b \\ c & d \end{smallmatrix}\right)$ $(a, b, c, d \in F)$ とおく．

(1) $a, b, c, d \in F$ であるので，(1) は自明である．

(2) まず，$c, d \in F$ であるので，$cz + d = 0$ となる $z \in \mathbb{H}_F$ は存在しない．よって，(4.7) から従う．□

定義 4.11　$G_\infty\colon \mathbb{H}_F \to \mathbb{H}_F$ を $G_\infty(z) = -\overline{z}$, すなわち, $G_\infty(a+ib) = -a+ib$ と定める（命題 4.7 を参照）．G_∞ は虚軸に関する反転である．そこで，

$$\begin{cases} \mathrm{M\ddot{o}b}^+(\mathbb{H}_F) := \left\{T_A \;\middle|\; A \in \mathrm{GL}_2^+(F)\right\}, \\ \mathrm{M\ddot{o}b}^-(\mathbb{H}_F) := \left\{T \circ G_\infty \;\middle|\; T \in \mathrm{M\ddot{o}b}^+(\mathbb{H}_F)\right\}, \\ \mathrm{M\ddot{o}b}(\mathbb{H}_F) := \mathrm{M\ddot{o}b}^+(\mathbb{H}_F) \cup \mathrm{M\ddot{o}b}^-(\mathbb{H}_F) \end{cases}$$

とおく．明らかに，$\mathrm{M\ddot{o}b}^+(\mathbb{H}_F)$ は群をなす．$\left(\begin{smallmatrix} a & b \\ c & d \end{smallmatrix}\right) \in \mathrm{GL}_2^+(F)$ に対して，

$$G_\infty \circ T_{\left(\begin{smallmatrix} a & b \\ c & d \end{smallmatrix}\right)} = T_{\left(\begin{smallmatrix} a & -b \\ -c & d \end{smallmatrix}\right)} \circ G_\infty \tag{4.8}$$

であるので，$\mathrm{M\ddot{o}b}(\mathbb{H}_F)$ も群をなす．

$H = \left(\begin{smallmatrix} e & a \\ a & f \end{smallmatrix}\right)$ $(e, f, a \in F,\ ef - a^2 < 0)$ となる 2×2 のエルミート行列に対して，$\gamma := \gamma_H^0$ とおくと，γ に関する反転 T_γ は，命題 4.7 により，

$$T_\gamma = T_{\left(\begin{smallmatrix} a & -f \\ -e & a \end{smallmatrix}\right)} \circ G_\infty$$

で与えられる．つまり，$\mathrm{M\ddot{o}b}^-(\mathbb{H}_F)$ は反転を含む．

次にメビウス変換のポアンカレ上半平面における意味を考えよう．

命題 4.12　$T \in \mathrm{M\ddot{o}b}(\mathbb{H}_F)$ のとき，以下が成り立つ

(1) $T(\mathbb{H}_F) = \mathbb{H}_F$, $T(\overline{\delta}_F) = \overline{\delta}_F$ である．

(2) γ を δ_F と直交する円または直線とする．このとき，$T(\gamma)$ も δ_F と直交する円または直線である．

証明　$T \in \mathrm{M\ddot{o}b}^+(\mathbb{H}_F)$ の場合，(1) は補題 4.10 から従い，(2) は 命題 4.5，命題 4.8，及び A が F を成分とする行列であることから従う．よって，$T = G_\infty$ の場合を示せば十分であるが，これは自明である．□

次の命題は，後の議論において非常に重要である．

命題 4.13　(1) $z, z' \in \mathbb{H}_F$, $w, w' \in \overline{\delta}_F$ のとき，ある $T \in \mathrm{M\ddot{o}b}^+(\mathbb{H}_F)$ が一意的に存在して，$T(z) = z'$, $T(w) = w'$ とできる．

(2) $x, y, x', y' \in \overline{\delta}_F$ とし，$x \neq y$ かつ $x' \neq y'$ とする．このとき，ある $T \in \mathrm{M\ddot{o}b}^+(\mathbb{H}_F)$ が存在して，$T(x) = x'$ かつ $T(y) = y'$ とできる．

証明　まず，次の主張から考える．

主張 4.13.1　(a) $T \in \mathrm{M\ddot{o}b}^+(\mathbb{H}_F)$ について，$T(0) = 0$ かつ $T(\infty) = \infty$ ならば，$T(z) = az$ $(a \in F_{>0})$ の形である．さらに，$T(0) = \infty$ かつ $T(\infty) = 0$ ならば，$T(z) = -a/z$ $(a \in F_{>0})$ の形である．

(b)　$z \in \mathbb{H}_F$，$w \in \overline{\delta}_F$ とする．このとき，ある $T \in \mathrm{M\ddot{o}b}^+(\mathbb{H}_F)$ が存在して，$T(z) = i$ かつ $T(w) = 0$ とできる．

証明　(a) $T(z) = (az+b)/(cz+d)$ $(a, b, c, d \in F,\ ad - bc > 0)$ とおく．$T(0) = 0, T(\infty) = \infty$ より，$b = c = 0$ を得るので，結論を得る．$T(0) = \infty$，$T(\infty) = 0$ の場合も同様である．

(b) 命題 4.9 により，z と w を通り，δ_F と直交する円または直線 γ が存在する．さらに，命題 4.4 と命題 4.8 により，$\det H < 0$ であり，F の成分からなる 2×2 のエルミート行列 H が存在して，$\gamma = \gamma_H^0$ とできる．$e = 0$ の場合，γ は虚軸と平行であるので自明である．ゆえに $e \neq 0$ と仮定してよい．$Q_H(x, 1) = ex^2 + 2\alpha x + f$ $(x \in F)$ の判別式は正であるので，F において異なる根をもつ．つまり，$Q_H(x, y) = 2(kx + ly)(mx + ny)$，かつ，$\det\left(\begin{smallmatrix} k & l \\ m & n \end{smallmatrix}\right) \neq 0$ となる $k, l, m, n \in F$ が存在する．したがって，

$$Q_H(x, y) = (x, y)\begin{pmatrix} k & m \\ l & n \end{pmatrix}\begin{pmatrix} 0 & 1 \\ 1 & 0 \end{pmatrix}\begin{pmatrix} k & l \\ m & n \end{pmatrix}\begin{pmatrix} x \\ y \end{pmatrix}$$

を意味する．つまり，$B \in \mathrm{GL}(2, F)$ が存在して，${}^tBHB = \left(\begin{smallmatrix} 0 & 1 \\ 1 & 0 \end{smallmatrix}\right)$ とできる．$\det B < 0$ の場合は，B を $B\left(\begin{smallmatrix} 1 & 0 \\ 0 & -1 \end{smallmatrix}\right)$ と置き換えることで，$B \in \mathrm{GL}_2^+(F)$ で，${}^tBHB = \left(\begin{smallmatrix} 0 & \pm 1 \\ \pm 1 & 0 \end{smallmatrix}\right)$ となる．$B = \left(\begin{smallmatrix} d & -b \\ -c & a \end{smallmatrix}\right)$ とおき，$A = \left(\begin{smallmatrix} a & b \\ c & d \end{smallmatrix}\right)$ とおくと，命題 4.5 より，γ は T_A により虚軸へ移る．$T_A(z) = ia$ $(a \in F_{>0})$ とおく．$T_A(w) = 0$ の場合，$S(z) = z/a$ とおき，$T = S \circ T_A$ とおけばよい．$T_A(w) = \infty$ の場合，$S'(z) = -a/z$ とおき，$T = S' \circ T_A$ とおけばよい．□

命題 4.13 の証明にもどる．

(1) 主張 4.13.1 の (b) により，ある $S, S' \in \mathrm{M\ddot{o}b}^+(\mathbb{H}_F)$ が存在して，$S(z) = S'(z') = i$ かつ $S(w) = S'(w) = 0$ とできる．よって，$T = S \circ S'^{-1}$ とおけばよい．一意性について考えよう．$T' \in \mathrm{M\ddot{o}b}^+(\mathbb{H}_F)$ は題意をみたす別の

変換とする．$U = T \circ T'^{-1}$ とおけば，$U(z) = z$ かつ $U(w) = w$ となるので，このときに，$U = \mathrm{id}$ であることをいえばよい．まず，$z = i$, $w = 0$ の場合から考える．このとき，U により，虚軸は虚軸に移るので，$U(\infty) = \infty$ である．よって，主張 4.13.1 の (a) により，$U(z) = \beta z$ $(\beta \in F_{>0})$ となる．$U(i) = i$ であるので，$\beta = 1$ となる．一般の場合は，$V(z) = i, V(w) = 0$ となる $V \in \mathrm{M\ddot{o}b}^+(\mathbb{H}_F)$ が存在する．$W = V \circ U \circ V^{-1}$ とおくと，$W(i) = i$ かつ $W(0) = 0$ となるので，前のことより $W = \mathrm{id}$ となり，$U = \mathrm{id}$ を得る．

(2) 命題 4.9 を用いて，x と y を通り，δ_F と直交する直線または円を γ とする．同様に，x' と y' を通り，δ_F と直交する直線または円を γ' とする．$z \in \mathbb{H}_F \cap \gamma$, $z' \in \mathbb{H}_F \cap \gamma'$ をとる．(1) により，ある $T \in \mathrm{M\ddot{o}b}^+(\mathbb{H}_F)$ が存在して，$T(z) = z'$ かつ $T(x) = x'$ とできる．$T(\gamma)$ は，z' と x' を通り，δ_F と直交する円または直線であるので，$\gamma' = T(\gamma)$ となる．したがって，$T(\overline{\delta}_F) = \overline{\delta}_F$ であるので，$T(y) = y'$ となる．□

定義 4.14　$z, w \in \mathbb{H}_F$ に対して，

$$\varrho_{\mathbb{H}_F}(z, w) = \frac{|z - w|^2}{\mathrm{Im}(z)\,\mathrm{Im}(w)}$$

とおく．

次の命題はポアンカレ上半平面における直線の合同を考える上で重要になる．

命題 4.15　$z, w, z', w' \in \mathbb{H}_F$ に対して，次は同値である．

(1) $\varrho_{\mathbb{H}_F}(z, w) = \varrho_{\mathbb{H}_F}(z', w')$.

(2) ある $T \in \mathrm{M\ddot{o}b}^+(\mathbb{H}_F)$ が存在して，$z' = T(z)$, $w' = T(w)$ となる．

証明　まず，始めに次の主張を見よう．

主張 4.15.1　(a) 任意の $T \in \mathrm{M\ddot{o}b}^+(\mathbb{H}_F)$ について，$\varrho_{\mathbb{H}_F}(T(z), T(w)) = \varrho_{\mathbb{H}_F}(z, w)$ が成り立つ．

(b) 任意の $z, w \in \mathbb{H}_F$ に対して，ある $S \in \mathrm{M\ddot{o}b}^+(\mathbb{H}_F)$ と $a \in F_{>0}$ が存在して，$z = S(i)$, $w = S(ai)$ とできる．

証明 (a) $T \in \mathrm{M\ddot{o}b}^+(\mathbb{H}_F)$ の場合, $T = T_A$ $(A \in \mathrm{GL}_2^+(\mathbb{F}))$ とおける．(4.7) を用いて，

$$\begin{aligned}\varrho_{\mathbb{H}_F}(T(z), T(w)) &= \frac{|T(z) - T(w)|^2}{\mathrm{Im}(T(z))\,\mathrm{Im}(T(w))} \\ &= \frac{\det(A)^2|z-w|^2}{|cz+d|^2|cw+d|^2}\,\frac{|cz+c|^2}{\det(A)\,\mathrm{Im}(z)}\,\frac{|cw+d|^2}{\det(A)\,\mathrm{Im}(w)} \\ &= \varrho_{\mathbb{H}_F}(z, w)\end{aligned}$$

となる．

(b) $z = w$ の場合は自明であるので，$z \neq w$ と仮定する．命題 4.9 より，z と w を通り，δ_F と直交する円または直線 γ が存在する．γ と δ_F に交わりの 1 つを x とする．このとき，命題 4.13 の (1) により，ある $S \in \mathrm{M\ddot{o}b}^+(\mathbb{H}_F)$ が存在して，$z = S(i)$, $x = S(0)$ とできる．このとき，S^{-1} によって，γ は虚軸に移るので，$S^{-1}(w) = ai$ $(a \in F_{>0})$ とおける．よって，(b) が証明できた．

□

(2) $\Longrightarrow$ (1) は主張 4.15.1 の (a) から明らかである．(1) $\Longrightarrow$ (2) を考える．同主張の (b) を用いて，$S, S' \in \mathrm{M\ddot{o}b}^+(\mathbb{H}_F)$ と $a, a' \in F_{>0}$ が存在して，$z = S(i)$, $w = S(ia)$, $z' = S'(i)$, $w' = S'(ia')$ とできる．同主張の (a) を用いて，

$$\varrho_{\mathbb{H}_F}(i, ia) = \varrho_{\mathbb{H}_F}(z, w) = \varrho_{\mathbb{H}_F}(z', w') = \varrho_{\mathbb{H}_F}(i, ia')$$

となる．つまり，$(1-a)^2/a = (1-a')^2/a'$ である．ゆえに，$(a'-a)(1-aa') = 0$ を得るので，$a = a'$ または $aa' = 1$ である．$a = a'$ の場合，$T = S' \circ S^{-1}$ とおくと，$z' = T(z)$ かつ $w' = T(w)$ となる．$aa' = 1$ のとき，$U(z) = -1/z \in \mathrm{M\ddot{o}b}^+(\mathbb{H})$ とおくと，$U(i) = i$, $U(ia) = ia'$ であるので，$z' = S'(U(i))$, $w' = S'(U(ia))$ である．ゆえに，$T = S' \circ U \circ S^{-1}$ とおくと $z' = T(z)$, $w' = T(w)$ となる．

□

注意 4.16 任意の $T \in \mathrm{M\ddot{o}b}(\mathbb{H})$ について，$\varrho_{\mathbb{H}_F}(T(z), T(w)) = \varrho_{\mathbb{H}_F}(z, w)$ が成り立つ．実際，$T \in \mathrm{M\ddot{o}b}^+(\mathbb{H})$ の場合は，主張 4.15.1 から従い，$T = G_\infty$ の場合は自明である．

定義 4.17 $z \in \mathbb{H}_F$, $x \in \overline{\delta}_F$ とする．命題 4.13 の (1) により，$T(i) = z$, $T(\infty) = x$ となる $T \in \mathrm{M\ddot{o}b}^+(\mathbb{H}_F)$ が一意的に存在する．$T = T_A$ $(A =$

$\left(\begin{smallmatrix} a & b \\ c & d \end{smallmatrix}\right) \in \mathrm{GL}_2^+(F)$) とおく．

$$\nabla_i T(i) = \lim_{t \to 0} \frac{T((t+1)i) - T(i)}{t} = \frac{i \det(A)}{(ci+d)^2}$$

を $\tau(z,x)$ で表す（補題 4.2 を参照）．

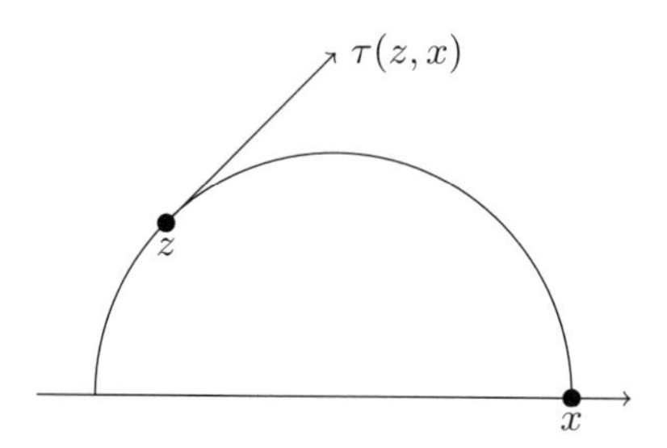

次の 2 つの補題はポアンカレ上半平面における角の合同を考える上で重要となるものである．

補題 4.18　$z \in \mathbb{H}_F$, $x, y \in \overline{\delta}_F$, $S \in \text{Möb}(\mathbb{H}_F)$ とする．

$$\alpha = \tau(z,x),\ \beta = \tau(z,y),\ \alpha' = \tau(S(z), S(x)),\ \beta' = \tau(S(z), S(y)).$$

このとき，α と β のなす角と α' と β' のなす角は合同である．

証明　$T = T_A \in \text{Möb}^+(\mathbb{H}_F)$ ($A = \left(\begin{smallmatrix} a & b \\ c & d \end{smallmatrix}\right) \in \mathrm{GL}_2^+(F)$) に対して，

$$\eta_T(z) := \frac{\det A}{(cz+d)^2}$$

とおくと，$T, T' \in \text{Möb}^+(\mathbb{H}_F)$ に対して，簡単な計算で，

$$\eta_{T' \circ T}(z) = \eta_{T'}(T(z))\eta_T(z) \tag{4.9}$$

が成り立つことがわかる．命題 4.13 の (1) により，$U, V \in \text{Möb}^+(\mathbb{H}_F)$ が一意的に存在して，

$$z = U(i), \quad x = U(\infty), \quad z = V(i), \quad y = V(\infty)$$

とできる．まず，$S \in \text{Möb}^+(\mathbb{H}_F)$ の場合から考える．

$$\alpha = i\eta_U(i), \quad \beta = i\eta_V(i), \quad \alpha' = i\eta_{S \circ U}(i), \quad \beta' = i\eta_{S \circ V}(i)$$

である．よって，(4.9) より，

$$\alpha' = \eta_S(z)\alpha, \quad \beta' = \eta_S(z)\beta$$

である．したがって，

$$\frac{\langle \alpha, \beta \rangle}{|\alpha||\beta|} = \frac{\langle \alpha', \beta' \rangle}{|\alpha'||\beta'|}$$

であるので，結論を得る．$S = G_\infty$ の場合は，簡単な計算で確かめられる．これは演習問題 問5とする．一般に，$T \in \mathrm{M\ddot{o}b}(\mathbb{H}_F)$ は，(4.8) により，$T = G_\infty \circ S$ $(S \in \mathrm{M\ddot{o}b}^+(\mathbb{H}_F))$ と表せるので，結論を得る． □

補題 4.19　$z \in \mathbb{H}_F, x, y, y' \in \overline{\delta}_F$ とする．$y \neq x$ かつ $y' \neq x$ と仮定する．

$$\alpha = \tau(z, x),\ \beta = \tau(z, y),\ \beta' = \tau\left(z, y'\right)$$

とおく．γ は z と x を通り δ_F と直交する円または直線とする．α と β のなす角と α と β' のなす角が合同と仮定する．γ により $\overline{\mathbb{H}}_F$ は2つの領域に分かれることに注意して以下が成り立つ．

(1) y と y' が γ に関して同じ側にあるとき，$y = y'$.

(2) y と y' が γ に関して反対側にあるとき，$T_\gamma(y) = y'$.

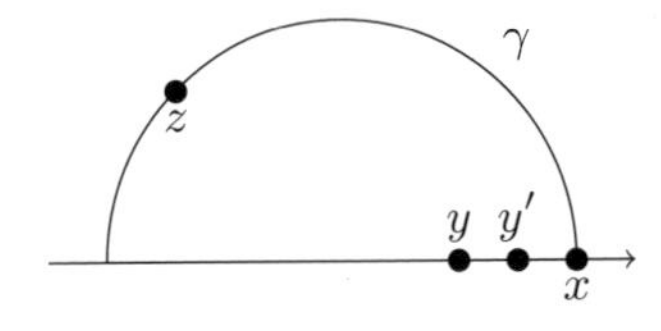

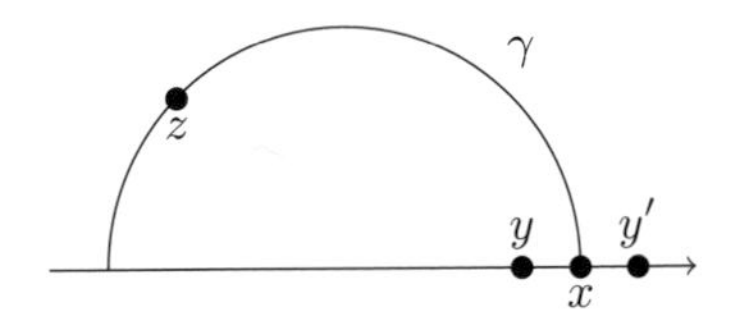

証明　命題 4.13 の (1) を用いて，$T(z) = i, T(x) = \infty$ となる $T \in \mathrm{M\ddot{o}b}^+(\mathbb{H}_F)$ を選ぶ．補題 4.18 を用いることで，$z = i$, $x = \infty$ と仮定してよい．このとき，$\alpha = i$ である．$S, S' \in \mathrm{M\ddot{o}b}^+(\mathbb{H}_F)$ が存在して，$S(i) = S'(i) = i$ かつ $S(\infty) = y$, $S'(\infty) = y'$ とできる．ここで，$S(i) = S'(i) = i$ で，$S, S' \neq \mathrm{id}$ であるので，

$$S(z) = \frac{az + 1}{-z + a}, \quad S'(z) = \frac{a'z + 1}{-z + a'} \qquad (a, a' \in F)$$

とおける．したがって，$\beta = i(a^2 + 1)/(a - i)^2$, $\beta' = i({a'}^2 + 1)/(a' - i)^2$ である．よって，

$$\frac{\langle\alpha,\beta\rangle}{|\alpha||\beta|}=a^2-1,\qquad \frac{\langle\alpha,\beta'\rangle}{|\alpha||\beta'|}={a'}^2-1$$

を得る．ゆえに，$a'=a$ または $a'=-a$ である．さらに，$S(\infty)=a$, $S'(\infty)=a'$ である．したがって，結論を得る． □

次の命題はポアンカレ上半平面における角の合同に関する基本的事項になる．

命題 4.20 $z,z'\in\mathbb{H}_F$, $x,y,x',y'\in\overline{\delta}_F$ とし，$x\neq y$ かつ $x'\neq y'$ とする．$\alpha,\beta,\alpha',\beta'\in\mathbb{C}_F$ を以下のように定める．

$$\alpha=\tau(z,x),\quad \beta=\tau(z,y),\quad \alpha'=\tau\left(z',x'\right),\quad \beta'=\tau\left(z',y'\right)$$

とすると，次は同値である．

(1) α と β の角は，α' と β' の角に合同.

(2) ある $T\in\mathrm{M\ddot{o}b}(\mathbb{H}_F)$ が存在して，$z'=T(z)$, $x'=T(x)$, $y'=T(y)$ となる.

証明 (2) $\Longrightarrow$ (1)：これは，補題 4.18 から従う．

(1) $\Longrightarrow$ (2)：命題 4.13 の (1) より，ある $T\in\mathrm{M\ddot{o}b}^+(\mathbb{H}_F)$ が存在して，$z'=T(z)$ かつ $x'=T(x)$ とできる．よって，補題 4.18 により，$z'=z$, $x'=x$ と仮定してよい．この場合は，補題 4.19 より結論が従う． □

4.5 ポアンカレモデルとヒルベルトの公理系

$\mathbb{H}_F$ 上の $\mathbb{H}_F$-直線，間の関係，$\mathbb{H}_F$-合同を定義し，これがヒルベルト幾何になることを見ていこう．さらに，平行線の公理と相容れない公理である双曲公理をみたすこともみよう．つまり，平行線の公理をみたすヒルベルト平面とは様相がまったく異なることになる．δ_F と直交する円または直線を γ とする．命題 4.8 により，$\det H<0$ であり，かつ，$H(1,2)\in F$ となる 2×2 のエルミート行列 H を用いて，$\gamma=\gamma_H^0$ とかける．$\mathbb{H}_F\cap\gamma$ を $\mathbb{H}_F$ の直線と定める．今後，この意味での直線を **$\mathbb{H}_F$-直線**とよぶ．また，$\overline{\mathbb{H}}_F\cap\gamma$ を**閉 $\mathbb{H}_F$-直線**とよぶ．簡易的に $\mathbb{H}_F$-直線 を γ，閉 $\mathbb{H}_F$-直線を $\overline{\gamma}$ とかくことも多い．

4.5.1 結合の公理

上記の $\mathbb{H}_F$-直線に対して，結合の公理を見ていこう．公理I-1は命題4.9から従う．命題4.9は，公理I-1より少し強い形で，$\overline{\mathbb{H}}_F$ の相異なる2点 A, B に対して A, B を通る閉 $\mathbb{H}_F$-直線が一意的に存在することを主張している．公理I-2を考える．δ_F と直交する円または直線 γ と $\overline{\delta}_F$ の交点を x, y とすると，命題4.13の(2)により，ある $T \in \text{Möb}^+(\mathbb{H}_F)$ が存在して，$T(0) = x$, $T(\infty) = y$ とできる．つまり，$T([0, \infty]i) = \gamma \cap \overline{\mathbb{H}}_F$ である．したがって，例えば，$T(i), T(2i)$ は $\gamma \cap \mathbb{H}_F$ の2点を与える．公理I-3については，例えば，$i, 2i$, $i+1$ を考えればよい．実際，上記の3点を通る γ が存在すると，$H = \left(\begin{smallmatrix} e & \alpha \\ \alpha & f \end{smallmatrix}\right)$ $(e, f, \alpha \in F,\ ef - \alpha^2 < 0)$ が存在して，$\gamma = \gamma_H^0$ となる．$i, 2i \in \gamma_H^0$ より $e = f = 0$ が，さらに，$i+1 \in \gamma_H^0$ から $\alpha = 0$ が得られ，矛盾する．

4.5.2 間の公理

少し広げて，$\overline{\mathbb{H}}_F$ 上での間の関係を以下のように定める．A, B, C を閉 $\mathbb{H}_F$-直線 $\overline{\gamma}$ 上にある $\overline{\mathbb{H}}_F$ の3点とする．$\overline{\gamma}$ と $\overline{\delta}_F$ の交点を x, y とする．このとき，命題4.13の(2)により，ある $T \in \text{Möb}^+(\mathbb{H}_F)$ が存在して，$T(x) = 0$, $T(y) = \infty$ とできる．命題4.12により，$T(\overline{\gamma})$ は閉 $\mathbb{H}_F$-直線である．つまり，$T(\overline{\gamma})$ は $i[0, \infty]$ に等しい．そこで，

$$T(A) = ia,\ T(B) = ib,\ T(C) = ic \quad (a, b, c \in [0, \infty])$$

とおき，$A * B * C$ を

$$a < b < c \quad \text{または} \quad c < b < a$$

と定める．この定義が妥当であるためには，T の取り方によらないことを示す必要がある．また，x と y の取り方の順序によらないことも必要である．$T' \in \text{Möb}^+(\mathbb{H}_F)$ を別の $T'(x) = 0$, $T'(y) = \infty$ となるものとする．$S = T' \circ T^{-1}$ とすると，$S(0) = 0$, $S(\infty) = \infty$ であるので，主張4.13.1の(a)により，$S(z) = az$ $(a \in F_{>0})$ となる．また，$T'' \in \text{Möb}^+(\mathbb{H}_F)$ が存在して，$T''(x) = \infty$, $T''(y) = 0$ である場合でも，$S' = T'' \circ T^{-1}$ とおくと，$S'(0) = \infty$, $S'(\infty) = 0$ となるので，主張4.13.1の(a)により，$S(z) = -a/z$ $(a \in F_{>0})$ となる．これらのことは，間の関係の定義の妥当性を示している．

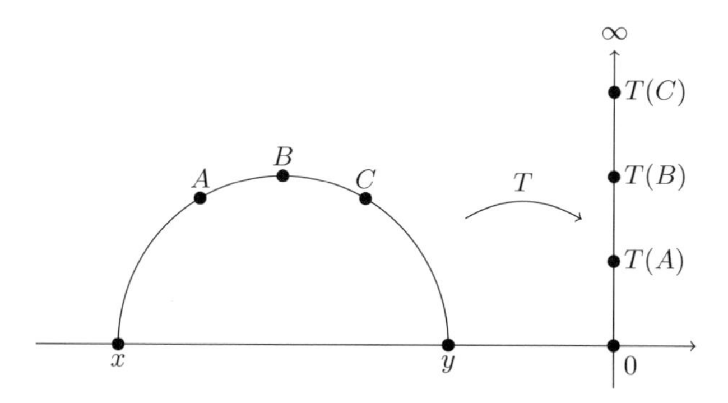

このように定義された間の関係により，$\overline{\mathbb{H}}_F$ の 2 点 A と B から定まる線分を **$\mathbb{H}_F$-線分**とよび，$\overline{AB}^{\mathbb{H}_F}$ で表す．すなわち，

$$\overline{AB}^{\mathbb{H}_F} := \left\{C \in \overline{\mathbb{H}}_F \;\middle|\; A * C * B\right\} \cup \{A\} \cup \{B\}$$

である．$A \in \mathbb{H}_F$, $B \in \overline{\delta}_F$ のとき，$\overline{AB}^{\mathbb{H}_F}$ を **A を始点とする閉 $\mathbb{H}_F$-半直線**とよぶ．$\overline{AB}^{\mathbb{H}_F} \setminus \{B\}$ は，ポアンカレ上半平面モデルにおける半直線になる．これを **A を始点とする $\mathbb{H}_F$-半直線**とよぶ．さらに B を **A を始点とする $\mathbb{H}_F$-半直線の端点**とよぶ．$\overline{AB}^{\mathbb{H}_F}$ は半直線なので，$\overrightarrow{AB}^{\mathbb{H}_F}$ ともかかれる．

メビウス変換で間の関係が保たれることを示そう．

命題 4.21　A, B, C は $\overline{\mathbb{H}}_F$ の 3 点とする．このとき，任意の $T \in \text{Möb}(\mathbb{H}_F)$ について，$A * B * C$ ならば $T(A) * T(B) * T(C)$ である．

証明　まず，$T \in \text{Möb}^+(\mathbb{H}_F)$ の場合から考える．A, B, C を通る閉 $\mathbb{H}_F$-直線を $\overline{\gamma}$ とし，$\overline{\gamma}$ と $\overline{\delta}_F$ との交点を x, y とする．$S \in \text{Möb}^+(\mathbb{D})$ で $S(x) = 0$, $S(y) = \infty$ となるものをとる．$T(A), T(B), T(C)$ を通る閉 $\mathbb{H}_F$-直線は $T(\overline{\gamma})$ であり，$T(\overline{\gamma})$ と $\overline{\delta}_F$ との交点は $T(x)$ と $T(y)$ である．

$$(S \circ T^{-1})(T(x)) = 0, \quad (S \circ T^{-1})(T(y)) = \infty$$

となる．$A * B * C$ であるので，虚軸上で $S(A) * S(B) * S(C)$ である．これは

$$(S \circ T^{-1})(T(A)) * (S \circ T^{-1})(T(B)) * (S \circ T^{-1})(T(C))$$

を示す．すなわち，$T(A) * T(B) * T(C)$ である．

$T \in \text{Möb}^+(\mathbb{H}_F)$ の場合に成立するので，$A * B * C$ のとき，

$$G_\infty(A) * G_\infty(B) * G_\infty(C)$$

を示せば十分である．$S' \in \text{Möb}^+(\mathbb{D})$ と $0 \leqq a < b < c \leqq \infty$ または $0 \leqq c < b < a \leqq \infty$ となる実数 a, b, c が存在して，$A = S'(ia)$, $B = S'(ib)$, $C = S'(ic)$ とできる．(4.8) を用いて，$G_\infty \circ S' = S'' \circ G_\infty$ となる $S'' \in \text{Möb}^+(\mathbb{D})$ が存在する．よって

$$G_\infty(A) = G_\infty(S'(ia)) = S''(ia)$$

となる．同様に，

$$G_\infty(B) = S''(ib), \quad G_\infty(C) = S''(ic)$$

である．これは，$G_\infty(A) * G_\infty(B) * G_\infty(C)$ を示す． □

系 4.22 $T \in \text{Möb}(\mathbb{H}_F)$ と，$\overline{\mathbb{H}}_F$ 上の2点 A, B に対して，$T\left(\overline{AB}^{\mathbb{H}_F}\right) = \overline{T(A)T(B)}^{\mathbb{H}_F}$ である．

証明 演習問題 問6とする． □

間の公理を確かめる上で，以下の命題が基本的事実となる．

命題 4.23 $\overline{\gamma}$ を閉 $\mathbb{H}_F$-直線とする．$\overline{\gamma}$ により $\overline{\mathbb{H}}_F \setminus \overline{\gamma}$ が2つの領域に分かれることに注意すると，2点 $A, B \in \overline{\mathbb{H}}_F \setminus \overline{\gamma}$ について以下は同値である．

(1) A, B は同じ領域の点である．

(2) $\overline{AB}^{\mathbb{H}_F} \cap \gamma = \emptyset$. ここで $\gamma = \overline{\gamma} \cap \mathbb{H}_F$.

証明 $\text{Möb}^+(\mathbb{H}_F)$ による変換を考えて，$\overline{\gamma} = i[0, \infty]$ の場合に帰着することで，命題が証明できる．詳細は演習問題 問7とする． □

間の公理（公理 B-1，公理 B-2，公理 B-3，公理 B-4）が成り立つことを見よう．公理 B-1 は自明である．公理 B-2，公理 B-3 は，$\text{Möb}^+(\mathbb{H}_F)$ による変換を考えると，$\overline{\gamma} = i[0, \infty]$ 上の問題になり，その場合は自明である．公理 B-4 は 命題 4.23 から従う．

4.5.3　合 同 の 公 理

A, B, A', B' は $\mathbb{H}_F$ の点とする．ポアンカレ上半モデルにおける $\mathbb{H}_F$-線分 $\overline{AB}^{\mathbb{H}_F}$ と $\overline{A'B'}^{\mathbb{H}_F}$ の合同は $\varrho_{\mathbb{H}_F}(A,B) = \varrho_{\mathbb{H}_F}(A',B')$ で定める．これを **$\mathbb{H}_F$-合同**とよび，$\overline{AB}^{\mathbb{H}_F} \cong_{\mathbb{H}_F} \overline{A'B'}^{\mathbb{H}_F}$ で表す．すなわち，

$$\overline{AB}^{\mathbb{H}_F} \cong_{\mathbb{H}_F} \overline{A'B'}^{\mathbb{H}_F} \quad \overset{\text{def}}{\Longleftrightarrow} \quad \varrho_{\mathbb{H}_F}(A,B) = \varrho_{\mathbb{H}_F}(A',B')$$

である．命題 4.15 より，$\overline{AB}^{\mathbb{H}_F} \cong_{\mathbb{H}_F} \overline{A'B'}^{\mathbb{H}_F}$ であるための必要十分条件はある $T \in \text{Möb}^+(\mathbb{H}_F)$ が存在して，$A' = T(A)$ かつ $B' = T(B)$ となることである．

A を始点とする 2 つの閉 $\mathbb{H}_F$-半直線 $\overrightarrow{Ax}^{\mathbb{H}_F}$ と $\overrightarrow{Ay}^{\mathbb{H}_F}$ の対を **$\mathbb{H}_F$-角**とよび，$\angle_{\mathbb{H}_F} xAy$ とかく．ここで，x と y はそれぞれの半直線の端点である．さらに，B を始点とする 2 つの半直線 $\overrightarrow{Bx'}^{\mathbb{H}_F}$ と $\overrightarrow{By'}^{\mathbb{H}_F}$ の対でできる $\mathbb{H}_F$-角 $\angle_{\mathbb{H}_F} x'By'$ を考え，$\angle_{\mathbb{H}_F} xAy$ と $\angle_{\mathbb{H}_F} x'By'$ が合同であるとは，デカルト平面 $\mathbb{C}_F$ での $\tau(A,x)$ と $\tau(A,y)$ のなす角 $\{\tau(A,x), \tau(A,y)\}$ と $\tau(B,x')$ と $\tau(B,y')$ のなす角 $\{\tau(B,x'), \tau(B,y')\}$ が合同であることと定める ($\tau(A,x)$, $\tau(A,y)$, $\tau(B,x')$, $\tau(B,y')$ については定義 4.17 を参照)．$\angle_{\mathbb{H}_F} xAy$ と $\angle_{\mathbb{H}_F} x'By'$ が合同であるとき，$\angle_{\mathbb{H}_F} xAy \cong_{\mathbb{H}_F} \angle_{\mathbb{H}_F} x'By'$ とかく．つまり，

$$\angle_{\mathbb{H}_F} xAy \cong_{\mathbb{H}_F} \angle_{\mathbb{H}_F} x'By' \overset{\text{def}}{\Longleftrightarrow}$$

$$\mathbb{C}_F \text{ において角 } \{\tau(A,x), \tau(A,y)\} \text{ と角 } \{\tau(B,x'), \tau(B,y')\} \text{ が合同}$$

である．命題 4.20 により，$\angle_{\mathbb{H}_F} xAy \cong_{\mathbb{H}_F} \angle_{\mathbb{H}_F} x'By'$ であるための必要十分条件は，ある $T \in \text{Möb}(\mathbb{H})$ が存在して，$B = T(A)$, $x' = T(x)$, $y' = T(y)$ となることである．

上記の合同の定義が，公理 C-2 と公理 C-5 をみたすことは明らかである．公理 C-2 と公理 C-5 以外の合同の公理をみたすことを見ていこう．

公理 C-1：$\mathbb{H}_F$-線分 $\overline{AB}^{\mathbb{H}_F}$ と A' を始点とする $\mathbb{H}_F$-半直線 r を考える．半直線 $\overrightarrow{AB}^{\mathbb{H}_F}$ と r の端点をそれぞれ x, x' とする．このとき，命題 4.13 により，ある $T \in \text{Möb}^+(\mathbb{H}_F)$ が存在して，$T(A) = A'$, $T(x) = x'$ となる．よって，命題 4.15 より $B' = T(B)$ とおけば，$\overline{AB}^{\mathbb{H}_F} \cong \overline{A'B'}^{\mathbb{H}_F}$ となる．つまり存在がわかった．次に一意性を考える．別の B'' が r 上に存在して，

$\overline{AB}^{\mathbb{H}_F} \cong \overline{A'B''}^{\mathbb{H}_F}$ となると仮定する．$T(B_1) = B''$ となる B_1 を $\overrightarrow{AB}^{\mathbb{H}_F}$ にとると，命題 4.15 より，$\overline{AB}^{\mathbb{H}_F} \cong \overline{AB_1}^{\mathbb{H}_F}$ となる．命題 4.15 を再び用いると，ある $S \in \text{Möb}^+(\mathbb{H}_F)$ が存在して，$S(A) = A$ かつ $S(B) = B_1$ とできる．$\overrightarrow{AB_1}^{\mathbb{H}_F}$ の端点は x であるので，$S(x) = x$ である．よって，命題 4.13 の (1) の一意性より，$S = \text{id}$ となる．つまり，$B_1 = B$ である．

公理 C-3：$r = \overrightarrow{AC}^{\mathbb{H}_F}$, $r' = \overrightarrow{A'C'}^{\mathbb{H}_F}$ とし，r, r' の端点を x, x' とする．$T, T' \in \text{Möb}^+(\mathbb{H}_F)$ を $T(A) = T'(A') = i$, $T(x) = T'(x') = \infty$ となるようにとる．$T(B) = ib$, $T(C) = ic$, $T'(B') = ib'$, $T'(C') = ic'$ とおくと，$1 < b < c$ かつ $1 < b' < c'$ である．$\overline{AB}^{\mathbb{H}_F} \cong \overline{A'B'}^{\mathbb{H}_F}$ かつ $\overline{BC}^{\mathbb{H}_F} \cong \overline{B'C'}^{\mathbb{H}_F}$ であるので，

$$\frac{b-1}{b} = \frac{b'-1}{b'}, \quad \frac{c-b}{bc} = \frac{c'-b'}{b'c'}$$

が成り立つ．これより, $b = b'$ かつ $c = c'$ がわかる．よって $\overline{AC}^{\mathbb{H}_F} \cong \overline{A'C'}^{\mathbb{H}_F}$ である．

公理 C-4：$\overline{\gamma'}$ は A' と B' を通る閉 $\mathbb{H}_F$-直線とする．$B, C, B' \in \overline{\delta}_F$ と仮定してよい．ある $T \in \text{Möb}^+(\mathbb{H}_F)$ がとれて，$T(A) = A'$ かつ $T(B) = B'$ となる．$T(C)$ が与えられた側にあれば，$C' = T(C)$ とすればよい．そうでないとすると，$C' = T_{\overline{\gamma'}}(T(C))$ とすればよい．一意性は，補題 4.19 から従う．

公理 C-6：$\mathbb{H}_F$-三角形 ABC と $\mathbb{H}_F$-三角形 $A'B'C'$ を与える

$$D, E, D', E' \in \overline{\delta}_F$$

がとれて，$\angle_{\mathbb{H}_F} BAC = \angle_{\mathbb{H}_F} DAE$, $\angle_{\mathbb{H}_F} B'A'C' = \angle_{\mathbb{H}_F} D'A'E'$ とできる．命題 4.20 により，$T \in \text{Möb}(\mathbb{H}_F)$ が存在して，$T(A) = A'$, $T(D) = D'$, $T(E) = E'$ とできる．合同の定義が公理 C-1 を満たすことから，$B' = T(B)$, $C' = T(C)$ である．よって，命題 4.15，注意 4.16 と命題 4.20 により，$\triangle_{\mathbb{H}_F} ABC \cong_{\mathbb{H}_F} \triangle_{\mathbb{H}_F} A'B'C'$ である．

4.5.4 双曲公理

最後に，次の双曲公理を考える．双曲公理をみたすヒルベルト幾何を，**双曲幾何**，その平面を**双曲平面**という．

- **双曲公理**　任意の直線 l と l 上にない任意の点 P に対して，次をみたす P を始点とする2つの半直線 r と r' が存在する．

(1) 角 (r, r') は狭義の角をなし，l は 角 (r, r') の内部にある．

(2) 角 (r, r') の内部にある P から始まる半直線は l と交わる．

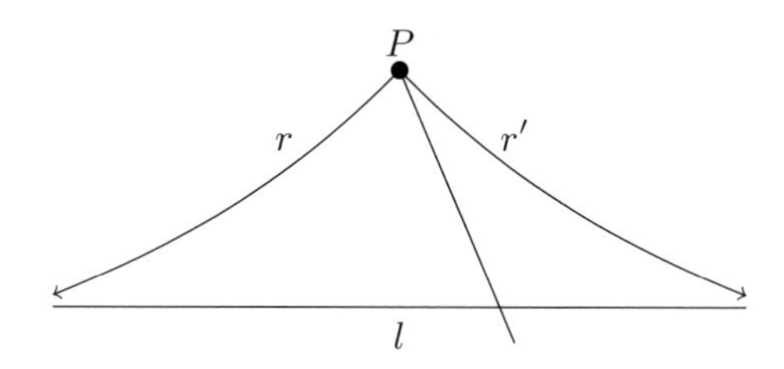

命題 4.24　$\mathbb{H}_F$ は双曲平面である．

証明　$\mathbb{H}_F$-直線 l と l 上にない点 P を考える．x と x' は l の2つの端点とする．$r = \overrightarrow{Px}^{\mathbb{H}_F} \setminus \{x\}$, $r' = \overrightarrow{Px'}^{\mathbb{H}_F} \setminus \{x'\}$ とおくと，r と r' は上の双曲公理をみたす半直線である．詳細は演習問題 問8とする．□

注意 4.25　$\mathbb{D}_F := \{z \in \mathbb{C}_F \mid |z| < 1\}$ とおく．ケーリー変換

$$C\colon \mathbb{C}_F \cup \{\infty\} \to \mathbb{C}_F \cup \{\infty\}, \quad C(z) = \frac{z-i}{z+i}$$

を考える．計算により，

$$1 - \left|C(z)\right|^2 = \frac{4\,\mathrm{Im}(z)}{|z+i|^2}$$

であるので，全単射 $C\colon \mathbb{H}_F \to \mathbb{D}_F$ を導くことがわかる．ケーリー変換 C によって $\mathbb{H}_F$ 上のモデルは $\mathbb{D}_F$ 上に移されることがわかる．$\mathbb{D}_F$ 上のモデルを**ポアンカレ円板モデル**という．p.165 の図は，ポアンカレ円板モデルにおける三角形の分割の例である．

注意 4.26　双曲平面における2つの半直線 $\overrightarrow{AB}$ が $\overrightarrow{CD}$ に**限界平行**であるとは，次のいずれかが成立するときにいう．

(1) A, B, C, D は同一直線上にあり，$\overrightarrow{AB}$ と $\overrightarrow{CD}$ は同じ方向の半直線である．

(2) (i) $\overrightarrow{AB}$ と $\overrightarrow{CD}$ は交わらず，直線 $\overleftrightarrow{AB}, \overleftrightarrow{CD}$ は直線 $\overleftrightarrow{AC}$ と異なる．

(ii) E が $\angle BAC$ の内点であるなら，半直線 $\overrightarrow{AE}$ は半直線 $\overrightarrow{CD}$ と交わる．

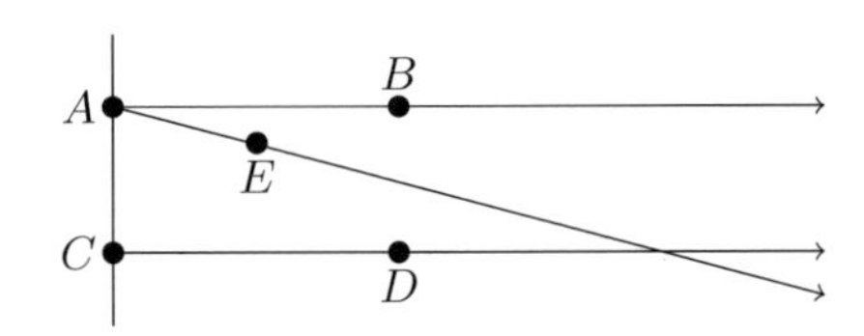

$\overrightarrow{AB}$ が $\overrightarrow{CD}$ に限界平行なとき，$\overrightarrow{AB} \mathrel{|||} \overrightarrow{CD}$ と表す．$|||$ は半直線全体の同値関係であることが知られている．そこで，$\{$半直線全体$\}$ の同値関係 $|||$ による商集合を $\overline{\delta}$ で表し，**端点集合**とよぶ．ポアンカレモデル $\mathbb{H}_F$ の場合は，2つの $\mathbb{H}_F$-半直線が限界平行であるための必要十分条件はその端点が等しいことが知られている．したがって，上の $\overline{\delta}$ は自然に $\mathbb{H}_F$ の場合の $\overline{\delta}_F$ と同一視できることがわかる．さらに，双曲平面において，$\overline{\delta} \setminus \{$一点$\}$ にユークリッド的な順序体構造を与えることができ，その順序体上のポアンカレ上半平面モデルともとの双曲平面は同型であることが知られている（双曲平面の構造定理）．詳しくは［1, Characterization of the Hyperbolic Planes Theorem］，［2, 命題 43.1, 系 43.3］，［3, 定理 10.2, 双曲幾何の基本定理］を参照.

注意 4.27　平行線の公理を否定した中立幾何（**非ユークリッド幾何**）は双曲公理をみたす．証明の概略を示す．詳細は演習とする（演習問題 問 17）．P から l に下ろした垂線の足を H とし，$\overrightarrow{PX}$ は $\overrightarrow{PH}$ と垂直に交わる半直線とする．このとき，『$\angle XPH$ の内部に半直線 $\overrightarrow{PY}$ が存在して，l とは交わらずかつ P を始点とし $\angle YPH$ の内部にある半直線は l と交わる』を示せばよい．これは以下のようにして示される．

$$\begin{cases} \Sigma_1 = \{\overrightarrow{PZ} \mid \overrightarrow{PZ} \text{ は } \angle XPH \text{ の内部にある半直線で } l \text{ と交わらない}\}, \\ \Sigma_2 = \{\overrightarrow{PZ} \mid \overrightarrow{PZ} \text{ は } \angle XPH \text{ の内部にある半直線で } l \text{ と交わる}\} \end{cases}$$

とおく．$\Sigma_1 \neq \emptyset$ かつ $\Sigma_2 \neq \emptyset$ であり，$\theta(\Sigma_i) = \{\theta(\angle ZPH) \mid \overrightarrow{PZ} \in \Sigma_i\}$ $(i = 1, 2)$ とおくと，$\theta(\Sigma_1), \theta(\Sigma_2)$ は 区間 $]0, 90[$ の切断を与える．したがって，$\angle XPH$ の内部にある半直線 $\overrightarrow{PY}$ が存在して，$\theta(\angle YPH)$ は上の切断の境界を与える．この $\overrightarrow{PY}$ が題意をみたすものである．

双曲幾何のポアンカレ円板モデルにおける三角形の分割

前の注意 4.26 と合わせれば，平行線の公理を否定した中立幾何は，$\mathbb{H}_{\mathbb{R}}$，すなわち，$\mathbb{R}$ 上のポアンカレ上半平面モデルと同型であることがわかる．

演 習 問 題

問 9 から問 14 においては，$F=\mathbb{R}$，つまり，$\mathbb{C}_F=\mathbb{C}$ とする．さらに $\mathbb{H}$ は複素平面の上半平面とする，つまり，$\mathbb{H}=\{z\in\mathbb{C}\mid \mathrm{Im}(z)>0\}$ である．

問 1 式 (4.4) を確かめよ．

問 2 式 (4.7) を確かめよ．

問 3 式 (4.8) を確かめよ．

問 4 式 (4.9) を確かめよ．

問 5 補題 4.18 の $S=G_\infty$ の場合を確かめよ．

問 6 系 4.22 を証明せよ．

問 7 命題 4.23 を証明せよ．

問 8 命題 4.24 の証明を完成せよ．

問 9 複素数 z, z', w, w' に対して，**非調和比** $[z,z',w,w']$ を

$$[z,z',w,w']=\frac{(z-z')(w-w')}{(z-w')(w-z')}$$

と定める．非調和比は**複比**ともよばれる．$A\in\mathrm{GL}_2(\mathbb{C})$ に対して，

$$\bigl[T_A(z),T_A(z'),T_A(w),T_A(w')\bigr]=[z,z',w,w']$$

を示せ．

問 10 z,w は $\mathbb{H}$ の 2 点とする．γ は z と w を通り実軸と直交する円または直線とする．$\gamma\cap\overline{\mathbb{H}}$ の 2 つの端点を z', w' とする．このとき，

$$d(z,w)=\Bigl|\log\bigl|[z,z',w,w']\bigr|\Bigr|$$

と定める．この定義は z', w' の順序に依らないことを示せ．

問 11 問 10 の d は $\mathbb{H}$ 上の距離を与えることを示せ．つまり，次が成立することを示せ．

(i) 任意の $x,y\in\mathbb{H}$ に対して，$d(x,y)\geqslant 0$ であり，$d(x,y)=0$ であるための必要十分条件は $x=y$.

(ii) 任意の $x, y \in \mathbb{H}$ に対して，$d(x,y) = d(y,x)$.

(iii) 任意の $x, y, z \in \mathbb{H}$ に対して，$d(x,z) \leqslant d(x,y) + d(y,z)$

問 12　$\cosh(t) = (e^t + e^{-t})/2$ と定める．$z, w \in \mathbb{H}$ について，

$$\cosh d(z,w) = 1 + \frac{1}{2}\,\frac{|z-w|^2}{\mathrm{Im}(z)\,\mathrm{Im}(w)} = 1 + \frac{1}{2}\,\varrho_{\mathbb{H}}(z,w)$$

を示せ．

問 13　γ は $\mathbb{H}$-直線とする．z は γ 上にない点とし，$\mathbb{H}$ のヒルベルト幾何の意味で，z から γ に下ろした垂線の足を h とする．x は γ の 1 つの端点とする．r は z から始まる $\mathbb{H}$-半直線で，r の端点は x であると仮定する．このとき，α は $\overrightarrow{zh}$ と r とのなす角度とすると，

$$\tan\frac{\alpha}{2} = e^{-d(z,h)}$$

が成立することを示せ．この式を**ボヤイ–ロバチェフスキーの式**とよぶ．

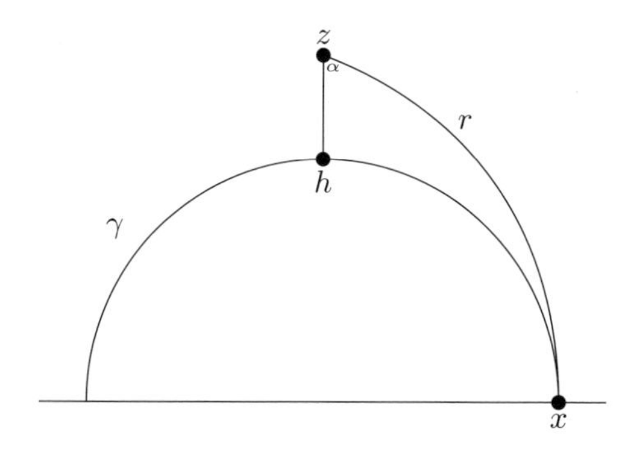

問 14　$\mathbb{H}$ の曲線 γ とは，微分可能な写像 $\gamma\colon [0,1] \to \mathbb{H}$ を意味する．このとき，

$$\ell(\gamma) := \int_0^1 \frac{|\gamma'(t)|}{\mathrm{Im}(\gamma(t))}\,dt$$

と定める．以下に答えよ．

(i) 任意の $T \in \mathrm{M\ddot{o}b}(\mathbb{H})$ に対して，合成 $[0,1] \xrightarrow{\gamma} \mathbb{H} \xrightarrow{T} \mathbb{H}$ によってできる曲線 $T \circ \gamma$ を考える．このとき，

$$\ell(\gamma) = \ell(T \circ \gamma)$$

を示せ.

(ii) $\gamma(0)=x$, $\gamma(1)=y$ となる任意の曲線 γ について,

$$d(x,y) \leqslant \ell(\gamma)$$

であることを示せ．さらに，等号を与える曲線を構成せよ.

問 15 注意 4.25 にあるポアンカレ円板モデルについてレポートにまとめよ.

問 16 注意 4.26 について調べ，レポートにまとめよ.

問 17 注意 4.27 の詳細をつめよ.

付　録
代数学から

この章では，本文で必要となる代数学からの定義と諸結果をまとめておく．最初からしっかりと読む必要はなく，本文中でわからないことがあったら確認・参照する程度でよいと思う．

A.1　順序集合

まずは順序集合の定義から始めよう．

定義 A.1　集合 P が**順序集合**であるとは，**順序**とよばれる以下の性質をもつ 2 項関係 $\leqq$ が P 上に定義されているときにいう．

(1)（反射律）$\forall x \in P$ について，$x \leqq x$.

(2)（反対称律）$\forall x, y \in P$ について，$x \leqq y$ かつ $y \leqq x$ ならば $x = y$.

(3)（推移律）$\forall x, y, z \in P$ について，$x \leqq y$ かつ $y \leqq z$ ならば $x \leqq z$.

さらに，次の性質をもてば**全順序集合**とよばれる．

(4)（全順序律）$\forall x, y \in P$ について，$x \leqq y$ または $y \leqq x$ が成り立つ．

$x \leqq y$ で $x \neq y$ のとき，$x < y$ と表すことにする．

任意の $a, b \in F$ に対して，4 つの**区間** $]a, b[$, $]a, b]$, $[a, b[$, $[a, b]$ を

$$\begin{cases}]a,b[:= \{x \in P \mid a < x < b\}, &]a,b] := \{x \in P \mid a < x \leqq b\}, \\ [a,b[:= \{x \in P \mid a \leqq x < b\}, & [a,b] := \{x \in P \mid a \leqq x \leqq b\} \end{cases}$$

と定める．$]a, b[$ はしばしば (a, b) で表されることがあるが，この本では平面の点の座標 (a, b) と区別するため $]a, b[$ を用いることにする．$]a, b[$ を**開区間**,

$[a, b]$ を**閉区間**とよぶ．さらに，$\alpha \in P$ に対して，

$$\begin{cases} P_{\leqq \alpha} := \{x \in P \mid x \leqq \alpha\}, \quad P_{<\alpha} := \{x \in P \mid x < \alpha\}, \\ P_{\geqq \alpha} := \{x \in P \mid x \geqq \alpha\}, \quad P_{>\alpha} := \{x \in P \mid x > \alpha\} \end{cases}$$

と定める．

以下では P は全順序集合とし，そのデデキント性について考える．

定義 A.2 P の 2 つの空でない部分集合 Σ_1 と Σ_2 の組 (Σ_1, Σ_2) が**デデキント切断**を与えるとは，$P = \Sigma_1 \cup \Sigma_2$ であり，任意の $x \in \Sigma_1$ と $y \in \Sigma_2$ について，$x < y$ が成り立つときにいう．

(Σ_1, Σ_2) がデデキント切断のとき，$x \in \Sigma_1$ で $x' \leqq x$ ならば $x' \in \Sigma_1$ である．実際，$x' \in \Sigma_2$ とすると $x < x'$ となるからである．同様に，$y \in \Sigma_2$ で $y \leqq y'$ ならば $y' \in \Sigma_2$ である．

ヒルベルトの公理系におけるデデキント切断と，順序集合におけるデデキント切断を結ぶ命題を考える．

命題 A.3 Σ_A, Σ_B は P の部分集合とし，$P = \Sigma_A \cup \Sigma_B$ かつ $\Sigma_A \cap \Sigma_B = \emptyset$ をみたしていると仮定する．このとき，以下は同値である．

(1) (Σ_A, Σ_B) または (Σ_B, Σ_A) がデデキント切断になる．

(2) 任意の $a \in \Sigma_A$ に対して，$b_1 < a < b_2$ となる $b_1, b_2 \in \Sigma_B$ は存在しない．同様に，任意の $b \in \Sigma_B$ に対して，$a_1 < b < a_2$ となる $a_1, a_2 \in \Sigma_A$ は存在しない．

証明 (1) $\Longrightarrow$ (2) は自明である．(2) $\Longrightarrow$ (1) を考えよう．(1) が成り立たないと仮定する．このとき，$\Sigma_A \cap \Sigma_B = \emptyset$ に注意すると，$a, a' \in \Sigma_A$ と $b, b' \in \Sigma_B$ が存在して，$b < a$ かつ $a' < b'$ が成り立つ．a と b' の大小関係については，$a = b'$ または $a < b'$ または $b' < a$ である．$\Sigma_A \cap \Sigma_B = \emptyset$ であるので $a = b'$ となることはない．$a < b'$ の場合，$b < a < b'$ となり矛盾する．$b' < a$ の場合，$a' < b' < a$ となり矛盾する． □

全順序集合のデデキント性を定義しよう．

定義 A.4　$\beta \in P$ がデデキント切断 (Σ_1, Σ_2) の**境界**であるとは,

$$「\Sigma_1 \subseteq P_{\leqq \beta} \text{ かつ } \Sigma_2 \subseteq P_{\geqq \beta}」$$

が成り立つことをいう．$\beta \in \Sigma_1$ のとき「$\Sigma_1 = P_{\leqq \beta}$ かつ $\Sigma_2 = P_{>\beta}$」が成立し，$\beta \in \Sigma_2$ のとき「$\Sigma_1 = P_{<\beta}$ かつ $\Sigma_2 = P_{\geqq \beta}$」が成立する．全順序集合 P が**デデキント的**であるとは，P の任意のデデキント切断が境界をもつことである．

最後にデデキント性の判定条件を考えよう．

命題 A.5　(1) $a, b \in P$ で $a < b$ と仮定する．P がデデキント的であれば $[a, b[$ $(= \{x \in P \mid a \leqq x < b\})$ もデデキント的.

(2) $\{a_i\}_{i=0}^{\infty}$ は P の元からなる単調増大列とする．つまり，$a_0 < a_1 < \cdots < a_i < a_{i+1} < \cdots$ である．$P = \bigcup_{i=0}^{\infty}[a_i, a_{i+1}[$ と仮定する．任意の i について，$[a_i, a_{i+1}[$ がデデキント的であるならば，P もデデキント的である．

証明　(1) (Σ_1, Σ_2) は $[a, b[$ のデデキント切断とする．$\Sigma_1' := P_{<a} \cup \Sigma_1$, $\Sigma_2' := \Sigma_2 \cup P_{\geqq b}$ とおくと，(Σ_1', Σ_2') は P のデデキント切断を与えるので，境界 β が存在するが，それは (Σ_1, Σ_2) の境界になる．

(2) (Σ_1, Σ_2) は P のデデキント切断とする．$\Sigma_2 \neq \emptyset$ であるので,

$$n = \max\bigl\{i \bigm| \Sigma_1 \cap [a_i, a_{i+1}[\neq \emptyset\bigr\}$$

とおくと，$n < \infty$ である．さらに $a_{n+1} \notin \Sigma_1$ である．もし $[a_n, a_{n+1}[\subseteq \Sigma_1$ であるなら，$\Sigma_1 = P_{<a_{n+1}}$ かつ $\Sigma_2 = P_{\geqq a_{n+1}}$ であるので，(Σ_1, Σ_2) の境界は a_{n+1} である．次に，もし $[a_n, a_{n+1}[\not\subseteq \Sigma_1$ とすると，$(\Sigma_1 \cap [a_n a_{n+1}[, \Sigma_2 \cap [a_n, a_{n+1}[)$ は $[a_n, a_{n+1}[$ のデデキント切断を与える．β をその境界とすると，それは (Σ_1, Σ_2) の境界でもある．□

A.2　簡約可換モノイド

素朴な数学的対象は次で定義する簡約可換モノイドになることが多い．まずは可換モノイドと簡約可換モノイドの定義から始める．

定義 A.6 M が**可換モノイド**であるとは 2 項演算 $+$ と特別な元 $0 \in M$ が存在して次をみたすときにいう.

(1) $\forall x, y, z \in M$ について, $(x+y)+z = x+(y+z)$.

(2) $\forall x \in M$ について, $0+x = x+0 = x$.

(3) $\forall x, y \in M$ について, $x+y = y+x$.

さらに, 次の**簡約法則** (4) をみたすとき, **簡約可換モノイド**であるという.

(4) $\forall x, y, z \in M$ について, $x+z = y+z$ ならば $x = y$.

また, 簡約可換モノイド M が**真のモノイド**であるとは, 任意の $x, y \in M$ について, $x+y=0$ ならば $x=y=0$ が成り立つときにいう.

A.2.1 簡約可換モノイドの諸性質

簡約可換モノイドの諸性質を調べる. M は簡約可換モノイドとする. $n \in \mathbb{Z}_{\geqslant 0}$ $(= \{n \in \mathbb{Z} \mid n \geqslant 0\})$ と $x \in M$ に対して, $n \cdot x$ を帰納的に以下のように定める.

$$\begin{cases} 0 \cdot x = 0, \\ (n+1) \cdot x = n \cdot x + x \quad (n \in \mathbb{Z}_{\geqslant 0}). \end{cases}$$

このとき以下のことがわかる.

命題 A.7 (1) $(n+m) \cdot x = n \cdot x + m \cdot x \quad (x \in M,\, n, m \in \mathbb{Z}_{\geqslant 0})$.

(2) $n \cdot (x+y) = n \cdot x + n \cdot x \quad (x, y \in M,\, n \in \mathbb{Z}_{\geqslant 0})$.

(3) $n \cdot (m \cdot x) = (n \cdot m) \cdot x \quad (x \in M,\, n, m \in \mathbb{Z}_{\geqslant 0})$.

証明 演習問題 問 1 とする. □

さて, 2-倍写像 $2\cdot : M \to M$ $(x \mapsto 2 \cdot x)$ を考える. ここで, $2\cdot : M \to M$ は**全単射**と仮定する. その逆写像を $(1/2)\cdot$ で表す. さらに, $(1/2^n) \cdot x$ $(x \in M)$ を帰納的に

$$\begin{cases}(1/2^0)\cdot x = x, \\ (1/2^{n+1})\cdot x = (1/2)\cdot\bigl\{(1/2^n)\cdot x\bigr\} \quad (n\in\mathbb{Z}_{\geqslant 0})\end{cases}$$

と定める．さらに，$m, n \in \mathbb{Z}_{\geqslant 0}$ に対して，

$$(m/2^n)\cdot x = m\cdot\bigl\{(1/2^n)\cdot x\bigr\} \tag{A.1}$$

と定める．ここで，

$$\begin{cases}\mathbb{Z}[1/2]_{>0} := \{m/2^l \mid m\in\mathbb{Z}_{>0},\, l\in\mathbb{Z}_{\geqslant 0}\}, \\ \mathbb{Z}[1/2]_{\geqslant 0} := \{m/2^l \mid m, l\in\mathbb{Z}_{\geqslant 0}\}\end{cases}$$

とおく．$\mathbb{Z}[1/2]_{>0}$ は $\mathbb{R}_{\geqslant 0} = \{x\in\mathbb{R}\mid x\geqslant 0\}$ で稠密であることに注意しておく（演習問題 問 2）．(A.1) がうまく定義されていることを見よう．

命題 A.8 $a\in\mathbb{Z}[1/2]_{\geqslant 0}$ に対して，$a\cdot x$ はうまく定義されている．つまり，$m/2^n = m'/2^{n'}$ ならば

$$(m/2^n)\cdot x = (m'/2^{n'})\cdot x.$$

証明 演習問題 問 3 とする． □

命題 A.7 を $\mathbb{Z}[1/2]_{\geqslant 0}$ に拡張する．

命題 A.9 (1) $(a+b)\cdot x = a\cdot x + b\cdot x \quad (x\in M,\, a, b\in\mathbb{Z}[1/2]_{\geqslant 0})$.

(2) $a\cdot(x+y) = a\cdot x + a\cdot x \quad (x, y\in M,\, a\in\mathbb{Z}[1/2]_{\geqslant 0})$.

(3) $a\cdot(b\cdot x) = (a\cdot b)\cdot x \quad (x\in M,\, a, b\in\mathbb{Z}[1/2]_{\geqslant 0})$.

証明 (1) $a = n/2^l$, $b = m/2^l$ とおける．このとき，命題 A.7 を用いて，

$$\begin{aligned}(a+b)\cdot x &= \bigl\{(n+m)/2^l\bigr\}\cdot x = (m+n)\bigl\{(1/2^l)\cdot x\bigr\} \\ &= m\cdot\bigl\{(1/2^l)\cdot x\bigr\} + n\cdot\bigl\{(1/2^l)\cdot x\bigr\} = a\cdot x + b\cdot x\end{aligned}$$

となる．

(2) まず，次の主張から見よう．

主張 A.9.1 $(1/2^l)\cdot(x+y) = (1/2^l)\cdot x + (1/2^l)\cdot y$.

証明 l に関する帰納法で示す．$l=0$ の場合は，自明である．$l=1$ の場合，命題 A.7 を用いて，

$$\begin{aligned}2\cdot\{(1/2)\cdot(x+y)\} &= x+y = 2\cdot\{(1/2)\cdot x\}+2\cdot\{(1/2)\cdot y\}\\ &= 2\cdot\{(1/2)\cdot x+(1/2)\cdot y\}\end{aligned}$$

であるので，2· の単射性から，この場合がいえる．一般には，帰納法の仮定を用いて，

$$\begin{aligned}(1/2^{l+1})\cdot(x+y) &= (1/2)\cdot\{(1/2^l)\cdot(x+y)\}\\ &= (1/2)\cdot\{(1/2^l)\cdot x+(1/2^l)\cdot y\}\\ &= (1/2)\cdot\{(1/2^l)\cdot x\}+(1/2)\cdot\{(1/2^l)\cdot y\}\\ &= (1/2^{l+1})\cdot x+(1/2^{l+1})\cdot y\end{aligned}$$

となる． □

さて，一般に，命題 A.7 と主張 A.9.1 を用いて，

$$\begin{aligned}(m/2^l)\cdot(x+y) &= m\cdot\{(1/2^l)\cdot(x+y)\} = m\cdot\{(1/2^l)\cdot x+(1/2^l)\cdot y\}\\ &= m\cdot\{(1/2^l)\cdot x\}+m\cdot\{(1/2^l)\cdot y\}\\ &= (m/2^l)\cdot x+(m/2^l)\cdot y\end{aligned}$$

となる．

(3) まず，次の主張を見よう．

主張 A.9.2 $(m/2^l)\cdot x=(1/2^l)\cdot(m\cdot x)$.

証明 m に関する帰納法で示す．$m=0$ の場合は自明である．帰納法の仮定と命題 A.9 の (2) を用いて，

$$\begin{aligned}\{(m+1)/2^l\}\cdot x &= (m+1)\cdot\{(1/2^l)\cdot x\} = m\cdot\{(1/2^l)\cdot x\}+(1/2^l)\cdot x\\ &= (1/2^l)\cdot(m\cdot x)+(1/2^l)\cdot x = (1/2^l)\cdot(m\cdot x+x)\\ &= (1/2^l)\cdot\{(m+1)\cdot x\}\end{aligned}$$

となる． □

定義から容易に

$$(1/2^b)\cdot\big\{(1/2^a)\cdot x\big\}=(1/2^{a+b})\cdot x$$

である．よって，上の主張 A.9.2 により，

$$\begin{aligned}(n/2^b)\cdot\big\{(m/2^a)\cdot x\big\}&=n\cdot\big[(1/2^b)\cdot\{m\cdot\{(1/2^a)\cdot x\}\}\big]\\&=n\cdot\big[m\cdot\{(1/2^b)\cdot\{(1/2^a)\cdot x\}\}\big]\\&=(nm)\cdot\big\{(1/2^{a+b})\cdot x\big\}=(mn/2^{a+b})\cdot x\end{aligned}$$

となる． □

A.2.2　簡約可換モノイドの順序

M が真のモノイド（つまり，「$x,y\in M$ について $x+y=0$ ならば $x=y=0$」が成立）であるとき，以下の命題により，M には自然な順序が入る．

命題 A.10　簡約可換モノイド M が真のモノイドであるとき，任意の $x,y\in M$ に対して，

$$x\leqq y \overset{\text{def}}{\Longleftrightarrow} \text{ある } z\in M \text{ が存在して } y=x+z$$

で 2 項関係 $\leqq$ を定義すると，$\leqq$ は順序になる．

証明　$x\leqq x$ は自明である．$x\leqq y$ かつ $y\leqq z$ と仮定すると，$y=x+u$, $z=y+u'$ となる $u,u'\in M$ が存在する．よって，$z=x+(u+u')$ かつ $u+u'\in M$ であるので，$x\leqq z$ である．最後に，$x\leqq y$ かつ $y\leqq x$ と仮定すると，$y=x+u$, $x=y+u'$ となる $u,u'\in M$ が存在する．よって，$x=x+(u+u')$ となる．簡約法則により $u+u'=0$ であるので，仮定より $u=u'=0$ を得る．つまり，$x=y$ である． □

定義 A.11　簡約可換モノイド M が真のモノイドであるとき，命題 A.10 による順序を **M から導かれる順序**という．この順序を $\leqq_M$ とかくこともある．

以後，M は簡約可換モノイドとし，M は真のモノイドと仮定する．さらに，その順序 $\leqq$ は M から導かれる順序とする．

命題 A.12　以下が成立する．

(1) $\forall x\in M$ について，$0\leqq x$.

(2) $\forall x, y \in M$ について，$x < y \iff$ ある $z \in M \setminus \{0\}$ が存在して，$y = x + z$.

(3) $\forall x, y, z \in M$ に対して，$x < y \iff x + z < y + z$.

(4) $\forall x, x', y, y' \in M$ について，$x \leqq x'$ かつ $y \leqq y'$ ならば $x+y \leqq x'+y'$.

ここからは，2-倍写像 $2\cdot : M \to M$ $(x \mapsto 2 \cdot x)$ は全単射であると仮定する.

(5) $\forall x, y \in M$ と $a \in \mathbb{Z}[1/2]_{>0}$ に対して，$x < y$ ならば $a \cdot x < a \cdot y$ である.

(6) $\forall x \in M \setminus \{0\}$ と $a, a' \in \mathbb{Z}[1/2]_{\geqslant 0}$ に対して，$a < a'$ ならば $a \cdot x < a' \cdot x$ である.

(7) $\forall x \in M \setminus \{0\}$ と $a, a' \in \mathbb{Z}[1/2]_{\geqslant 0}$ に対して，

$$\begin{cases} a < a' \iff a \cdot x < a' \cdot x, \\ a = a' \iff a \cdot x = a' \cdot x. \end{cases}$$

証明　(1) $x = x + 0$ であるので $0 \leqq x$ である.

(2) $x < y$ とすると，ある $z \in M$ が存在して，$y = x + z$ とできる．$z = 0$ であると $x = y$ となるので，$z \in M \setminus \{0\}$ である．逆に，ある $z \in M \setminus \{0\}$ が存在して，$y = x + z$ とできると仮定する．$x \leqq y$ であるが，$x = y$ と仮定すると簡約法則から $z = 0$ となるので矛盾する．つまり，$x < y$ である.

(3) $x < y$ とすると，(2) より $u \in M \setminus \{0\}$ が存在して，$y = x + u$ とできる．このとき，$(x + z) + u = y + z$ である．よって，(2) より $x + z < y + z$ である．逆に，$x + z < y + z$ と仮定すると，$y + z = x + z + v$ となる $v \in M \setminus \{0\}$ が存在する．簡約法則より，$y = x + v$ となるので，$x < y$.

(4) (3) を利用して，$x + y \leqq x' + y \leqq x' + y'$.

(5) まず，「$m \in \mathbb{Z}_{>0}$ に対して，$x < y$ ならば $m \cdot x < m \cdot y$」を，m に関する帰納法で示す．$m = 1$ のときは自明である．帰納法の仮定と (3) を用いて，

$$(m+1)\cdot x = m\cdot x + x < m\cdot x + y < m\cdot y + y = (m+1)\cdot y$$

となる．

次に $x < y$ ならば $(1/2)\cdot x < (1/2)\cdot y$ を示す．$y = x + a$ となる $a > 0$ が存在し，$(1/2)\cdot y = (1/2)\cdot x + (1/2)\cdot a$ である．(1) より $(1/2)\cdot a \geqq 0$ であるので，$(1/2)\cdot a = 0$ と仮定すると，$a = 2\cdot\{(1/2)\cdot a\} = 0$ となり矛盾する．つまり，$(1/2)\cdot a > 0$ であるので，$(1/2)\cdot x < (1/2)\cdot y$ を得る．したがって，帰納法を用いて，$x < y$ ならば $(1/2^n)\cdot x < (1/2^n)\cdot y$ が任意の $n \in \mathbb{Z}_{\geqslant 0}$ でわかる．よって，前の場合を利用して，$(m/2^n)\cdot x < (m/2^n)\cdot y$ となる．

(6) 仮定より，$b \in \mathbb{Z}[1/2]_{>0}$ が存在して，$a' = a + b$ とできる．よって，$a'\cdot x = a\cdot x + b\cdot x$ である．(5) を用いて，$b\cdot x > 0$ である．したがって，(2) より，$a'\cdot x > a\cdot x$ を得る．

(7) $a\cdot x < a'\cdot x$ と仮定する．もし，$a' \leqslant a$ なら (6) を用いて，$a'\cdot x \leqq a\cdot x$ となり矛盾する．次に $a\cdot x = a'\cdot x$, $a \neq a'$ と仮定すると，$a < a'$ または $a' < a$ となるので，(6) を用いて $a\cdot x < a'\cdot x$ または $a'\cdot x < a\cdot x$ となり矛盾する．　□

以後，$\leqq$ は全順序と仮定する．

定義 A.13　M が**アルキメデス的**であるとは，任意の $x \in M\setminus\{0\}$ と $y \in M$ に対して，ある $n \in \mathbb{Z}_{>0}$ が存在して，$y < n\cdot x$ となることである．

命題 A.14　M がデデキント的ならばアルキメデス的である．

証明　アルキメデス的でないとすると，$x \in M\setminus\{0\}$ が存在して，

$$\Sigma_2 = \left\{y \in M \;\middle|\; n\cdot x \leqq y\ (\forall n \in \mathbb{Z}_{>0})\right\}$$

は空集合でない．$\Sigma_1 = M\setminus\Sigma_2$ とおく．明らかに $x \in \Sigma_1$ である．また，容易に (Σ_1, Σ_2) が切断を与えることがわかる．M はデデキント的であるので，β は切断 (Σ_1, Σ_2) の境界とする．$x \leqq \beta$ であるので，$\beta = x + \gamma$ となる $\gamma \in M$ が存在する．このとき，$\gamma < \beta$ ゆえ $\gamma \in \Sigma_1$，つまり，$\gamma < m\cdot x$ となる $m \in \mathbb{Z}_{>0}$ が存在する．したがって，$\beta < (m+1)\cdot x$ である．一方，$\beta + x \in \Sigma_2$ であるので，$(m+2)\cdot x \leqq \beta + x$ である．したがって，$(m+1)\cdot x \leqq \beta$ となり矛盾する．　□

以後，M はアルキメデス的であると仮定し，1 つの元 $\mathbb{1} \in M \setminus \{0\}$ を固定する．さらに，2-倍写像 $2\cdot\colon M \to M$ $(x \mapsto 2 \cdot x)$ は全単射であると仮定する．

補題 A.15 任意の $x \in M \setminus \{0\}$ に対して，$a, b \in \mathbb{Z}[1/2]_{>0}$ が存在して，$a \cdot \mathbb{1} < x < b \cdot \mathbb{1}$.

証明 仮定より，$x < n \cdot \mathbb{1}$ となる $n \in \mathbb{Z}_{>0}$ が存在する．同様に，$\mathbb{1} < 2^l \cdot x$ となる $l \in \mathbb{Z}_{\geqslant 0}$ が存在する．よって，命題 A.12 の (5) を用いて，$2^{-l} \cdot \mathbb{1} < x$ である． □

次に以下の命題を示そう．

命題 A.16 $x \in M$ に対して，

$$\Sigma_x^- = \left\{a \in \mathbb{Z}[1/2]_{\geqslant 0} \;\middle|\; a \cdot \mathbb{1} \leqq x\right\}, \quad \Sigma_x^+ = \left\{a \in \mathbb{Z}[1/2]_{\geqslant 0} \;\middle|\; x \leqq a \cdot \mathbb{1}\right\}$$

とおく．このとき，$\sup \Sigma_x^- = \inf \Sigma_x^+ \in \mathbb{R}$ である．

証明 $\leqq$ は全順序であるので，$\Sigma_x^- \cup \Sigma_x^+ = \mathbb{Z}[1/2]_{\geqslant 0}$ である．補題 A.15 により，$\Sigma_x^+ \neq \emptyset$ かつ $\Sigma_x^- \neq \emptyset$ であるので，$\sup \Sigma_x^-$, $\inf \Sigma_x^+$ は存在する．命題 A.12 により，任意の $a \in \Sigma_x^-$ と $b \in \Sigma_x^+$ に対して，$a \leqslant b$ である．したがって，$\sup \Sigma_x^- \leqq \inf \Sigma_x^+$ となる．

そこで，$\sup \Sigma_x^- < \inf \Sigma_x^+$ と仮定する．このとき，$\mathbb{Z}[1/2]_{\geqslant 0}$ が $\mathbb{R}_{\geqslant 0}$ で稠密である（演習問題 問 2 を参照）ので，

$$\sup \Sigma_x^- < a < \inf \Sigma_x^+$$

をみたす $a \in \mathbb{Z}[1/2]_{\geqslant 0}$ が存在する．$a \in \Sigma_x^-$ または $a \in \Sigma_x^+$ であるが，$a \in \Sigma_x^-$ ならば，$a \leqslant \sup \Sigma_x^-$ となり矛盾する．また，$a \in \Sigma_x^+$ ならば，$a \geqslant \inf \Sigma_x^+$ となり矛盾する． □

次の定理は，アルキメデス的なヒルベルト平面の線分と角の計量可能性を導く基本的な結果である．

定理 A.17（計量可能定理） M は簡約可換モノイドで，真のモノイドと仮定する．$\leqq$ は M から導かれる順序とし，アルキメデス的全順序になっていると仮定する．さらに，2-倍写像 $2\cdot\colon M \to M$ $(x \mapsto 2 \cdot x)$ が全単射と仮定する．$\mathbb{1} \in M \setminus \{0\}$ を固定したとき，以下をみたす $\ell\colon M \to \mathbb{R}_{\geqslant 0}$ が存在する．

(1) $\ell(a \cdot \mathbb{1}) = a$ $(\forall a \in \mathbb{Z}[1/2]_{\geqslant 0})$.

(2) $\forall x, y \in M$ について，$\ell(x+y) = \ell(x) + \ell(y)$.

(3) $\forall x, y \in M$ について，$\ell(x) = \ell(y) \iff x = y$. 特に ℓ は単射.

(4) $\forall x, y \in M$ について，$\ell(x) < \ell(y) \iff x < y$.

(5) 順序 $\leqq$ がデデキント的であるとき，ℓ は全単射である.

証明　命題 A.16 より，$\ell\colon M \to \mathbb{R}_{\geqslant 0}$ を $\ell(x) := \sup \Sigma_x^- = \inf \Sigma_x^+$ と定義する．次の主張から示そう.

主張 A.17.1　(a) $\ell(a \cdot \mathbb{1}) = a \quad (a \in \mathbb{Z}[1/2]_{\geqslant 0})$.

(b) $x > 0 \implies \ell(x) > 0$.

証明　(a) $a \neq 0$ と仮定してよい．このとき，命題 A.12 の (7) より，

$$\Sigma_{a\cdot\mathbb{1}}^- = \left\{ b \in \mathbb{Z}[1/2]_{\geqslant 0} \;\middle|\; b \leqslant a \right\}, \quad \Sigma_{a\cdot\mathbb{1}}^+ = \left\{ b \in \mathbb{Z}[1/2]_{\geqslant 0} \;\middle|\; b \geqslant a \right\}$$

であるので，$\ell(a \cdot \mathbb{1}) = a$ である.

(b) は補題 A.15 から従う.　□

(1) は主張 A.17.1 の (a) から従う.

(2) $\forall \varepsilon > 0$ に対して，

$$\ell(x) - \varepsilon \leqslant a,\ \ell(y) - \varepsilon \leqslant b,\ \ell(x) + \varepsilon \geqslant a',\ \ell(y) + \varepsilon \geqslant b'$$

となる $a \in \Sigma_x^-, b \in \Sigma_y^-, a' \in \Sigma_x^+, b' \in \Sigma_y^+$ が存在する．このとき，命題 A.9 と命題 A.12 の (4) より，$a + b \in \Sigma_{x+y}^-, a' + b' \in \Sigma_{x+y}^+$ である．よって，

$$\begin{cases} \ell(x) + \ell(y) - 2\varepsilon \leqslant a + b \leqslant \ell(x+y), \\ \ell(x) + \ell(y) + 2\varepsilon \geqslant a' + b' \geqslant \ell(x+y). \end{cases}$$

ここで ε は任意であるので，$\ell(x) + \ell(y) = \ell(x+y)$ となる.

主張 A.17.2　$\forall x, y \in M$ について，$x < y \implies \ell(x) < \ell(y)$.

証明 $y = x + z$ となる $z \in M \setminus \{0\}$ が存在する．よって，(2) より $\ell(y) = \ell(x) + \ell(z)$ であり，$z > 0$ であるので，主張 A.17.1 の (b) より $\ell(z) > 0$ ゆえ，成立する． □

(3)「$\ell(x) = \ell(y) \implies x = y$」を示せば十分．$x \neq y$ と仮定すると，$x < y$ または $y < x$ であるが，主張 A.17.2 により，$\ell(x) < \ell(y)$ または $\ell(y) < \ell(x)$ になり，矛盾する．

(4)「$\ell(x) < \ell(y) \implies x < y$」を示せば十分．$x < y$ でないと仮定すると，$y \leqq x$ であるので，主張 A.17.2 により，$\ell(y) \leqslant \ell(x)$ となり，矛盾する．

(5) 全射性を示せば十分である．$\ell(0) = 0$ である．任意の $r \in \mathbb{R}_{>0}$ に対して，$\Sigma_1 = \{x \in M \mid \ell(x) < r\}$, $\Sigma_2 = \{x \in M \mid r \leqslant \ell(x)\}$ とおくと，(4) より，(Σ_1, Σ_2) は M のデデキント切断を与える．β をこのデデキント切断の境界とする．$\ell(\beta) < r$ と仮定すると，$\ell(\beta) < a < r$ となる $a \in \mathbb{Z}[1/2]_{\geqslant 0}$ が存在する．$a < r$ ゆえ $a \cdot \mathbb{1} \in \Sigma_1$ であるので，$a \cdot \mathbb{1} \leqq \beta$，つまり，$a \leqslant \ell(\beta)$ となる．これは $\ell(\beta) < a$ に矛盾する．$\ell(\beta) > r$ と仮定すると，$r < a' < \ell(\beta)$ となる $a' \in \mathbb{Z}[1/2]_{\geqslant 0}$ が存在するので同様にして矛盾である．つまり，$\ell(\beta) = r$ である． □

A.2.3 可換な簡約モノイドのアーベル化

まずはアーベル群の定義から始めよう．

定義 A.18 A が**アーベル群**であるとは，可換モノイドであり，簡約法則より強い次の "逆元の存在" をみたすものである．

(4)$'$ 任意の $x \in A$ に対して，$-x \in A$ が一意的に存在して，$x + (-x) = 0$.

簡約可換モノイドはアーベル化できる．つまり，次の定理が成り立つ．

定理 A.19 M を簡約可換モノイドとする．このとき，次をみたすアーベル群 A と写像 $\varphi\colon M \to A$ が存在する．

(1) φ は単射である．

(2) $\varphi(x + y) = \varphi(x) + \varphi(y) \quad (\forall x, y \in M)$.

(3) A の任意の元は，$\varphi(x)-\varphi(y)$ の形でかける．

(4) M が真のモノイドであれば，$\varphi(M)$ も真のモノイドである．

A を M の**アーベル化**とよぶ．φ は単射であるので，今後，M は A の部分集合だと思う．

証明 $M \times M$ に和を

$$(x_1, x_2) + (y_1, y_2) := (x_1 + y_1, x_2 + y_2)$$

で定める．このとき，任意の $\mathbb{x}, \mathbb{y}, \mathbb{z} \in M \times M$ に対して，

$$\mathbb{x} + \mathbb{y} = \mathbb{y} + \mathbb{x}, \quad (\mathbb{x} + \mathbb{y}) + \mathbb{z} = \mathbb{x} + (\mathbb{y} + \mathbb{z}) \tag{A.2}$$

が成り立つことが，簡単に確かめられる．

さて，$M \times M$ に 2 項関係 $\sim$ を入れる．すなわち，$\mathbb{x} = (x_1, x_2), \mathbb{y} = (y_1, y_2) \in M \times M$ に対して，

$$\mathbb{x} \sim \mathbb{y} \quad \overset{\text{def}}{\Longleftrightarrow} \quad x_1 + y_2 = x_2 + y_1$$

と定める．これは，差は定義されていないが，$x_1 - x_2 = y_1 - y_2$ を意味している．このとき，次の事実がわかる．

主張 A.19.1 (a) $\sim$ は同値関係．

(b) $\mathbb{x} \sim \mathbb{x}'$ かつ $\mathbb{y} \sim \mathbb{y}'$ ならば $\mathbb{x} + \mathbb{y} \sim \mathbb{x}' + \mathbb{y}'$.

(c) $(x, y) + (y, x) \sim (0, 0)$.

証明 演習問題 問 4 とする． □

ここで，$A := (M \times M)/\sim$ と定義する．主張 A.19.1 の (b) は，$M \times M$ 上の 2 項演算 $+$ は A 上に降下することを示している．すなわち，

$$[\mathbb{x}] + [\mathbb{y}] := [\mathbb{x} + \mathbb{y}]$$

と定義できる．それによって，(A.2) は，A は可換モノイドになることを示している．その場合の単位元は $[(0,0)]$ である．さらに，主張 A.19.1 の (c) は，$[(y, x)] = -[(x, y)]$ を示しており，A がアーベル群をなすことがわかる．

$\varphi\colon M \to A$ を $\varphi(x) = [(x,0)]$ と定める．まず，φ が単射であることを示そう．実際，$\varphi(x) = \varphi(y)$ とすると，$(x,0) \sim (y,0)$ であるので，$x = y$ を得る．次に，$x, y \in M$ に対して，

$$\begin{aligned}\varphi(x+y) &= [(x+y,0)] = [(x,0)+(y,0)] \\ &= [(x,0)] + [(y,0)] = \varphi(x) + \varphi(y)\end{aligned}$$

である．また

$$\begin{aligned}[(x,y)] &= [(x,0)+(0,y)] = [(x,0)] + [(0,y)] \\ &= [(x,0)] - [(y,0)] = \varphi(x) - \varphi(y)\end{aligned}$$

であるので，(3) の主張もわかる．最後に (4) を示そう．$\varphi(x) + \varphi(y) = \varphi(0)$ $(x, y \in M)$ と仮定する．このとき，$\varphi(x+y) = \varphi(0)$ である．φ は単射ゆえ，$x + y = 0$ となる．よって，$x = y = 0$ となるので，$\varphi(x) = \varphi(y) = \varphi(0)$ である． □

注意 A.20 定理 A.19 の $\varphi\colon M \to A$ は次の性質をもっている．アーベル群 A' と $\varphi'(x+y) = \varphi'(x) + \varphi'(y)$ をみたす写像 $\varphi'\colon M \to A'$ が与えられたとき，アーベル群の準同形 $\psi\colon A \to A'$ が存在して，$\psi \circ \varphi = \varphi'$ をみたす．実際，$\psi(\varphi(x) - \varphi(y)) := \varphi'(x) - \varphi'(y)$ と定義する．まず，この定義が意味をなすことを示す必要がある．実際，

$$\begin{aligned}\varphi(x) - \varphi(y) = \varphi(x') - \varphi(y') &\Longrightarrow \varphi(x+y') = \varphi(x'+y) \\ &\Longrightarrow x + y' = x' + y \qquad (\because \varphi \text{ の単射性}) \\ &\Longrightarrow \varphi'(x) - \varphi'(y) = \varphi'(x') - \varphi'(y')\end{aligned}$$

である．さらに，定義から明らかに，$\psi \circ \varphi = \varphi'$ である．

系 A.21 M は簡約な可換モノイドとし，A は M のアーベル化とする．M は真のモノイドと仮定し，$\leqq$ は M から定まる順序とする．このとき，A 上に順序 $\leqq$ が存在し，以下をみたす．

(1) $\forall x, y \in M$ に対して，$x \leqq y \iff \varphi(x) \leqq \varphi(y)$.

(2) $\forall a, b, c \in A$ に対して，$a \leqq b$ ならば $a + c \leqq b + c$.

(3) $\varphi(M) = \{a \in A \mid a \geqq 0\}$.

以後，M の順序は全順序であると仮定する．

(4) A の順序は全順序である．

(5) A 上の元は $\varphi(x)$ $(x \in M)$ または $-\varphi(x)$ $(x \in M \setminus \{0\})$ と一意的に表せる．

証明 A の 2 項関係 $\leqq$ を以下のように定める．

$$a \leqq b \iff b - a \in \varphi(M).$$

このとき，定理 A.19 により，$\varphi(M)$ は真のモノイドであるので，命題 A.10 と同様にして，$\leqq$ は A 上に順序を定めることがわかる．さらに，$x, y \in M$ について，

$$\begin{aligned} x \leqq y &\iff \exists z \in M\ y = x + z \iff \exists z \in M\ \varphi(y) = \varphi(x) + \varphi(z) \\ &\iff \varphi(x) \leqq \varphi(y) \end{aligned}$$

である．これは (1) である．特に，$\varphi(M) \subseteq \{a \in A \mid a \geqq 0\}$ である．逆に $a \geqq 0$ とすると，$a \in \varphi(M)$ となる．つまり，(3) が成り立つ．また，(2) は自明である．なぜならば，

$$(b + c) - (a + c) = b - a$$

であるからである．

以後，$\leqq$ は M 上で全順序であると仮定する．

(4) $a, b \in A$ に対して，$x, y \in M$ が存在して，$b - a = \varphi(x) - \varphi(y)$ とおける．$\leqq$ は M 上で全順序であるので，$x \leqq y$ または $y \leqq x$ である．$y \leqq x$ のとき $a \leqq b$ であり，$x \leqq y$ のとき $b \leqq a$ である．つまり，A 上の $\leqq$ は全順序である．

(5) $\varphi(x) - \varphi(y)$ $(x, y \in M)$ は，$y \leqq x$ のとき，$\varphi(M)$ の元で，$x < y$ のとき，

$$-\varphi(M \setminus \{0\}) = \left\{-\varphi(z) \;\middle|\; z \in M \setminus \{0\}\right\}$$

の元である．表現の一意性は φ の単射性から従う． □

A.3 順 序 体

まず，環と体の定義から始めよう．

定義 A.22 F が**環**であるとは，F 上には 2 つの 2 項演算 $+$（加法）と $\cdot$（乗法）が定義されており，さらに，特別な元 $0, 1$ をもっており，以下をみたすときにいう．

(1) 加法 $+$ と 0 に関して，F はアーベル群．

(2) 乗法 $\cdot$ と 1 に関して，F は可換モノイドである．つまり，任意の $x, y, z \in F$ について，(i) $x \cdot (y \cdot z) = (x \cdot y) \cdot z$，(ii) $x \cdot y = y \cdot x$，(iii) $x \cdot 1 = x$ が成り立つ．

(3)（分配法則）$\forall x, y, z \in F$ について，$x \cdot (y + z) = x \cdot y + x \cdot z$．

これらに加えて，

(4) $\forall x \in F \setminus \{0\}$ に対して，$x^{-1} \in F$ が一意的に存在して，$x \cdot x^{-1} = 1$

が成り立つとき，**体**という．

注意 A.23 (a) $x + (-y)$ を $x - y$ とかく．

(b) $x \cdot y^{-1}$ を x/y とかく．

(c) $0 \cdot x = 0$ である．というのは，$0 + 0 = 0$ であるので，分配法則を利用して，$0 \cdot x + 0 \cdot x = 0 \cdot x$ であるからである．

例 A.24 (1) $\mathbb{Q}$, $\mathbb{R}$, $\mathbb{C}$ は体である．

(2) p が素数のとき $\mathbb{Z}/p\mathbb{Z}$ は体である．（1 章の演習問題 問 5 の (6) を参照）

(3) $\mathbb{R}(X)$ で実数を係数とする有理式全体を表すとすると，$\mathbb{R}(X)$ は体である．

順序体は以下のように定義される．

定義 A.25　体 F が順序体であるとは，以下の性質をみたす全順序 $\leqq$ をもつ体を意味する．

(1) $\forall x, y, z \in F$ について，$x \leqq y$ ならば $x + z \leqq y + z$.

(2) $\forall x, y \in F$ について，$0 \leqq x$ かつ $0 \leqq y$ ならば $0 \leqq x \cdot y$.

順序体における簡単な補題を 2 つ考えよう．

補題 A.26　$0 \leqq a \leqq b$ かつ $0 \leqq c \leqq d$ ならば $ac \leqq bd$.

証明　$0 \leqq b - a$ ゆえ $0 \leqq c(b - a)$，つまり，$ac \leqq bc$. 同様に，$0 \leqq d - c$ ゆえ $0 \leqq b(d - c)$，つまり，$bc \leqq bd$. したがって，$ac \leqq bd$. □

補題 A.27　$a, b \in F$ について，$f \colon F \to F$ を $f(t) = at + b$ で定める．$f(0) > 0$ かつ $f(1) < 0$ であるなら，$f(t_0) = 0$ かつ $0 < t_0 < 1$ となる $t_0 \in F$ が存在する．

証明　演習問題 問 9 とする． □

定義 A.28　x に対して，x の**絶対値** $|x|$ を

$$|x| := \begin{cases} x & \text{もし } x \geqq 0, \\ -x & \text{もし } x < 0 \end{cases}$$

と定める．明らかに

$$|-x| = |x|$$

である．

このとき，以下が成立する．

補題 A.29　$x, y \in F$ に対して，次が成り立つ．

(1) $|xy| = |x||y|$.

(2) $|x + y| \leqq |x| + |y|$.

証明　演習問題 問 10 とする． □

定理 A.19 から次の系が導かれる．

系 A.30 M は簡約な可換モノイドで，真のモノイドとする．M から導かれる順序 $\leqq$ は全順序と仮定する．さらに，M はもう 1 つの 2 項演算 $\cdot$ と 0 以外の元 1 をもっており，以下をみたしていると仮定する．

(1) $x \cdot (y \cdot z) = (x \cdot y) \cdot z$.

(2) $x \cdot y = y \cdot x$.

(3) $x \cdot 1 = x$.

(4) $x \cdot (y + z) = x \cdot y + x \cdot z$.

(5) $x \neq 0$ ならば $x^{-1}x = 1$ となる $x^{-1} \in M$ が一意的に存在する．

定理 A.19 にあるように，$\varphi \colon M \to A$ は $+$ に関する M のアーベル化とする．このとき，A には体の構造が入り，$\varphi(x \cdot y) = \varphi(x) \cdot \varphi(y)$ $(\forall x, y \in M)$ をみたす．さらに，系 A.21 の順序 $\leqq$ を考えると，$(A, \leqq)$ は順序体になる．

証明 単射 $\varphi \colon M \to A$ により，M は A の部分集合と見なす．$x, y \in M$ に対して，

$$(-x)y = x(-y) = -xy, \quad (-x)(-y) = xy$$

と定めることで，M 上の積を A 上に拡張する．このとき，$\varphi(x \cdot y) = \varphi(x) \cdot \varphi(y)$ は容易に確かめられる．x, y, z の符号に応じて場合分けをして，容易に

$$x \cdot 1 = x, \quad xy = yx, \quad x(yz) = (xy)z \tag{A.3}$$

が任意の $x, y, z \in A$ で成り立つことがわかる．

次に

$$x(y - z) = xy - xz$$

が任意の $x, y, z \in M$ であることを見よう．$y \geqq z$ の場合，

$$x(y - z) + xz = x\{(y - z) + z\} = xy$$

であるので，確認できる．$z \geqq y$ の場合，

$$x(y - z) = x\{-(z - y)\} = -x(z - y) = -(xz - xy) = xy - xz$$

となる．

したがって，x, y, z の符号に応じて場合分けをして，

$$x(y+z) = xy + xz \tag{A.4}$$

がわかる．

さらに，系 A.21 により，A のゼロでない元 y は $y = x$ または $y = -x$ $(x \in M \setminus \{0\})$ の形をしているので，$x \cdot x^{-1} = (-x) \cdot (-x^{-1}) = 1$ となることに注意すると y には逆元が存在する．y に 2 つの逆元 y' と y'' が存在したとすると，

$$y' = y' \cdot (y \cdot y'') = (y' \cdot y) \cdot y'' = y''$$

となり，一意性もわかる．

最後に，$(A, \leqq)$ が順序体であることは系 A.21 から従う．　□

順序体における極限を考える．

定義 A.31　$\{a_n\}_{n=1}^{\infty}$ は F の元からなる数列とする．$\{a_n\}_{n=1}^{\infty}$ が $a \in F$ に収束するとは，任意の $\varepsilon \in F_{>0}$ に対して，ある $N \in \mathbb{Z}_{>0}$ が存在して，任意の $n \geqslant N$ について，$|a_n - a| \leqq \varepsilon$ が成り立つときにいう．

また，$f\colon F \to F$ に対して，$\lim_{x \to x_0} f(x) = \alpha$ とは，任意の $\varepsilon \in F_{>0}$ に対して，ある $\delta \in F_{>0}$ が存在して，任意の $x \in \,]x_0 - \delta, x_0 + \delta[$ について，$|f(x) - a| \leqq \varepsilon$ が成り立つことと定める．

順序体がアルキメデス的でない場合，ε が $1/m$ の場合だけでは不十分である．

次に順序体のアルキメデス性とデデキント性を考えよう．

定義 A.32　順序体 F が**アルキメデス的**であるとは，加法構造と順序についてアルキメデス的なときにいう．また，F が**デデキント的**であるとは，順序についてデデキント的なときにいう．

$\mathbb{R}$ の部分体は，アルキメデス的な順序体である．この逆が成り立つことを見よう．

定理 A.33　アルキメデス的な順序体 F は $\mathbb{R}$ の部分体と順序体として同型である．さらに，デデキント的な場合，$\mathbb{R}$ と同型になる．

証明　概略を示す．詳細は演習問題 問 11 とする．$P=\{x\in F \mid x \geqq 0\}$ とおく．このとき，P は簡約可換モノイドで，真のモノイドである（演習問題 問 7）．また，F の標数が 0 である（演習問題 問 6）ので，2-倍写像は全単射である．さらに，P によって導かれる順序は元の順序に一致する（演習問題 問 8）．したがって，定理 A.17 により，以下をみたす $\ell\colon P\to\mathbb{R}_{\geqslant 0}$ が存在する．

(1)　$\ell(a\cdot 1)=a$ $(a\in\mathbb{Z}[1/2]_{\geqslant 0})$.

(2)　$\forall x,y\in P$ について，$\ell(x+y)=\ell(x)+\ell(y)$.

(3)　$\forall x,y\in P$ について，$\ell(x)=\ell(y)\iff x=y$．特に ℓ は単射.

(4)　$\forall x,y\in P$ について，$\ell(x)<\ell(y)\iff x<y$.

(5)　順序 $\leqq$ がデデキント的であるとき，ℓ は全単射である.

また，$x\in P$ に対して，

$$\Sigma_x^-=\left\{a\in\mathbb{Z}[1/2]_{\geqslant 0}\;\middle|\;a\cdot 1\leqq x\right\},\quad \Sigma_x^+=\left\{a\in\mathbb{Z}[1/2]_{\geqslant 0}\;\middle|\;x\leqq a\cdot 1\right\}$$

とおくと $\ell(x)=\sup\Sigma_x^-=\inf\Sigma_x^+$ である．このとき，任意の $x,y\in P$ に対して，$\ell(x\cdot y)=\ell(x)\cdot\ell(y)$ であることがわかる．

$y<0$ の場合は $-y\in P$ であるので $\ell(y)=-\ell(-y)$ と定義すれば，ℓ は F 全体で定義することができ，以下は容易に確かめられる．

(1)　$\ell(a\cdot 1)=a$ $(a\in\mathbb{Z}[1/2])$.

(2)　$\forall x,y\in F$ について，$\ell(x+y)=\ell(x)+\ell(y)$.

(3)　$\forall x,y\in F$ について，$\ell(x)=\ell(y)\iff x=y$．特に ℓ は単射.

(4)　$\forall x,y\in F$ について，$\ell(x)<\ell(y)\iff x<y$.

(5)　順序 $\leqq$ がデデキント的であるとき，ℓ は F 上で全単射である.

(6)　$\forall x,y\in F$ について，$\ell(x\cdot y)=\ell(x)\cdot\ell(y)$.

したがって，定理が示せた．　□

順序体において，$x^2 = a\ (a \geqq 0)$ が根をもつ場合，0 以上の根が一意的に存在する．それを $\sqrt{a}$ で表す．

定義 A.34 順序体 F が**ピタゴラス的**とは，任意の $a \in F$ に対して，$x^2 = 1 + a^2$ が根をもつときにいう．さらに，**ユークリッド的**であるとは，0 以上の a に対して，$\sqrt{a}$ が存在するときにいう．

補題 A.35 F がピタゴラス的であると仮定する．$a, b \in F$ のとき，$x^2 = a^2 + b^2$ は根をもつ．したがって，$\sqrt{a^2+b^2}$ が存在する．

証明 $b = 0$ の場合は自明であるので，$b \neq 0$ と仮定する．$y^2 = 1 + (a/b)^2$ は根をもつのでそれを β とすると

$$(b\beta)^2 = b^2\beta^2 = b^2\{1 + (a/b)^2\} = a^2 + b^2$$

であるので補題が示せた．□

演　習　問　題

問 1 命題 A.7 を証明せよ．

問 2 $\mathbb{Z}[1/2]_{>0}$ は $\mathbb{R}_{\geqq 0}$ で稠密であること示せ（ヒント：実数の 2 進数表現を考えよ）．

問 3 命題 A.8 を証明せよ（ヒント：$2^{n+n'} \cdot \{(m/2^n) \cdot x\} = 2^{n+n'} \cdot \{(m'/2^{n'}) \cdot x\}$ を示せ）．

問 4 主張 A.19.1 を証明せよ．

問 5 M は簡約モノイドとし，M は真のモノイドと仮定する．さらに，順序は M から導かれるものとする．このとき，任意の $x, y, z \in M$ について，$x < y$ かつ $y < z$ ならば $x < z$ を示せ．

問 6 順序体 F においては以下が成り立つことを示せ．

(a) $0 < 1$.

(b) F の標数は 0.

(c) $a \neq 0$ ならば $0 < a^2$.

問 7 順序体 F において，$P = \{x \in F \mid x \geqq 0\}$ とおくと，P は以下の性質 (a), (b) をもつことを示せ．

(a) $a, b \in P$ ならば $a+b, ab \in P$.

(b) 任意の $a \in F$ について，$a \in P$，または，$-a \in P$ のいずれかが成立する.

さらに P は簡約可換モノイドで，真のモノイドであることを示せ.

問 8 問 7 の性質 (a), (b) をもつ体 F の部分集合 P が与えられたとき，

$$a \leqq b \quad \stackrel{\text{def}}{\Longleftrightarrow} \quad b-a \in P$$

で $a \leqq b$ を定めると F はこの順序で順序体になることを示せ．さらに，F が順序体のとき，$P = \{x \in F \mid x \geqq 0\}$ によって導かれる順序は元の順序に一致することを示せ.

問 9 補題 A.27 を示せ.

問 10 補題 A.29 を示せ.

問 11 定理 A.33 の証明を完成させよ.

問 12 $\mathbb{R}(x)$ で x を変数とする実係数の有理式全体を表す．つまり，実数を係数とする 2 つの多項式 $f(x)$ と $g(x) \neq 0$ が存在して，$f(x)/g(x)$ とかける式全体である.

(a) $\mathbb{R}(x)$ 中に部分集合 P を次で定める：$0 \in P$ であり，

$$\varphi(x) \in P \setminus \{0\} \quad \Longleftrightarrow \quad \exists M \ \forall a \in \mathbb{R}_{\geqslant M} \ \varphi(a) > 0.$$

このとき，P は問 7 の性質 (a) と (b) をみたすことを示せ.

(b) この P で $\mathbb{R}(x)$ に順序を入れると，その順序はアルキメデス的でないことを示せ.

問 13 最小のピタゴラス的順序体が存在することを示せ．この体を**ヒルベルト体**とよぶ.

参 考 文 献

[1] Marvin J. Greenberg. *Euclidean and Non-Euclidean Geometries: Development and History, 4th Edition.* WH Freeman, 2019.

[2] ロビン・ハーツホーン（難波 誠訳）．幾何学I, II——現代数学からみたユークリッド原論——(Geometry: Euclid and Beyond)．発行：丸善出版，編集：シュプリンガー・ジャパン，2007.

[3] 足立恒雄．よみがえる非ユークリッド幾何．日本評論社，2019.

索　　引

あ　行

か　行

さ　行

た　行

な　行

は　行

ま　行

や 行

ら 行

わ 行

欧 字

記 号

著者略歴

森 脇 淳（もりわき あつし）

1986 年　京都大学大学院理学研究科修士課程修了
1991 年　理学博士（京都大学）
2001 年　日本数学会秋季賞
2003 年　京都大学大学院理学研究科教授
　　　　専門は代数幾何学

主要著書

『アラケロフ幾何』岩波数学叢書（岩波書店，2008）
（“Arakelov geometry”アメリカ数学会から英訳）
モーデル-ファルティングスの定理
（共著，サイエンス社，2017）

ライブラリ数理科学のための数学とその展開＝ **F** 別巻 **1**

平面幾何の基礎
—ユークリッド幾何と非ユークリッド幾何—

2021 年 4 月 10 日©　　　初 版 発 行

著 者　森脇　淳　　　発行者　森 平 敏 孝
　　　　　　　　　　印刷者　大 道 成 則

発行所　株式会社　サ イ エ ン ス 社

〒151-0051　東京都渋谷区千駄ヶ谷 1 丁目 3 番 25 号
営業 ☎ (03)5474–8500（代）　振替 00170–7–2387
編集 ☎ (03)5474–8600（代）
FAX ☎ (03)5474–8900

印刷・製本　（株）太洋社

ISBN978–4–7819–1506–7

PRINTED IN JAPAN

サイエンス社のホームページのご案内
https://www.saiensu.co.jp
ご意見・ご要望は
rikei@saiensu.co.jp　まで．